AF232704

# ÉTUDES

SUR LES

# EAUX MINÉRALES

EN GÉNÉRAL,

ET SUR CELLES

## DE LUXEUIL

EN PARTICULIER,

PAR B. ALIÈS, DOCTEUR EN MÉDECINE.

**PARIS,**

J.-B. BAILLIÈRE, LIBRAIRE DE L'ACADÉMIE NATIONALE DE MÉDECINE,
Rue Hautefeuille, 19.

BESANÇON,
TURBERGUE, LIBRAIRE,
Rue Saint-Vincent, 31.

LUXEUIL,
MOUGEOT, LIBRAIRE.

1850.

Mᵐᵉ Muller del & lith

Imp & Lith de Sainte-Agathe aîné, a Besançon

ANTIQUITÉS DE LUXEUIL,

Musée de M<sup>r</sup> de Fabert.

# ÉTUDES

SUR LES

# EAUX MINÉRALES

EN GÉNÉRAL,

ET SUR CELLES

# DE LUXEUIL

EN PARTICULIER.

# ÉTUDES

SUR LES

# EAUX MINÉRALES

EN GÉNÉRAL,

ET SUR CELLES

# DE LUXEUIL

EN PARTICULIER,

CONSIDÉRÉES COMME MOYEN THÉRAPEUTIQUE, DANS LE TRAITEMENT DU PLUS GRAND NOMBRE
DES MALADIES CHRONIQUES,

PRÉCÉDÉES D'UN

## APERÇU HISTORIQUE, TOPOGRAPHIQUE ET STATISTIQUE

SUR

## LA VILLE DE LUXEUIL,

## AVEC QUATRE LITHOGRAPHIES.

### PAR BARNABÉ ALIÈS,

DOCTEUR EN MÉDECINE, CORRESPONDANT DES SOCIÉTÉS DE MÉDECINE DE TOULOUSE, LYON. BESANÇON.
DE LA SOCIÉTÉ D'AGRICULTURE DE VESOUL, DE LA COMMISSION ARCHÉOLOGIQUE DE BESANÇON,
MEMBRE DU COMITÉ D'HYGIÈNE ET DE SALUBRITÉ PUBLIQUE DE L'ARRONDISSEMENT
DE LURE, CHEVALIER DE LA LÉGION D'HONNEUR, ETC.

« Mais depuis que l'on a découvert leur nature et leurs propriétés
» par expérience, l'on peut assurer que ces eaux sont le remède le
» plus spécifique pour les maladies les plus chroniques et les plus
» invétérées, auxquelles toute la pharmacie a été obligée de céder,
» et qu'elles ne manquent jamais de produire leurs bons effets quand
» elles sont données par un médecin expérimenté »

D. T. Gastel, Traité ou Dissertation sur les Eaux minérales et
thermales de Luxeuil.

## PARIS,

J.-B. BAILLIÈRE, LIBRAIRE DE L'ACADÉMIE NATIONALE DE MÉDECINE,
Rue Hautefeuille, 19.

<table>
<tr><td>BESANÇON,</td><td></td><td>LUXEUIL,</td></tr>
<tr><td>TURBERGUE, LIBRAIRE,<br>Rue S.-Vincent, 31.</td><td></td><td>MOUGEOT, LIBRAIRE.</td></tr>
</table>

1850.

BIBLIOTHÈQUE NATIONALE — R. F.

# APERÇU

## HISTORIQUE, TOPOGRAPHIQUE ET STATISTIQUE

### sur

## LA VILLE DE LUXEUIL,

Loin de moi la prétention d'écrire l'histoire de la ville de Luxeuil ! trop heureux si je puis en tracer une simple esquisse !

Il en est de l'histoire des peuples et des villes comme de la biographie des individus : dans les unes et les autres, même quand leurs sujets n'ont été dépourvus ni de grandeur, ni d'éclat, se trouvent des lacunes regrettables dans la série des actes ou des événements qui composent une existence ; et comme il est de la nature des grandes choses d'exciter un grand intérêt, on est fondé à penser que ce vide a été rempli par des périodes insignifiantes, auxquelles, à cause de leur vulgarité, a été refusé

*a*

le privilége d'être consignées dans la mémoire des hommes, et transmises à l'appréciation de la postérité.

Mais dans toutes aussi, apparaissent çà et là des hommes illustres, des événements mémorables, immobiles jalons qu'à divers intervalles la main de la Providence a dressés sur la route des âges, et dont la position bien déterminée sert à diriger la marche et à dissiper les incertitudes de l'histoire.

Celle de Luxeuil, au milieu des nombreuses lacunes qui la tronquent et l'obscurcissent, présente aussi quelques points lumineux qui brillent dans l'obscurité des siècles écoulés, et reflètent autour d'eux la clarté qu'ils ont reçue soit des événements, soit des hommes qui les ont accomplis. On possède de curieux documents sur l'établissement des Romains dans cette ville, sur la faveur dont elle fut l'objet de leur part, sur l'emplacement qu'elle occupait alors, sur sa destruction par Attila, et sa reconstruction sous saint Colomban ou ses successeurs ; épisodes aussi authentiques qu'intéressants, et sur lesquels on ne craint pas d'attirer la curiosité, persuadé qu'elle peut s'y arrêter avec quelque satisfaction.

# LUXEUIL PAÏEN.

## ÉPOQUE DE SA FONDATION.

L'époque de la fondation de Luxeuil ne peut être précisée : elle se perd dans la nuit des temps celtiques.

Les armes de cette ville étaient un soleil qu'elle portait dans ses bannières : on y ajouta un lion lorsqu'elle eut passé sous la domination espagnole.

A l'époque de la conquête des Romains, lorsque la Séquanie dut subir à son tour le joug du peuple roi, Luxeuil, qui faisait partie de cette province, avait déjà une certaine importance : ses thermes, qui existaient depuis assez longtemps pour avoir besoin d'être réparés, fixèrent l'attention des conquérants, et Titus-Labiénus, sous les ordres duquel plusieurs légions vinrent hiverner chez nos ancêtres, présida à cette restauration ordonnée par Jules-César, la première qui puisse être constatée par un document authentique.

Alors Luxeuil s'appelait *Lixovium*, mot celtique latinisé, dont l'étymologie dérive de *Ly* et *Lys* (eau), *Lixo* (eau chaude). Cette dénomination subit avec le temps diverses transformations : ainsi, en 450, lors de sa destruction par Attila, Luxeuil s'appelait *Luxovium* ; lors de son rétablissement dans le septième siècle, *Lixonium* ; à l'époque du concile de Bâle, *Lixui* ; dans certaines chartes, *Lixel, Lisseul, Lixu* ; aujourd'hui, on dit ordinairement *Luxeuil*, et quelquefois encore *Luxeux*.

On verra, dans la suite de cet aperçu, que la ville a subi des vicissitudes encore plus grandes que le nom sous lequel on la désignait primitivement. Les changements de mœurs, de langue, de domination, ont altéré son nom sans le rendre méconnaissable, tandis que la ville celtique ou gallo-romaine n'existe plus aujourd'hui que dans ses débris, et ne pourrait même pas être soupçonnée, sans les nombreux documents qui attestent son existence : ce n'est que par ses restes d'antiquités de toute espèce que l'histoire peut la faire revivre et la reproduire à l'esprit, comme le naturaliste, à l'aide de quelques débris fossiles, reconstitue des races éteintes et disparues de la surface du globe.

En effet, Luxeuil antique se terminait, au midi, à la porte Saint-Nicolas, qu'on a voulu appeler aussi porte Vespasienne, parce qu'en 1740, sous de très-grosses pierres qui servaient de fondations aux jambages d'une ancienne porte, on trouva plusieurs médailles à l'effigie de cet empereur ; elle était à quelques mètres au nord de l'emplacement où depuis fut élevé ce curieux monument, qu'on désigne sous le nom d'Ancien-Hôtel-de-Ville ; il s'étendait, du côté opposé, jusqu'au lieu dit *Gouty-Jorand,* où était la porte du nord, au fond de la prairie située derrière les bains, laquelle plus tard fut convertie en étang ; en 1745, les restes de cette porte furent trouvés en cet endroit, avec des gonds de quatre pouces de diamètre ; la partie qui était dans la feuillure avait un pied de longueur. Lorsque cet étang fut desséché, on y découvrit, parmi des pavés et autres restes d'anciens bâtiments, un groupe en pierre représentant un cavalier armé de son bouclier ; sous le pied droit de devant de son cheval était une tête d'homme qu'il foulait, et à côté du cavalier était une femme. On a prétendu que le cavalier c'était César, la tête foulée, celle d'Arioviste, et la femme debout, la Gaule, prête à exécuter les ordres du vainqueur.

La ville formait donc une ellipse, au centre de laquelle était l'établissement thermal.

De la porte du sud en allant à celle du nord, une longue suite de colonnes, dont les bases existent encore en grand nombre sous le sol de la rue de la Corvée, formait un immense péristyle ; à l'extrémité de cette rue, au milieu de laquelle passait la voie romaine, au point de jonction de celle qui descend vers les bains, se voyait encore en 1767 un piédestal cylindrique, lequel, à ce que rapporte la tradition, avait servi à une statue d'Apollon.

A l'est de l'établissement thermal, d'autres bases de colonnes, de nombreux débris de chapiteaux d'ordre ionique ont été découverts ; ce qui donne lieu de penser que là était l'emplacement du *gymnasium,* que les anciens plaçaient à proximité des thermes, pour la récréation des baigneurs et de la jeunesse.

Enfin à l'ouest, on a trouvé des massifs considérables de

maçonnerie, des voûtes et des travaux souterrains, restes évidents des constructions d'une ancienne forteresse : c'était la citadelle romaine ; nul autre emplacement ne pouvait mieux convenir pour protéger à la fois la ville et les bains.

On présume qu'un autre fort existait aussi à l'est de la ville, derrière le collége, sur le terrain dont le nouveau cimetière occupe une partie. Ce fort était mentionné, dit-on, dans des mémoires et des manuscrits de l'abbaye, dilapidés lors de la suppression des monastères.

Telle était, *intrà-muros*, la ville gallo-romaine.

En dehors existaient des monuments dont les restes imposants, découverts à diverses époques, attestent l'importance, et dont l'emplacement et la destination peuvent être démontrés par le caractère de ces antiques débris et le lieu où ils ont été trouvés.

Sur la place Saint-Jacques, il paraît y avoir eu un temple consacré à Mercure : le torse et le caducée de son idole ont été recueillis lors de la démolition des chapelles de Saint-Jacques et de Saint-Léger, lesquelles, dans les temps chrétiens, avaient été élevées sur les ruines du temple de la divinité païenne.

Sur la place de la Baille était aussi, vraisemblablement, un temple païen dédié à un dieu inconnu : des chapiteaux, des débris de colonnes semblent indiquer que telle était la nature du monument auquel appartenaient ces restes ; mais rien de caractéristique n'a pu en indiquer la spécialité.

Il n'en est pas de même de celui qui a existé dans la cour de l'abbaye. Des fouilles faites en 1784 mirent au jour beaucoup de morceaux antiques, parmi lesquels quelques-uns, surmontés d'un croissant, permettent de penser qu'il était consacré au culte de Diane.

Il a dû aussi y avoir un autre monument dans le jardin des Bénédictins. En 1703, lors de la démolition d'une tour à six étages qui y était élevée, on trouva dans les fondations une statue en bronze d'un très-bon goût, que quelques connaisseurs prétendent être celle de Jupiter olympien, et d'autres celle d'Esculape. A la même époque, et sur les mêmes lieux, on trouva aussi un certain nombre de vases antiques en poterie, et des instruments propres à écrire sur des tablettes en cire.

Enfin, entre le temple dont le dieu auquel on l'avait dédié nous est resté inconnu, celui de Diane et celui de Mercure, était le *Champ-Noir*, lieu destiné, du temps des Romains, à l'inhumation des morts ; il paraît avoir occupé tout l'espace compris entre la place Saint-Jacques, la place de l'Abbaye, la Grande-Rue et la limite méridionale de l'enceinte de la ville. Le grand nombre de tombeaux, de cercueils en pierre, de monuments funéraires de toute espèce accumulés en ces endroits, comme entassés les uns sur les autres, indiquent d'une manière incontestable que telle était la destination de cet emplacement. Cette destination semble même avoir persisté assez longtemps après l'établissement de la religion chrétienne, puisque, à côté de tombeaux ou de cercueils présentant les attributs du paganisme, s'en découvrent d'autres où sont taillés les emblèmes de la foi chrétienne.

On y a trouvé aussi une grande quantité de pénates, une Ibis, une Isis, un dieu Pède et autres figures emblématiques.

Parmi les ruines que recèle le sol de Luxeuil, fragments de squelette de ses antiques monuments, celles de son établissement thermal, tel que l'avaient fait les Celtes et les Romains, ne sont pas les moins intéressantes. Le plan de ces anciens bains fut levé lors de leur réédification ; ils présentaient une distribution exactement conforme à celle décrite par Vitruve, Pline, Mercurialis. On y trouva même un strigile et une grande quantité de vases étrusques en poterie romaine. Quelques-uns des bassins étaient en mosaïque, dont il existe encore des échantillons.

Dans les fondations des bains actuels existent sur plusieurs points les traces des anciens ouvrages ; et même, à l'époque de leur reconstruction, on a pu, en beaucoup d'endroits, distinguer les travaux des Romains de ceux des Celtes, que les premiers n'avaient fait que réparer. Les travaux préparatoires durent être immenses : l'édifice repose sur un sol artificiel d'un massif de ciment composé de chaux, de briques, de rocailles de toute espèce, dans lequel est renfermée une partie des tuyaux qui amènent les eaux chaudes.

Quelle fut l'importance de Luxeuil pendant cette période celtique et gallo-romaine ? Nous avons déjà vu que l'occupation par les Romains la faisait présumer pour les temps antérieurs : postérieurement, si cette importance n'eût pas existé, l'occupation l'eût fait naître. Ces considérations acquièrent une nouvelle valeur par tous ces restes d'antiquités celtiques ou romaines, trouvés dans le sol de cette ville. On se ferait difficilement une idée de l'immense quantité des débris qui s'y rencontrent, statues, bas-reliefs, tombeaux, sarcophages, urnes cinéraires, médailles, camées, poterie romaine : ils ont suffi à former trois ou quatre cabinets ; et cette mine précieuse est loin d'être épuisée : chaque nouvelle fouille met au jour des antiques, dont quelques-uns dignes du plus haut intérêt. La dernière découverte de ce genre, qui a eu lieu en 1845, a procuré dix-huit tombeaux et plusieurs débris d'architecture provenant de grands monuments.

Les anciennes collections ont été dispersées. Luxeuil aurait été complétement déshérité de ce riche patrimoine archéologique, qui lui arrivait à travers la succession des âges, si le zèle aussi pieux qu'intelligent de M. le colonel Fabert n'avait recueilli d'intéressants débris de cet héritage de vingt siècles, en consacrant à l'illustration de sa ville natale la dernière moitié d'une vie dont la première avait été honorablement employée au service de la patrie.

Dans ce rapide aperçu, que je désire rendre aussi court que possible, je dois me contenter d'exprimer les opinions reçues, sans entrer dans le détail des divers documents qui leur ont servi de base. J'insérerai seulement ici quatre inscriptions principales trouvées dans les bains de Luxeuil, objet spécial de cet opuscule.

La première, conservée seulement en note dans un manuscrit de la bibliothèque de l'abbaye, est ainsi conçue :

*Première inscription.*

LVXOVIO
ET BRIXIÆ
GIVL FIR
MAR IVS
V. S. L. M.

C'est un monument de reconnaissance décerné par Firmarius à Luxeuil et à Brixia, que Dunod appelle aussi Hygia. La déesse Brixia était en grande vénération dans le pays, comme l'attestent plusieurs inscriptions, ainsi que le nom de Breuche et Breuchotte, donné à quatre villages des environs de Luxeuil, et celui de Breuchin à la rivière qui les arrose.

*Deuxième inscription.*

L. SSOLO
ET BRICIA
DIVI X TI
US CONS IAVS
V. S. L. M.

Cette inscription fut trouvée en 1777, parmi des fragments de chapiteaux, fûts de colonnes, et autres débris d'un édifice considérable, derrière les bains, près de l'endroit où coule aujourd'hui la source d'Hygie, et où l'on croit qu'existait un temple dédié à la déesse Hygia.

*Troisième inscription.*

**LIXOVII THERM
REPAR LABIENUS
IUSS. C. IVL CÆS
IMP**

Cette inscription constate la restauration des bains de Luxeuil par Labiénus, d'après les ordres de César. On peut la voir incrustée dans le mur de la grande salle de l'ancien Hôtel-de-Ville (1). Elle fut trouvée le 23 juillet 1755, dans un ancien bassin romain, au milieu d'une quantité d'objets d'antiquité, tels que débris de pierres, de poterie, plus de trente médailles, etc. Tous ces objets étaient enfouis dans une vase épaisse, qui, depuis des siècles, n'avait pas été remuée.

*Quatrième inscription.*

**COS
C. I. C.**

(1) Elle vient d'être transportée tout récemment à l'établissement thermal. C'est là, en effet, qu'est sa véritable place.

Cette quatrième inscription, qu'on explique ainsi : *Consule Caïo Julio Cæsare,* trouvée dans les bains à la même époque, fut aussi apportée à l'Hôtel-de-Ville, où elle resta longtemps ; elle n'y est plus ; on ignore ce qu'elle est devenue. Les lettres étaient gravées à la pointe d'un marteau, sur une pierre de cinquante-huit centimètres de longueur sur quarante-quatre de largeur.

Luxeuil était traversé par une voie romaine venant de Mandeure, et se bifurquant, à quelques kilomètres au nord de la ville, au milieu des bois, près de la fontaine *au Miroir,* en deux embranchements, dont l'un se dirigeait vers Langres, et l'autre sur Toul. En 1767, on trouva une statue équestre à l'endroit de cette bifurcation. Des tronçons de cette voie existent encore, et sont facilement retrouvés sur plusieurs points.

Une centaine de mètres de canaux souterrains, et de construction évidemment romaine, subsistent aussi, et servent à l'écoulement des eaux de l'établissement thermal.

## ÉPOQUE DE SA DESTRUCTION.

Si la fondation de Luxeuil n'a point de date connue, il n'en est pas de même de sa destruction. Un chef de hordes du Nord, dont le nom est resté dans l'histoire, comme le plus haut emblème du génie de la dévastation, Attila, cette farouche personnification de la barbarie se ruant sur la civilisation, jaloux de justifier le titre de *Fléau de Dieu,* qu'il s'était lui-même arrogé, après avoir ravagé presque toute la Germanie, détruisit Luxeuil de fond en comble, en l'an 450. Cette ville était alors assez importante pour attirer les regards du dévastateur; et nos annales mentionnent sa destruction dans les mêmes pages que celle de Langres, Besançon et autres villes considérables.

Ainsi finit Luxeuil païen, englouti par cet immense ouragan qui tourbillonna sur une partie de l'Europe : le coq gaulois avait présidé à ses premières destinées; les aigles romaines virent s'accomplir les dernières. Ces murs où si longtemps s'abritèrent les légions; ces antiques bains restaurés par Labiénus, où les dominateurs du monde se lavaient de la poussière des combats, se délassaient des fatigues de la victoire; ces monuments élevés à la gloire des dieux ou à la majesté des Césars; cette citadelle, qui devait tout protéger et ne put se protéger elle-même, tout fut détruit, tout fut rasé au niveau du sol. A la place d'une cité florissante, il n'y eut qu'un monceau de ruines; sous ses portiques silencieux, autour de ses statues renversées et de ses temples déserts, purent errer les animaux féroces, que la présence de l'homme n'inquiétait plus : pendant longtemps leurs hurlements troublèrent seuls la solitude de ces lieux naguère si retentissants du bruit et du mouvement de la civilisation. « *Thermæ eximio opere extructæ* » *habebantur; multæ ibi statuæ lapideæ erant : at tunc solæ* » *illic feræ, ursi, bubuli, lupi frequentes visebantur.* » (Jonas, *Vie de saint Colomban.*)

# LUXEUIL CHRÉTIEN.

Il était réservé au christianisme, qui a réparé tant de
désastres, de faire sortir Luxeuil des ruines sous lesquelles
la barbarie l'avait enseveli.

En 590, vivait Colomban, prêtre irlandais, l'un des plus
fameux cénobites du sixième siècle. Né dans le pays de
Leinster, élevé dès sa jeunesse dans l'étude des sciences
humaines, auxquelles une grande aptitude, aidée d'un travail assidu, l'initia rapidement ; instruit ensuite dans la
connaissance des livres sacrés, par un saint vieillard nommé
Silène, qui fortifia et développa le germe des heureux sentiments que la nature avait mis dans son cœur, Colomban,
désirant fuir le monde, où, si souvent, la piété et la vertu
rencontrent des écueils, se retira à Benchor, célèbre abbaye où il y avait près de trois mille religieux, et y passa
plusieurs années sous la discipline du saint abbé Comgall.
Venu en France, à l'âge de trente ans, avec douze de ses
compagnons, il fut reçu dans l'Austrasie par Childebert II

INTÉRIEUR DE L'ÉGLISE DE LUXEUIL.

et la reine Brunehaut, et fixa d'abord sa résidence au vieux château d'Annegray. C'est de là qu'il vint à Luxeuil, où il s'établit, avec la permission de Gontran, roi de Bourgogne, et y fonda une abbaye.

Sur les débris de cette antique cité, au milieu d'une immensité de pierres, de statues , de monuments autrefois consacrés à la célébration des cérémonies païennes , un prêtre de l'endroit, Vinocus, instruisait quelques rares habitants aux vérités de la religion chrétienne. Un siècle et demi ne s'était pas encore écoulé depuis la destruction de Luxeuil par Attila , et pendant que la ville celtique avait sommeillé dans ses ruines , la Providence avait fait avancer dans leur nouvelle phase les destinées de l'univers , et accompli, au profit de l'humanité , une immense révolution sociale.

A côté du cadavre du paganisme , mort de ses vices autant que de décrépitude , s'élevait , dans sa sublime grandeur, une foi nouvelle , pleine de vie , de force et d'avenir, régénérant la société , la dotant d'une autre civilisation , d'autres tendances, d'autres mœurs, d'autres lois, d'autres institutions ; les Gaules étaient conquises à Clovis, et Clovis au christianisme.

Colomban, et l'abbaye qu'il fonda à Luxeuil, eurent une grande influence sur sa propagation dans ces contrées. Ses disciples , et les compagnons venus avec lui de la terre étrangère , secondèrent son apostolat, et portèrent leurs prédications dans diverses provinces ; Valbert et Chagnoald, dans la Brie ; Amet et Romaric, dans l'Austrasie ; Omer et

Achaire, dans la Picardie, la Flandre et l'Artois ; Agile, Gal, Eustaise, en Suisse et en Allemagne.

Les monastères qui, à cette époque, étaient non-seulement des asiles de piété, mais encore des écoles de science, des ateliers, pour ainsi dire, de civilisation chrétienne, s'élevèrent à leur voix, et se peuplèrent d'hommes éminents, dont l'esprit et le cœur aspiraient vers la science ou la vertu.

Ce ne furent point des gens sans aveu, des hommes sans nom et sans consistance qui, les premiers, marchèrent dans cette voie. L'exemple partit de plus haut : ce fut dans les classes les plus élevées, parmi les plus opulentes familles, au milieu des honneurs et des jouissances de la fortune, que ces établissements religieux recrutèrent leurs premiers adeptes. A eux était confiée l'éducation des enfants auxquels leurs parents voulaient préparer un avenir ; c'était dans leur sein que se réfugiaient les hommes mûrs, que l'usage et l'expérience du monde avaient accablés de fatigues, et quelquefois de remords.

Il ne pouvait qu'en être ainsi : l'air du monde était alors si infect, si souillé de discorde, de trahison, de haines, de crimes de toute sorte ! et l'atmosphère des cloîtres si pure, si calme, si vivifiante ! le chaos existait entre l'ancien édifice social qui s'était écroulé, et le nouveau qui n'était pas encore affermi sur ses bases : c'étaient les temps des maires du palais, des rois fainéants, de Frédégonde, de Brunehaut ! quoi d'étonnant, si la vie religieuse, qui s'écoulait entre les douceurs de l'étude et les distractions du travail, avait plus d'attraits que cette existence pleine d'agitation,

de turbulence et de dangers, la seule que pût alors donner
une société sens dessus dessous, où l'on ne sait ce qui
était le plus à déplorer, de l'absence de l'autorité ou des
abus de son exercice? redoutable alternative, à laquelle
échappe si difficilement l'enfance des nations.

Il est admirable et bien digne des méditations de ceux
qui cherchent dans l'histoire des enseignements pour la
politique et la philosophie, qu'à toutes les époques on ait
vu naître les institutions qui répondaient le mieux aux besoins de la situation, au milieu de laquelle elles semblaient
n'apparaître que par l'effet du hasard : il a pu arriver que
les contemporains, trompés par les apparences, se soient
mépris sur leur caractère et leur opportunité, et ne les
aient appréciées que sous des rapports trompeurs ou insi-
gnifiants, négligeant ceux qui étaient essentiels, fonda-
mentaux, fertiles en conséquences. Mais la postérité, mieux
placée pour juger des faits qui ont besoin d'être vus à une
certaine distance, rectifie les opinions prématurées : l'esprit humain, dont les prévisions sont limitées, et qui n'a-
vait pu déduire de la cause elle-même tous les effets
qu'elle recélait, s'incline, plus tard, devant leur réali-
sation : lorsque les résultats apparaissent au grand jour,
l'enchaînement qui les relie à leur cause cesse d'être mys-
térieux.

C'est que les faits de l'ordre moral sont tout aussi réglés
que les phénomènes de l'ordre naturel ; ils dérivent de la
même origine, ils reconnaissent les mêmes lois : ils émanent
à titre égal de cette suprême intelligence qui fait entrer
dans ses plans les révolutions politiques, comme le trouble

momentané des phénomènes de la nature, pour qu'ils servent à l'accomplissement et au maintien permanent de ses lois : en dehors des volontés et des intentions de ceux qui tiennent le timon des états, supérieur à leurs combinaisons et à leurs calculs, qui toujours sont des moyens pour lui, même quand ils paraissent être des obstacles, plane sur les sociétés un gouvernement providentiel qui les régit, les dirige dans des voies sûres, et les pousse invinciblement vers son but, l'amélioration de l'état social.

Ces considérations sont applicables au christianisme, et à l'établissement des monastères, qui furent un de ses principaux instruments de propagation ; ils vinrent dans leur temps, et à l'heure propice, pour accomplir la mission humanitaire et providentielle qui leur était réservée : même en ne l'envisageant qu'au point de vue de la sagesse humaine, il est impossible de méconnaître ce que cette institution produisit d'heureux résultats : elle était fille du temps et des circonstances ; on ne voit pas par quel moyen eussent pu être plus promptement et plus sûrement propagés et disséminés les éléments de la civilisation chrétienne. Elle remplit le double rôle d'université et d'institut agricole, éclairant les esprits et défrichant un sol inculte, constituant çà et là mille foyers qui irradiaient à la fois, avec une puissante activité, sur des populations avides d'en recevoir les bienfaits, la foi divine, l'agriculture et les connaissances humaines.

Outre l'abbaye de Luxeuil, qui fut longtemps chef d'ordre, Colomban avait élevé aussi celles de Fontaines et d'Annegray, Déicole celle de Lure, Romaric celle de Ramberg,

Gall celle qui porte son nom au cœur de la Suisse : et lorsque, après diverses vicissitudes, l'apôtre irlandais fut arrivé à la dernière heure de sa vie mortelle, son passage restait marqué par une longue empreinte de christianisme, depuis le monastère d'Annegray, au pied des Vosges, qui avait été sa première fondation, jusqu'à celui de Bobio au pied des Appennins, qui devait être la dernière : c'était le sillon que Dieu lui avait départi dans le champ de l'apostolat.

Le bruit de ses miracles, l'exemple de ses vertus, ce prestige entraînant qui, dans ces temps de ferveur et d'enthousiasme, s'attachait aux prédicateurs de la foi, portèrent en peu de temps l'établissement fondé par Colomban à un degré éminent de prospérité. Saint Eustaise, qui en fut abbé de 611 à 625, y institua une école célèbre, dont la renommée s'étendit bientôt dans toute l'Allemagne. De toutes parts, la jeune noblesse accourait s'initier, sous les leçons des hommes du premier mérite, aux sciences divines et humaines ; l'abbaye fournit des pères à l'Eglise, à l'Etat des hommes distingués. Cette haute faveur s'accrut encore sous saint Valbert, successeur de saint Eustaise, qui avait renoncé à la vie et aux honneurs militaires pour le monastère de Luxeuil, dont il devint le troisième abbé.

C'était dans les monastères, qu'après leur chute, se réfugiaient alors les grandeurs déchues ; à la fois lieux d'asile et de pénitence pour les reines, les princes, les ministres, que l'intrigue des cours, les révolutions de palais, le caprice ou la justice des rois précipitaient du faîte de la puissance. Le voile, la tonsure et l'habit monastique devenaient une sauvegarde et une expiation. Ainsi, l'abbaye de Chelles reçut Bathilde, veuve du roi Clovis II; celle de Saint-Denis, Thierry, fils de Clotaire III; celle de Luxeuil, Ebroïn, maire du palais, et Léger, évêque d'Autun, son rival politique. Ces deux hommes, frappés de la même disgrâce et couverts du même froc, mais doués de qualités et animés de sentiments si différents, semblaient ne plus se souvenir de leurs anciennes querelles. A la cour et dans le maniement des affaires, divisés d'intérêts et engagés dans des factions ennemies, ils s'étaient montrés rivaux acharnés : à Luxeuil, ils se pliaient à la même discipline, obéissaient à la même règle, se conformaient aux mêmes pratiques. On dit même que Léger fit des avances à Ebroïn, et qu'ils échangèrent des protestations d'amitié. L'avenir se chargea d'en vérifier la sincérité. Lorsque, sortis l'un et l'autre de leur paisible retraite, ils roulèrent de nouveau dans le tourbillon du monde, la conduite cruelle d'Ebroïn envers son ancien compagnon d'exil, prouva, qu'au moins pour l'un des deux, il y avait eu seulement trêve momentanée à des haines irréconciliables, et non paix sincère et durable. L'homme politique oublia complétement les protestations d'amitié du moine; il avait laissé à l'abbaye de Luxeuil et l'habit religieux, et les dispositions bienveillantes.

La présence de ces illustres exilés, les visites de saint Eloi, les dons de la reine Bathilde, de Clotaire et de Thierry, contribuèrent à fixer l'attention sur cette abbaye, et la placèrent parmi les plus importantes du royaume. C'est de ces époques que date la réédification de Luxeuil : la nouvelle ville avait surgi autour du monastère, à l'ombre de sa croix, à quelques centaines de mètres de l'emplace-

ment où avait été l'ancienne ; au souffle de l'esprit chré-
tien avaient tressailli les restes humiliés de la cité païenne ;
l'œuvre de Colomban portait ses fruits réparateurs, et con-
solait la civilisation du grand désastre de 450.

L'établissement thermal avait subi le sort des autres monuments que les Celtes ou les Romains avaient élevés à
Luxeuil ; il avait disparu dans le sac de cette ville. Mais les
sources qui l'alimentaient, œuvres de la nature et impé-
rissables comme elle, n'avaient pu être anéanties par la
hache ou la torche des barbares. Elles coulaient dans la
solitude et au milieu des débris, comme elles avaient coulé
dans les bassins en marbre et en mosaïque fréquentés par
les Celtes ou les soldats de Labiénus, sans avoir rien perdu
de cette chaleur élémentaire qui en faisait le caractère et
l'utilité. Furent-elles prises en quelque considération par
Colomban, lorsqu'il quitta Annegray pour venir à Luxeuil
fonder son abbaye ? Et postérieurement eurent-elles quelque influence sur l'agrandissement et la prospérité de la
ville qui s'était relevée sous les auspices de cet établissement
religieux ? L'histoire est muette à cet égard. Tout ce qu'on
peut dire, c'est que Colomban n'en ignorait pas l'existence,
et qu'il ne paraît pas qu'il ait rien fait pour la mettre à profit.
Ses successeurs ne s'en occupèrent pas davantage. Le
moyen-âge attachait à l'usage des bains beaucoup moins
d'importance que les peuples anciens ou modernes : et
quoique la fréquence des maladies de la peau, qui plus tard
infestèrent l'Europe, eût dû rendre cette ressource précieuse
aux localités que la Providence en avait dotées, rien, de tout
ce qui nous est parvenu de ces temps-là, ne démontre

qu'on ait songé à en tirer quelque parti. Ce qui reste des anciennes constructions thermales de cette ville remonte aux Celtes ou aux Romains ; il n'en est point qu'on puisse rapporter au moyen-âge.

Il serait sans intérêt de suivre le fil des destinées de Luxeuil, à travers le laps des temps et la multiplicité des événements : après avoir été, tour-à-tour, l'objet de l'attention des maîtres du monde et la proie des barbares, il était tombé au rang, dont il ne se releva plus, de ville subalterne, et il ne joua, dans la suite, qu'un rôle trop peu saillant pour être remarqué. On sait néanmoins qu'il eut, ainsi que l'abbaye, sa part de souffrances et de revers, dans les guerres dont la province fut le théâtre. Au commencement du huitième siècle, les Sarrasins, dans une quatrième invasion, pillèrent la ville, saccagèrent l'abbaye et massacrèrent les religieux. Sur la fin du neuvième siècle, en 1201 et 1214, la ville et l'abbaye subirent encore les mêmes dévastations. L'armée de Louis XI, qui avait pénétré en Franche-Comté, sous les généraux Pierre de Craon et Charles d'Amboise, s'empara de Luxeuil et le livra à l'incendie. L'armée des ducs des Deux-Ponts, en 1568, les bandes de Tremblecourt, en 1595, les troupes suédoises, en 1644, furent pour cette ville la cause de nouvelles calamités.

D'un autre côté, les abbés subirent et quelquefois suscitèrent des contestations sans gloire et sans retentissement, pour le droit de gardienneté, entre les comtes de Bourgogne et de Champagne, leurs puissants voisins. Enfin, en 1534, ils renoncèrent, en faveur des premiers, aux droits de souveraineté qu'ils avaient cherché à se créer, au temps de la

décadence de la race carlovingienne, droits que les immenses richesses de l'abbaye, le nombre de ses vassaux
et la considération qui l'entourait ne réussirent pas toujours
à faire ménager et respecter de ceux qui avaient des prétentions opposées. Quelques lettres de grâce, quelques
pièces de monnaie frappées au coin des abbés de Luxeuil
ne parurent pas des titres suffisants pour établir cette souveraineté. A la suite d'un procès qui dura trente-un ans,
dans lequel elle était contestée par le procureur-général au
parlement de Dole, un traité intervint, conformément à la
sentence qu'avaient rendue les arbitres nommés par l'empereur Charles V et François de la Pallu, abbé de Luxeuil,
par lequel cette souveraineté fut définitivement abandonnée (1).

(1) Les droits de gardienneté furent une occasion continuelle de difficultés et de guerres dont l'abbaye eut beaucoup à souffrir, et sa souveraineté ne fut jamais acceptée sans conteste.

Il faut bien le dire, les faits historiques les plus imposants, et les
inductions les plus logiques, venaient à l'encontre de ses prétentions, et
autorisaient à considérer quelques actes, sur lesquels elles semblaient
pouvoir s'appuyer, plutôt comme des tentatives d'usurpation que comme
l'exercice d'un droit légitime.

Et d'abord, les circonstances de la fondation de l'abbaye étaient ex-
clusives de toute idée de souveraineté, puisque Colomban ne s'établit à
Luxeuil qu'avec la permission du souverain, Gontran, roi de Bourgogne. Un peu plus tard, Thierry II, successeur de Gontran, qu'impor-
tunait l'austérité des reproches de Colomban, le relégua à Besançon. A
la vérité, Colomban, malgré les ordres de Thierry, revint à son abbaye ;
mais Thierry II n'en avait pas moins fait acte de souveraineté en l'en
éloignant.

Anciennement, et jusqu'à la révolution de 1789, Luxeuil n'était point chef-lieu de paroisse, et dépendait de celle de

En 670, Childéric II exila à Luxeuil Ebroïn, maire du palais, et, quelques années après, Léger, évêque d'Autun. Il est évident que Childéric n'aurait pas assigné pour exil à ces personnages un lieu dont il n'aurait pas eu la souveraineté.

En 815, l'empereur Charlemagne, roi de Bourgogne, combla l'abbaye de Luxeuil de biens et de priviléges, autre preuve que l'abbé n'était pas souverain, et que Charlemagne se regardait seul comme tel.

Dans le partage fait en 870, du royaume de Lothaire et de Louis, Luxeuil fut compris dans le lot qui échut à Louis.

Dans la suite, Luxeuil suivit toujours le même maître que le surplus de la Franche-Comté : ainsi, en l'an 1123, Hugues I$^{er}$, abbé de Luxeuil, obtint de l'empereur Henri IV une charte confirmative des biens et priviléges de l'abbaye.

Après la mort de Béatrix, comtesse de Bourgogne, femme de l'empereur Barberousse, qui eut lieu en 1186, Henri IV, l'aîné de ses enfants, eut la terre et seigneurie de Luxeuil, sous la souveraineté d'Othon, son frère, comte de Bourgogne. De Henri IV, cette terre passa en différentes mains, et se trouva ensuite réunie dans la même main que la souveraineté du comté de Bourgogne.

Jusque là, l'abbaye n'ayant possédé que des biens et des priviléges dans la terre de Luxeuil, la prétention à la souveraineté ne pouvait même être soulevée ; mais, dès lors, elle acquit la terre même qui lui fut donnée par le souverain, avec différents droits de régale, à charge de relever de lui. Et c'est précisément à la faveur de ces droits, et aidée par des circonstances favorables, que l'abbaye chercha à se prévaloir, contre le souverain, des concessions qu'elle tenait de lui, et à secouer le joug de sa dépendance. Tel pouvait être le résultat de l'acte qu'elle passa, en 1258, avec Thibaut, comte de Champagne et roi de Navarre, acte sur lequel on a principalement insisté pour établir la souveraineté de cette terre. Par cet acte, l'abbé et les moines associèrent le comte

Saint-Sauveur. La petite église dédiée à saint Martin, et qui était située sur la place qui porte le nom de ce saint, n'était

de Champagne à la moitié de leurs revenus, à la charge de les garder et défendre, contre tous ceux qui les troubleraient dans l'exercice de leurs biens et priviléges. Pour se donner, il faut s'appartenir, et rien ne prouve que Luxeuil fût dans cette position. Il est vraisemblable que cet acte fut passé clandestinement, et par conséquent il ne peut faire titre ; car le comte Othon de Bourgogne s'y opposa de tout son pouvoir, aussitôt qu'il en eut connaissance. Pour se maintenir dans ses droits de souveraineté sur l'abbaye, il prit possession de Luxeuil en 1280, et y fit son entrée accompagné de l'abbé, dont la présence à cette cérémonie indique suffisamment qu'il n'osa pas refuser de reconnaître Othon de Bourgogne pour son souverain ; et Othon se maintint si bien dans sa souveraineté que, dans les détails qu'il donna plus tard à Philippe-le-Bel, roi de France, de ses vassaux et des églises dépendantes de sa garde, il nomma l'abbaye de Luxeuil une des premières : c'était d'autant plus significatif, que Philippe-le-Bel, ayant épousé Jeanne, comtesse de Champagne et de Brie, héritière de ce même Thibaut II, qui avait passé le traité de 1258, devait, en cette qualité et en vertu de ce traité, jouir de la gardienneté de Luxeuil. La protestation du comte de Bourgogne ne pouvait être plus formelle.

Au surplus, si l'on avait à rechercher les intentions secrètes des parties contractantes dans ce traité de 1258, on y verrait une tentative du comte de Champagne, qui, depuis longtemps, avait des vues sur quelques parties de la comté de Bourgogne, notamment sur Luxeuil, plutôt que le dessein prémédité de l'abbaye de s'ériger en souveraine ; déjà, en 1227, le comte de Champagne ne prenait le parti du comte Othon, dans ses démêlés avec le comte Etienne, que dans des vues intéressées : car, « Au dit an, il pensa enjamber par acquisition sur le » comté de Bourgogne, et voulut acquérir les terres de Luxeuil et » autres proches de dans les Vosges. » (Gollut.) Postérieurement, il fit, par surprise, ce qu'il n'avait pu faire à force ouverte, en s'emparant de

qu'une chapelle, dont le chapelain devait être un prêtre sé-
culier, enfant de la ville, dans les temps primitifs de son

Luxeuil, à l'occasion de quelques guerres qu'il eut sur la frontière
avec Hugues, mari d'Alix, comtesse de Bourgogne, fille d'Othon.

Quoi qu'il en soit de cette explication, les comtes de Bourgogne ne
cessèrent de réclamer contre ce traité, et de faire des actes de souveraineté sur les terres de l'abbaye.

A la vérité, Philippe-le-Bel, qui eut la comté de Champagne par sa
femme, et les rois de France, ses successeurs, eurent de fait la gardienneté de Luxeuil, au préjudice des comtes de Bourgogne; mais ne
fut-ce pas à leur ascendant comme rois de France, et à la puissance de
leurs armes, qu'ils durent cet avantage? Ainsi le pensent quelques his-
toriens. (Dunod, *Hist. de l'Egl. de Besançon.*)

Les oppositions et les réclamations des comtes de Bourgogne furent
si constantes, qu'après tant de guerres à ce sujet, Philippe-le-Bon
consentit enfin à déférer cette contestation au concile de Bâle. Les
Pères du concile n'ayant fait qu'entendre les parties, mais sans rien
déterminer, et les réclamations des comtes de Bourgogne durant toujours, le roi de France, Charles VII, céda enfin à ces derniers, par le
traité d'Arras, en 1436, le droit de gardienneté de l'abbaye de Luxeuil,
et reconnut que ce droit leur appartenait légitimement; et il est à remarquer que ce traité, qui disposait ainsi de la souveraineté, eut lieu
entre Charles VII et le comte de Bourgogne, sans la présence ni la par-
ticipation de l'abbé de Luxeuil.

Postérieurement à ce traité d'Arras, il ne s'est rien passé qui ait pu
établir cette souveraineté. On cite quelques pièces de monnaie frappées
au coin des abbés, et cinq lettres de grâce, qui sont des années 1481,
1482, 1485, 1500 et 1502. Mais, en admettant l'authenticité, qui
pourrait être contestée, de ces pièces de monnaie et de ces lettres de
grâce, elles ne peuvent être considérées comme des preuves suffisantes
de souveraineté. Battre monnaie et faire grâce sont bien certainement
des droits régaliens; mais ces droits pouvaient être délégués à des vas-

existence. Ce n'est que plus tard qu'elle fut réunie à la manse conventuelle par une bulle de Léon X, du 13 mars 1514, et desservie par un religieux de l'abbaye, sous le nom de recteur. L'époque de sa fondation est inconnue ; quelques-uns la font remonter jusqu'à saint Colomban : d'autres lui assignent une date moins reculée, et croient devoir la rapporter aux habitants de Luxeuil, qui, formant déjà une agglomération considérable, devaient désirer en beaucoup de circonstances, telles que la nuit, les cas d'urgence, les temps de guerre, d'avoir à leur portée les secours de la religion, secours toujours plus lents à obtenir, s'il eût fallu recourir au chef-lieu de la paroisse, tant à cause de son éloignement, que parce qu'elle était placée hors de l'enceinte de leurs murailles. Et, en effet, le chapelain avait le droit de bénir, et faire distribuer le pain bénit, les jours de dimanche, de recevoir, pendant la nuit, la confession des habitants de la ville, de leur administrer l'eucharistie et l'extrême-onction, dans les cas d'extrême nécessité, sans qu'il fût tenu à aucune autre obligation que d'en demander,

saux, sans qu'ils eussent pour cela la souveraineté. Philippe-le-Bon, duc et comte de Bourgogne, maintint l'abbé de Saint-Claude dans les droits dont il jouissait anciennement, de légitimer les enfants naturels, de donner des lettres de noblesse, de faire grâce aux criminels. Il en est de même du droit de battre monnaie, qui fut délégué à l'Eglise de Besançon et au même abbé de Saint-Claude. (Dunod.) Les abbés de Luxeuil, s'ils ont exercé les droits régaliens, n'ont pu le faire qu'au même titre, c'est-à-dire par délégation, et il ne saurait en résulter aucun droit de souveraineté.

une fois en sa vie, la permission au curé de Saint-Sauveur, tant pour lui que pour ses desservants.

Les bourgeois de Luxeuil avaient une clef du coffre des titres et argent de ladite chapelle ; ils étaient présents aux remboursements et replacements des rentes, et aucun prêtre enfant de Luxeuil ne pouvait arriver à la chapellenie, sans le consentement de ses magistrats, qui avaient un siége avec les fleurs de lis dans la chapelle, et fournissaient même les vases sacrés du tabernacle.

Quoi qu'il en soit, cette fondation fut antérieure à l'année 665. « En l'an 665, dit Bollandus, Valdebert alla vers le » Seigneur : une foule immense de fidèles accourus de » toutes parts se pressaient à ses funérailles : il fut inhumé » dans l'église de Saint-Martin. » Cette chapelle a été détruite lors de la première révolution.

Il en existait encore une autre, dédiée à la sainte Vierge, située au nord de l'église abbatiale, et aujourd'hui paroissiale, sur l'emplacement où, de nos jours, on vient d'élever l'établissement des frères de la doctrine chrétienne. Elle n'était qu'un appendice, pour ainsi dire, de l'église de l'abbaye, d'où l'on y arrivait par une galerie couverte. Sa fondation remontait aussi à une époque inconnue, mais très-ancienne, puisque saint Audésige, abbé de Luxeuil, fit construire et couvrir d'ancelles, vers l'an 825, la galerie qui la faisait communiquer à l'église du monastère.

Il y avait aussi à Luxeuil diverses autres petites chapelles, deux, entre autres, vis-à-vis l'une de l'autre, dédiées à saint Jacques et à saint Léger, sur la place qui porte le nom du premier de ces deux saints ; une dédiée à sainte Anne, au

nord-est de la ville, auprès de laquelle a existé très-ancien-
nement un cimetière pour les pestiférés; une dédiée à
sainte Madeleine, sur la hauteur au sud de Luxeuil; et
une dernière, enfin, au bas de la ville, auprès de la fontaine
dite de l'Hôpital. Lors de la démolition de cette chapelle, la
statue de la sainte Vierge, sous l'invocation de laquelle elle
était placée, fut transférée dans la petite église du village de
Saint-Valbert, où elle est encore aujourd'hui, et est demeurée, sous le nom de la *Vierge de l'Hôpital,* à laquelle la
tradition attribue plusieurs miracles, l'objet de la piété, de
la vénération et du pélerinage de beaucoup de fidèles.

Il y avait encore à Luxeuil un couvent de capucins : il
est vraisemblable que c'est à l'existence de cet établissement que la partie méridionale de la ville, où il était situé,
doit son nom de faubourg de Saint-François.

Outre son enceinte principale, fermée de murs et fortifiée
à l'ancienne méthode, la ville de Luxeuil avait autrefois
quatre faubourgs : il n'en reste aujourd'hui que trois ; le
quatrième, qu'on appelait faubourg de la Bure, bâti sur
l'emplacement où est la prairie qui remplace l'étang de la
Poche, derrière le jardin de l'abbaye, fut brûlé par des
troupes ennemies commandées par Hugues de Bourgogne,
sire de Montjustin, en l'an 1293.

On présume que Luxeuil fut affranchi sur la fin du treizième siècle, plus heureux, ou plus tôt heureux que Lure,
Faucogney, Conflans, et autres populations voisines, sur
lesquelles pesèrent encore longtemps les misères du ser-
vage.

Sur la fin du moyen-âge, les arts jetèrent quelque éclat

sur la ville. C'est du quinzième siècle que date la construction de quelques édifices d'une architecture très-remarquable, et dans laquelle le goût de la renaissance s'alliait déjà aux élégantes et capricieuses fantaisies du style gothique. L'ancien Hôtel-de-Ville et la maison qui est vis-à-vis, dont on attribue la construction au cardinal Geoffroy (1), celle qui fait un des coins de la place de la Baille, et qui, d'après quelques opinions traditionnelles, a joui, dans le temps, du droit d'asile, en offrent de curieux échantillons.

On visite encore avec intérêt les bâtiments de l'ancienne abbaye (2), qui ne sont pas ceux qu'éleva saint Colomban, mais où ce grand souvenir revient sans cesse à l'esprit, et, par une rapide illusion, le reporte aux premiers temps de cet établissement, dont nous sépare un intervalle de douze siècles ; le cloître de cette abbaye, qui fait partie de la place du marché aux grains, et surtout l'église paroissiale, qui vient d'être déclarée monument historique, et dont la belle architecture est due au zèle de l'abbé Eudes de Charenton, et

(1) La maison de l'ancien Hôtel-de-Ville appartenait au cardinal Jean Geoffroi ou Jouffroi, qui fut abbé de Luxeuil en 1450. Elle fut achetée, en 1552, pour le prix de 635 livres tournois, par les bourgeois : ce sont eux qui y firent ajouter la grande tour. La maison qui est en face fut bâtie par Henri, frère du cardinal.

(2) Ces bâtiments, tels que nous les voyons aujourd'hui, datent du treizième siècle. C'est l'abbé Thiébault qui, en 1255, fit rebâtir le monastère, que les seigneurs d'Hobourg et d'Aigremont avaient incendié en 1201 et 1214. C'est à lui qu'on attribue la construction de la tour à six étages dont il a été déjà fait mention, sur les ruines d'un château que Drusus avait fait élever en l'an de Rome 745.

Tour Monumentale de l'ancien Hôtel de Ville de Bagneux

aux plans de **Renaud**, de Fresne Saint-Mamès, qui vivaient dans le quatorzième siècle. Les connaisseurs admirent ses stalles, qui sont aujourd'hui dans le chœur, mais qui, du temps des bénédictins, étaient placées de chaque côté de la grande nef, et dont les pilastres, ornés de cariatides originales, les consoles, les corniches et les entablements sont remarquables par leur belle sculpture ; l'orgue, qui est d'une grande puissance, et dont le socle est un morceau d'une rare beauté ; sa date est du dix-septième siècle.

L'établissement thermal, quoique de création moderne, mérite aussi de fixer l'attention par le caractère monumental de ses bâtiments ; délaissé, ou tout au moins négligé depuis les Romains, à peu près ruiné par cette incurie des hommes, l'action incessante du temps, et, d'après quelques indices, par les ravages de l'incendie, il fut restauré dans la dernière moitié du dix-huitième siècle, aux frais de la ville, et par les soins de ses magistrats, sous les auspices de M. de Lacoré, intendant de la Franche-Comté. C'est de cette restauration que date son ère et sa prospérité nouvelle.

Les institutions civiles et religieuses ont varié à Luxeuil, suivant les vicissitudes de domination, que cette ville a eu à subir. L'inquisition y était établie et en vigueur au seizième siècle. On conserve dans les archives de la mairie le jugement rendu contre une demoiselle Lamansenée d'Anjeux, qui fut accusée de sorcellerie, et condamnée à être brûlée entre les deux ponts de Saint-Sauveur. Il ne sera peut-être pas sans intérêt d'insérer ici ce curieux monument judiciaire, à peu près contemporain de ces monuments artistiques dont il vient d'être parlé, tant parce qu'il présente sous un autre aspect l'état de l'esprit humain à cette époque, que parce qu'il donne aussi un spécimen des actes et des procédés juridiques de ce fameux tribunal, si peu connu, si mal jugé, si faussement apprécié.


*Au nom de Notre-Seigneur,* AMEN.


Par ce publicque instrument appare à tous évidemment et soit notoire que aujourd'hui dix-huitième jour du mois de décembre l'an mil cinq cent vingt-neuf, environ une heure après midy dudict jour, en l'aule de Luxeuil et audience d'illec, est été amenée par les sergents de justice de Luxeuil, une nommée Lamansenée d'Anjeux, après avoir été publicquement preschée par frère Lazare Boton, lieutenant et commis de l'inquisition de la sainte foi catholique, son procès léhu a haulte voix publicquement par Jehan Mole, scribe député au d. procès et en la d. justice, et confession faite par icelle ainsi et selon que lui a été léhu, et par elle avoir desja répondu et déclaré par le d. lieutenant par sa sentence, icelle être génoiche, sorcière et hérétique, la délaissant comme membre puant et pourri, et aultres choses contenues en icelle en la d. audience, par devant discrète et religieuse personne frère Guillaume Dumay, bachelier en décret religieux et prévost de l'église Saint-Pierre de Luxeuil, Jehan Raguels, prévost fermier au dict lieu, pour madame Marguerite, gardienne au dict Luxeuil ; Claude de Bouget, escuyer doyen au dict Luxeuil, estants sis en leurs siége tribunal et illec, a esté appelée la cause d'entre les procureurs de Luxeuil, demandeurs en matière de crimes, contre la dicte Lamansenée, illec estant assise, après laquelle cause appellée, et callangement fait du dict procureur des cas et crimes faits et commis par la dicte demoiselle, et déclaration faite par le dit commis de l'inquisition icelle être génoiche et hérétique, exhibant les informations sur ce faictes, recours et ampliations, procès fulminés response et confession d'icelle, les dictes sentence et déclaraticns, avec les adirs et opinions, estant inscriptes à la fin du d. procès, ès d. prévost et doyen requérant droit et justice lui être administrée, et icelle être condampnée selon l'exigence des cas par elle commis, opinions et adirs y estant ; sur quoi a été dict par le d. prévost de l'église qu'il estoit homme d'église, et que l'église ne fesoit nul à mourir, se désistant de la cognoissance d'icelle, la délaissant ensemble de son procès et pièces ci-dessus ès d. prévost fermier et doyen, et ce fait, les d. prévost et doyen estant en jugement, ayant en leurs mains le d. procès et pièces ci-dessus exhibées, a été dict par le dict prévost et fermier que à eux n'affioit la cognoissance d'icelle et de la condampner, ne prononcer sentence, pour les dicts cas et crimes par elle commis et perpétrer contre elle : ains appartenoit aux gouverneurs et bourgeois du d. Luxeuil de icelle, après avoir vehu le d. procès, la juger et selon l'exigence des cas par elle faits et commis, donnant pour ce faire les d. procès et pièces ès mains de Jehan de Rahon coquatre et bourgeois dud. Luxeuil, illec estre ensemble avec François Moirelot, Anthoine Thiaudot, Anthoine Laperdrix Leviez, aussi coquatres, Nicolas Massin Leviez, Jean Jehannot, Guillaume Jacquot, et plusieurs autres bourgeois dud. Luxeuil, illec estant judiciellement présents et assemblés, descendant iceulx prévosts de leurs siéges au bas, et après avoir par les dicts bourgeois et quatre reçus iceulx procès et pièces, sont sortis de l'audience et tirés à part, tirés ensemble et demeurés environ un quart d'heure ; après sont venus en la d. audience et sont assis au siége des d. prévost et doyen, les dits Jehan de Rahon, François Moirelot, Anthoine Thiaudot et Anthoine Laperdrix Leviez, de Luxeuil, que l'on disoit comme dessus estre les quatre gouverneurs de Luxeuil, et eux estants en jugement, est été proférée et prononcée sentence condamnatoire par le d. Jehan de Rahon contre la demoiselle, par laquelle il prononça entre autres les paroles suivantes en effet et substance : Vehus les informations des procureurs, recours et ampliations d'icelles, procès faits, confessions et responses et déclarations du commis et lieutenant de l'inquisition et ès cas et crimes de mort, sortiléges et hérésies que ton cas, « te juge à estre menée par l'exécuteur de la haute justice » entre les deux ponts de St.-Salveur, et illec estre publicquement » bruslée et arse tant que mort s'en suive ; et moi comme juge en » cette partie te condampne à ce, sauf la bonne grâce de Monsieur. » Après laquelle sentence et choses ci-dessus faites, Jehan Grant-Colin, de Luxeuil, notaire publicque comme recepveur et procureur de ladicte ville, et pour et au nom des bourgeois et habitants du d. Luxeuil, illec estant que tous aultres absents, des choses susdites et d'une chacune d'icelles, en a moi Deslot Bardot d'Anjeux, notaire juré de la cour de Besançon, et tabellion estaubli en la terre et seigneurie du d. Luxeuil, illec présent et ayant vehu, ouï et entendu ce que dessus, quis et demandé instrument et lettres testimoniales, pour valoir et servir aux dicts bourgeois et habitants, en temps et lieu, ce que de raison, que lui ai comme par foi publique ouctroyés et ouctroye. Fait et donné au dict Luxeuil en la d. audience, les an, jour que dessus. Présents Jehan Challenet, Jacquot de Bart, de Moinge, mareschault sergent en la d. justice ; Toussaint Marchand, d'Anjeux ; Huguenin Penessent, Jacquemin Cazelo, de Froi-deconches ; Pierre Balay, Guillaume Charlot, d'Anvelle ; Henry Simon, maire de la Chapelle, et plusieurs aultres, pour un faict de la terre et subjets de Luxeuil, que aultres illec estant congrégés et présents, par moi appellés en témoings. Signé à la minute, D. Bardot.

L'inquisition, établie pour la répression des crimes d'hérésie, de judaïsme, de mahométisme, de sortilége, de sodomie et de polygamie, n'existe plus de nos jours ; d'autres mœurs ont amené d'autres lois. Les hérétiques, les juifs, les mahométans, entrés dans le droit commun, loin d'être poursuivis et brûlés, peuvent parvenir aux premières dignités ; on ne croit plus guère aux sorciers ; et la sodomie ainsi que la polygamie trouvent une juste répression dans la pénalité que leur appliquent les tribunaux ordinaires. Mais il n'en est pas moins vrai que ce tribunal spécial, qui n'est plus qu'un souvenir historique, a tenu longtemps une place considérable dans les institutions judiciaires de quelques états. Sans se livrer à une appréciation approfondie de son but, de ses moyens, de ses résultats ; sans chercher à faire exactement la part des deux éléments, politique et religion, qui lui servaient de base, et dont l'un lui apportait la force, tandis que l'autre lui conciliait le respect, sans admettre aveuglément et comme d'incontestables vérités tout ce que l'esprit de parti, si enclin à l'exagération, a attribué de sévérité et d'impitoyables rigueurs à ses mystérieuses procédures ; sans examiner enfin si nos institutions valent mieux que celles d'autrefois, si un état qui protége les athées est dans de meilleures conditions de conservation et de durée que celui qui les brûle ; s'il n'y aurait pas un milieu possible et désirable entre l'indifférence d'aujourd'hui et le bûcher d'hier ; si le libre cours laissé par les sociétés modernes aux idées les plus anti-sociales, n'est pas une insigne folie et un immense danger ; constatons ce fait, qu'au nom de l'humanité, on a salué comme un immense progrès social l'esprit de tolérance, aujourd'hui universellement répandu, à l'égard des croyances religieuses.

Mais arrêtons-nous là : instruire, sous l'influence du milieu social dans lequel nous vivons, et du point de vue de nos mœurs et de nos opinions actuelles, le procès d'une institution créée pour des temps différents, approuvée par l'Eglise, justifiée par les écrivains catholiques les plus recommandables, et acceptée par les populations, serait d'une suprême injustice. Et d'ailleurs, sommes-nous donc tellement purs de toute sorte d'excès? Cette tolérance en matière d'opinions religieuses dont notre siècle s'enorgueillit, l'applique-t-il aussi complète, aussi illimitée aux opinions politiques ? Si par une inversion d'époques que l'imagination peut seule concevoir, les temps de l'inquisition avaient eu à juger ceux du voltairianisme, « Génération insensée,
» leur auraient-ils dit, qui restez indifférente aux ques-
» tions essentielles, et vous passionnez jusqu'au déchire-
» ment pour des questions secondaires ! société illogique,
» qui avez la prétention de vivre, et buvez à la coupe des
» idées qui tuent ! vous permettez de ne pas croire en Dieu,
» et vous persécutez ceux qui ne croient pas à vos institu-
» tions humaines ! vous avez éteint les bûchers religieux,
» et, à leur place, vous dressez vos échafauds politiques !
» ah ! vous n'êtes pas sans péché, il ne vous appartient pas
» de jeter la première pierre. »

Luxeuil fut affranchi de l'inquisition, lorsqu'il devint possession française.

Après avoir subi successivement la domination bourguignone et espagnole, cette ville, comme le reste de la

Franche-Comté, fut conquise et définitivement réunie au royaume de France par les victoires de Louis XIV. Elle soutint divers siéges, un entre autres contre l'armée du maréchal de Turenne, qui dura dix jours, et fut terminé par une capitulation honorable : on conserve encore à l'Hôtel-de-Ville celle qui fut accordée par le marquis de Renel, commandant des troupes françaises qui furent détachées pour faire le siége de Lure, Luxeuil et Faucogney, dans la dernière campagne, que couronna la soumission définitive de la province.

# LUXEUIL MODERNE.

## TOPOGRAPHIE. — STATISTIQUE.

Cet aperçu serait incomplet, il n'atteindrait pas son but d'utilité, s'il ne s'y trouvait quelques notions topographiques et statistiques sur la ville moderne, surtout au point de vue de l'établissement thermal qu'elle possède, et des avantages qu'elle peut offrir aux étrangers qui la fréquentent. Les restes d'antiquité ont toujours pour les amateurs un grand intérêt de curiosité ; mais le malade qui ne connaît Luxeuil que par ses eaux thermales, qui est amateur, avant tout, d'une meilleure santé, qui ne se décide à venir momentanément séjourner parmi nous, que dans l'espoir d'en obtenir le rétablissement, ne se contente pas de notions archéologiques ; il ne lui suffit pas de savoir qu'à Luxeuil il foulera la poussière des Gaulois et des Romains ; il prend souci de l'état actuel des choses, il désire savoir comment on est logé, nourri, traité, en un mot, comment on vit, en l'an 1850, dans la ville des Celtes, de Labiénus et de saint Colomban. Ce sont là de trop légitimes désirs pour ne pas être pris en considération.

Bailliage avant la révolution de quatre-vingt-neuf, district après, Luxeuil est aujourd'hui chef-lieu du canton de ce nom dans l'arrondissement de Lure, département de la Haute-Saône. Il est situé au pied des Vosges, par 21,50 de longitude, 47,51 de latitude, à l'extrémité septentrionale d'une plaine longue de trois lieues, large de deux, arrosée par deux petites rivières, la Lanterne et le Breuchin, à trois cents mètres à peu près d'élévation au-dessus du niveau de la mer, à trois lieues de Lure, quatre de Plombières, cinq de Vesoul, quatorze de Besançon, quatre-vingt-dix de Paris. On y arrive par trois routes principales : celle du nord, qui vient de la Lorraine ; celle du sud-est, qui vient de l'Alsace ; celle du sud, qui vient de Paris, de la Bourgogne et de la Franche-Comté, en passant par Vesoul où se réunissent les trois embranchements. Sa population est d'environ quatre mille habitants.

Le sol sur lequel Luxeuil est bâti, est un mélange de silice et d'alumine, qui repose sur un banc de pierres de grès, sablonneuses et micacées.

L'air y est pur et sain ; il est sujet à de brusques variations atmosphériques, comme cela a lieu dans tous les pays situés au pied des montagnes ; mais en général, la tempéture y est modérée ; on n'y éprouve point cette chaleur suffoquante qu'on ressent au fond des vallées ; et comme il y a moins de rayonnement, on est à l'abri, pendant les nuits, de cette dangereuse fraîcheur contre laquelle on a tant à se prémunir dans quelques autres localités. Il n'y règne point de maladies épidémiques.

Le paysage est à la fois riant et gracieux, majestueux et sévère. Placé à mi-côte, Luxeuil domine au midi une vaste plaine soigneusement cultivée et d'une admirable fertilité: au nord et à l'ouest sont de belles forêts de la plus vigoureuse végétation, but pour les étrangers de délicieuses excursions journalières ; à l'est se développe, dans un rayon très-rapproché, cette même ceinture de forêts qui entoure la ville; mais la vue franchissant l'espace, jusqu'aux dernières limites d'un horizon lointain, va se reposer sur les Ballons (1), dont les cimes élevées semblent se confondre avec les nuages.

Les aliments y sont de bonne qualité ; le voisinage des rivières et des bois y rend abondants le poisson et le gibier ; les gelinottes n'y sont pas rares ; et la truite et les écrevisses du Breuchin jouissent même d'une certaine réputation.

Il y a dans le quartier des bains deux hôtels montés sur un très-bon pied, où l'on est confortablement nourri et logé, à des prix très-modérés ( 5 francs par jour), et où il y a table d'hôte à des heures fixes. En outre, dans huit ou dix maisons particulières, les étrangers sont non-seulement logés, mais encore nourris, soit à une table commune, soit en particulier, quand ils le désirent. Enfin, dans les autres maisons on ne fournit que le logement ; les étrangers ont alors à pourvoir à leur nourriture, soit en s'entendant avec

______

(1) Noms sous lesquels on désigne certains sommets des Vosges.

RUE DE LA CORVÉE À LUXEUIL.

un traiteur qui les sert dans leur appartement, soit en allant prendre place à la table d'hôte des hôtels, ou à la table commune des maisons où l'on nourrit.

La rue dite de la Corvée, et les maisons rapprochées de l'établissement, sont spécialement fréquentées par les étrangers. Ce quartier peut fournir des logements à trois cents personnes à la fois. Le centre de la ville et son extrémité méridionale sont habités principalement par la partie de la population qui se livre au négoce et aux affaires commerciales.

La ville possède toutes les ressources nécessaires au confortable de la vie, cabinet de lecture, magasins de modes bien assortis, de bijouterie, de marchandises de toute nature, cafés parfaitement tenus, où l'on sert des glaces tout le courant de l'été, établissement d'horticulture, etc.

L'établissement thermal est un des plus beaux de France. Il est situé à l'extrémité septentrionale de la ville, au milieu d'un vaste jardin, qu'encadrent à l'est, au nord et à l'ouest trois allées d'arbres séculaires, et clos au midi par une belle grille en fer, que longe la route départementale de Luxeuil à Mirecourt.

C'est là que la prévoyante sollicitude de nos devanciers prépara ces délicieuses promenades qui font l'admiration des étrangers et l'envie de nos rivaux ; elle confia à un sol doué d'une rare puissance de végétation, de jeunes platanes qui prirent en peu de temps un magnifique accroissement; aujourd'hui, ils balancent dans les airs leurs faîtes superbes, doublement orgueilleux de leur majestueuse élévation et de l'établissement monumental qu'ils abritent, et sur lequel ils projettent leur ombre gigantesque.

Dans les divers compartiments qui divisent le jardin, sont cultivées les plantes indigènes et exotiques les plus agréables ; les haies qui les bordent sont terminées par des arbustes, auxquels la main d'un jardinier intelligent a su donner les formes les plus pittoresques : ici, la charmille se façonne en vase ; là, le genévrier s'arrondit en dôme, se contourne en spirale ou s'élance en pyramide : massifs de verdure, berceaux de feuillage, corbeilles de fleurs, partout vous rencontrez ce que la nature a de plus riant, l'art de plus gracieux. C'est une précieuse ressource pour les étrangers, surtout lorsque la nature de leur maladie leur interdit les excursions lointaines : ils passent dans ce jardin une partie de la journée, respirant un air abondamment oxigéné, au milieu de cette belle et grande végétation dont les émanations bienfaisantes les inondent, se livrant à la lecture, à des travaux légers, ou même à ce *far-niente*, le premier des besoins et des remèdes pour des malades qui, souvent, doivent leurs infirmités aux fatigues exagérées de l'esprit ou du corps.

L'établissement est d'une architecture noble et sévère. Il renferme des piscines, des cabinets de bain munis chacun de robinets d'eau thermale chaude et d'eau thermale refroidie, des cabinets de douches de force graduée, et des bains de vapeurs ; il s'y trouve de quoi suffire, et au-delà, aux besoins de trois ou quatre cents baigneurs à la fois.

A l'établissement sont annexés deux salons : le premier, dit salon d'attente, sert aux baigneurs dont le bain n'est pas encore prêt ; il est attenant à l'établissement, dont il fait partie intégrante ; il a deux entrées, l'une sous le péristyle du bain gradué, l'autre sous celui du grand bain, en face du cabinet de l'inspecteur. Le second, dit grand salon, est situé hors de l'établissement, vis-à-vis sa façade principale ; il n'est ouvert que pendant la saison des eaux, et est exclusivement destiné aux réunions des étrangers, auxquels se mêlent quelques notables habitants de Luxeuil : les uns et les autres y sont admis par abonnement, ou en payant un prix d'entrée, qui reste toujours dans des conditions très-modérées. On y cause, on y lit journaux et revues, on y fait de la musique, on danse, on joue ; chacun y arrange son passe-temps comme il l'entend, selon ses goûts et ses facultés. Il y a piano et billard.

Les réunions sont journalières : celles du samedi sont ordinairement consacrées aux bals d'apparat ; celles du mercredi sont des soirées dansantes moins cérémonieuses.

Luxeuil possède aussi une salle de spectacle, et la troupe du neuvième arrondissement théatral vient ordinairement y donner, pendant la saison, une douzaine de représentations.

Il est facile de voir, d'après cette rapide énumération des ressources locales, que rien ne manque à Luxeuil de tout ce qui peut procurer aux étrangers les moyens d'y passer agréablement leur saison. Il y a tout ce que l'on trouve auprès des établissements thermaux le plus en faveur. Les logements sont un peu plus éparpillés que dans quelques autres lieux de bains ; ils sont disséminés sur un plus grand espace, les étrangers y sont moins les uns sur les autres, ce qui donne lieu à une apparence d'isolement, et en réalité à moins de tumulte et de bruit; mais, en définitive, les moyens et les lieux de réunion existent; il tient à chacun d'en profiter ou de s'en abstenir; double avantage particulier à Luxeuil, où l'on peut doser, pour ainsi dire, le degré de mouvement et d'agitation compatible avec sa maladie, et où les vrais malades peuvent jouir du calme et du repos dont ils ont tant besoin, sans avoir à subir, bon gré, mal gré, le fracas étourdissant qui naît d'une trop grande agglomération. En un mot, non-seulement les malades y peuvent guérir, mais encore les bien portants s'y amuser.

Les étrangers auxquels ces distractions ne suffisent pas, ceux qui, blasés sur ces plaisirs de ville, recherchent les jouissances champêtres, ceux enfin à qui, dans l'intérêt de leur santé, un peu plus d'exercice est utile et même nécessaire, peuvent faire des excursions dans les belles forêts qui entourent Luxeuil. Le bois du Baney, celui des Sept-Chevaux; les fontaines Clerc, du Miroir, des Romains, de la Biche, des Bons-Cousins; le village et l'ermitage de Saint-Valbert, situés à cinq kilomètres de Luxeuil; la petite ville de Faucogney, qui en est distante de quinze, où l'on arrive en longeant la délicieuse vallée du Breuchin, sont autant de buts d'intéressantes promenades, ou d'agréables parties de plaisir. Un grand nombre d'étrangers va visiter aussi les filatures de MM. Vergain, à Luxeuil, et Besançon, à Breuche; les papeteries de MM. Desgranges, à Raddon et Saint-Bresson; le tissage de M. Poirson, à Breuchotte.

VUE GÉNÉRALE DE L'ÉTABLISSEMENT THERMAL DE LUXEUIL.

Quelques-unes de ces excursions seraient trop longues pour être faites à pied ; des voitures y conduisent à prix convenu d'avance.

Le nombre des étrangers qui fréquentent l'établissement s'élève annuellement à cinq à six cents.

# TARIF

## DE L'ÉTABLISSEMENT.

———

PRIX DU LINGE DANS LES BASSINS ET CABINETS.

*Chemise de bain, peignoir, une serviette, panier à linge de sortie :*

| | | |
|---|---|---|
| Pour un bain seul, | » fr. 30 c. | |
| Pour un bain et une douche, | » | 40 |
| Pour douche et étuve sans bain, | » | 30 |
| Pour une serviette en plus, | » | 05 |
| Fond de bain, | » | 20 |

### PRIX DES EAUX.

Pour un bain à domicile :

| | | | |
|---|---|---|---|
| Voiture, | » fr. 60 c. | | |
| Eau, | » 40 | 1 | 25 |
| Linge. | » 25 | | |
| Un bain en baignoire en pierre ou zinc, | » 75 | | |
| Un bain dans les bassins, | » 30 | | |

Bain médicinal, dit de Baréges, baignoire en bois :

| | | | |
|---|---|---|---|
| Bain, | » 75 | | |
| Fournitures, | » 45 | 1 | 70 |
| Etuves, | » 50 | | |

| Douches ordinaires : cinq minutes, | » | 35 |
|---|---|---|
| dix minutes, | » | 50 |
| quinze minutes, | » | 60 |
| vingt minutes, | » | 70 |
| vingt-cinq minutes, | » | 80 |
| demi-heure, | 1 | 10 |
| Douches écossaises, en plus des douches ordinaires, | 1 | 10 |
| Douche ascendante, | » | 20 |
| Chaise à porteurs : première course, | » | 50 |
| deuxième course, | » | » |
| dans la même matinée, | » | 25 |

Besançon, imprimerie de Sainte-Agathe.

# ÉTUDES

## SUR LES EAUX MINÉRALES EN GÉNÉRAL,

ET

 SUR CELLES DE LUXEUIL EN PARTICULIER.

### Du degré d'utilité des eaux minérales.

On n'apprécie pas assez l'utilité des eaux minérales dans le traitement des maladies chroniques : médecins et gens du monde, tous restreignent outre mesure l'importance de cet agent thérapeutique, et font honneur à des circonstances étrangères des heureux changements opérés sous son influence. On ne lui conteste pas le pouvoir de modifier, jusqu'à un certain point, les conditions de vitalité de l'économie animale ; mais, dans le partage de ce qui revient à chacun dans les effets obtenus, on fait la part de l'agent minéral aussi petite, et celle des circonstances accessoires aussi grande que possible. Sauf dans quelques esprits, pour lesquels l'expérience ou de plus profondes études ont formé la conviction, le doute est partout, la saine appréciation nulle part. Si on croit à l'utilité des eaux minérales, si on les prescrit, si on fait cent lieues pour aller en recevoir les bienfaits, c'est sous toute réserve, c'est avec la pensée que le changement d'air, le voyage, les distractions du séjour aux eaux, feront tous ou presque tous les frais de la guérison. Et quant à l'agent minéral, dont l'action sur l'économie a une si immense portée, moyen vraiment héroïque dans la plupart des maladies chroniques, ressource à elle seule aussi pré-

1850

cieuse pour leur guérison que l'universalité de toutes celles qu'on pourrait emprunter à la matière médicale, elle ne vient à l'esprit qu'en seconde ligne; c'est une médication hygiénique qu'on a en vue, et non une médication minérale. Vainement les faits les plus nombreux et les plus décisifs viennent protester contre cette injuste prétention. Chose singulière! cette immensité de faits allégués par les hommes qu'une position particulière a mis à même de les recueillir, et devant laquelle toute prévention devrait s'évanouir, lui fournit au contraire un nouvel argument. En effet, cette grande efficacité des eaux minérales dans le traitement des maladies chroniques, qui ne connaît qu'un petit nombre d'exceptions, cette opportunité d'indication qui rend leur usage profitable dans le plus grand nombre de cas, et souvent dans des cas en apparence contradictoires, donnent à ce moyen thérapeutique un certain air de famille avec la panacée universelle des utopistes et des charlatans; elles lui impriment un je ne sais quel cachet de merveilleux que la science ne saurait admettre. Ainsi sont taxés d'exagération, d'après les insinuations d'une trompeuse analogie, les éloges les plus mérités! Ainsi l'on se met en garde contre les vérités les mieux démontrées! Ainsi les hommes de la meilleure foi sont amenés à penser, qu'à la place des réalités de la science et des produits de l'investigation, ont été substituées les illusions de l'engouement et de la crédulité.

Et pourtant, c'est au nom de la science que sont et que doivent être revendiquées, en faveur des eaux minérales, les propriétés curatives qui sont dans leur nature : c'est sur l'observation des faits, genre de démonstration scientifique que nul n'a le droit de récuser, que sont établies les vraies notions de la puissance curative de cet agent thérapeutique. Certes, c'est à bon droit que l'exagération fait naître le doute ; mais tout ce qui est merveilleux n'est point exagéré; et ici, quelque grande que soit la puissance, quelque merveilleux que puissent être les effets qui résultent de son application, l'expérience est certaine, constante, universelle, éclairée, revêtue de tous les caractères qui commandent la foi, les mêmes qui ont servi à former l'opinion médicale sur les propriétés de tous les autres agents que met en œuvre l'art de guérir, et sur l'existence desquelles aucune contestation n'est sérieusement possible.

Si certaines localités étaient seules en possession d'administrer le quinquina, le mercure, l'opium, taxerait-on d'exagération le récit de leurs effets tout puissants, et faudrait-il attribuer la périodicité vaincue, le virus détruit, la douleur apaisée, aux changements d'air, aux distractions du voyage ou du séjour aux eaux, ou enfin à toute autre circonstance accessoire? Or, l'action des eaux minérales, dans la plupart des maladies chroniques, est tout aussi bien constatée que celle du mercure, de l'opium et du quinquina dans les maladies qui en réclament l'usage; et elle l'est par le même moyen, par l'observation.

Un malade languit depuis plusieurs années; il a essayé tour à tour des médications les plus diverses, et, en apparence, les plus rationnelles; il a mis à contribution les lumières des premiers maîtres de l'art; il a épuisé toutes les ressources de l'hygiène et de la pharmacie, le tout en pure perte; en désespoir de cause, las du mal et tout autant des remèdes, il a recours aux eaux minérales; il prend quelques bains, il boit quelques verres d'eau, et soudain tout change de face : cette affection, jusque-là rebelle à toute influence, cède et obéit au nouveau modificateur qui lui est opposé; elle fait un pas rétrograde; un mois de traitement par les eaux a fait ce que dix ans d'un traitement ordinaire n'avaient pu faire; il a posé un terme aux progrès ou au *statu quo* de cette maladie chronique.

Ce n'est pas tout; chez un grand nombre de malades, cette amélioration commencée sous l'influence de la médication minérale, ou peu de temps après, se continuera, se développera durant une période plus ou moins longue : et même alors que les effets de cette médication sembleront devoir être complétement épuisés, le décroissement de la maladie n'en suivra pas moins son cours pour arriver à sa dernière limite, la santé.

De tels avantages peuvent être constatés, non sur un individu isolé et comme exception phénoménale, mais sur cent malades tous les ans, et dans chacun des établissements un peu fréquentés de la France et des autres pays. Des traités spéciaux d'hydrologie minérale, des documents fournis par les médecins inspecteurs, de la pratique de tous les hommes qui ont exercé la médecine auprès des eaux, ressortent les mêmes affirmations. Serait-il possible qu'un témoignage aussi unanime ne fût pas l'expression de la vérité?

Et si on réfléchit que parmi ces cas innombrables de guérison de maladies chroniques obtenues par l'usage des eaux, beaucoup ont été observés chez des enfants, même sur des animaux, ce qui exclut la possibilité de les expliquer par les distractions ou par de meilleures conditions d'esprit ou de cœur dans lesquelles se sont trouvés placés les malades, par le fait de leur séjour aux eaux; si on réfléchit encore que, dans les mêmes circonstances, l'usage des eaux est suivi des mêmes résultats et sur les malades étrangers, et sur ceux qui, résidant habituellement auprès des sources, ne sauraient raisonnablement imputer leurs bienfaits au voyage ou au changement d'air, on conviendra que le pouvoir des eaux n'est pas un pouvoir d'emprunt; et sans nier la coopération plus ou moins salutaire que peuvent leur prêter des circonstances étrangères, on ne pourra méconnaître en elles une faculté intrinsèque, s'exerçant par elle-même, et indépendante du concours de tout autre agent curatif auxiliaire.

S'il fallait une preuve de plus de la puissance d'action des eaux minérales, on la trouverait concluante et décisive dans les résultats désastreux dont leur usage est suivi, lorsqu'elles sont prises à contre-temps et dans les circonstances où l'expérience en a fait connaître le danger. En effet, les mêmes observateurs qui ont vanté leurs succès ont aussi signalé leurs revers. Ils ont énuméré les contre-indications; ils ont noté les cas malheureux où une affection depuis longtemps stationnaire s'était rapidement aggravée sous leur influence; ils ont mentionné, non-seulement les maladies, mais même les périodes des maladies où l'usage des eaux est pernicieux. Ainsi se trouve faite la preuve et la contre-preuve; ainsi se trouve irréfragablement établi le pouvoir de la médication minérale, autant par ses funestes effets dans certains cas que par ses heureux résultats dans beaucoup d'autres.

Il est donc inutile d'insister plus longtemps là-dessus. La puissance curative des eaux est aussi bien démontrée que celle d'aucun autre agent de la matière médicale ; et, au lieu de voir dans leur usage une simple habitude, un préjugé qui, du reste, serait de tous les temps et de tous les lieux, disons que le plus fâcheux de tous les préjugés serait de les accuser d'une nullité ou d'une faiblesse d'action formellement contredite par l'expérience de tous les jours, et de renoncer à un secours efficace et puissant, même dans des cas qui sans lui seraient désespérés. Après avoir lu les observations 2, 3, 7, 10, 12, 14, 17, 21, 23, 27, 30, 32, 38, 41, 45, 48, 53, 54, 59, 63, 69, 70, 71, 94, et mille autres analogues qui fourmillent dans les ouvrages écrits sur cette matière, tout médecin consciencieux restera convaincu que nulle médication connue n'offrait les probabilités d'un résultat pareil à celui qui a été obtenu par la médication minérale.

Ces principes posés et ces données générales admises, il reste à donner aux eaux toute l'utilité pratique dont elles sont susceptibles, en précisant les cas où leur usage est convenable. Ce problème comprend l'étude approfondie de la plupart des maladies chroniques et l'appréciation de toutes les eaux minérales connues. Il ne peut être convenablement résolu que par la solution de tous les problèmes secondaires dont il se compose et qui consistent à spécifier, pour chaque localité, quelle est la nature de ses eaux minérales, quel est leur mode d'action, et quelles sont les affections morbides qui peuvent être guéries, amendées ou aggravées par leur usage.

Telle est la tâche que je me suis imposée pour les eaux minérales de Luxeuil ; ainsi restreinte, elle sera moins disproportionnée à mes moyens, et son accomplissement me procurera la double jouissance d'avoir été utile à l'humanité, en propageant la connaissance d'un moyen précieux de guérison, et à mes concitoyens, en signalant de nouveau à l'attention publique les avantages que la Providence a départis à leur localité.

## Notions sur les eaux minérales de Luxeuil.

Deux guides s'offrent à l'esprit d'investigation pour le conduire aux notions les moins incertaines sur la science des eaux minérales : la théorie et l'expérience.

La théorie comprend : 1° l'analyse chimique qui décompose, met à nu leurs principes constituants, en énumère la quantité et les qualités ; 2° la thérapeutique, qui examine leurs propriétés, étudie leur mode d'action, et cherche à déterminer, *à priori*, les effets qui doivent résulter de leur usage.

L'expérience consiste dans la connaissance de faits acquis et de résultats obtenus dans des circonstances déterminées, ainsi que des préceptes transmis par nos devanciers.

### NOTIONS THÉORIQUES.

Ces notions sont incomplètes. Comment ne le seraient-elles pas ? La chimie et la thérapeutique, les deux appuis sur lesquels elles reposent, se font mutuellement défaut. D'un côté, la chimie n'a pas révélé à la thérapeutique tous les principes constituants des eaux ; de l'autre, la thérapeutique n'a pas suffisamment expliqué la manière d'agir des principes que la chimie lui a signalés. « La chimie est pour les eaux minérales ce que l'anatomie est pour le corps humain ; mais elle ne saurait tout nous révéler. » (Alibert.) « Quelle que soit l'habileté du chimiste qui se sera occupé d'analyser une eau minérale, on pourra douter encore qu'il ait tout vu ; car la science marche et fait naître de nouveaux moyens d'investigation. C'est ainsi qu'elle a prouvé, un jour, que beaucoup d'eaux que l'on croyait minéralisées par l'hydrogène sulfuré, l'étaient par des sulfures alcalins ; qu'elle a fait trouver dans les eaux minérales l'iode et le brôme, agents actifs dont on ne pouvait soupçonner l'existence. » (Soubeiran, *Dict. de méd.*) « Or, qui pourra jamais assurer que tous les ingrédients d'une eau minérale sont exactement connus ? Quand est-ce donc qu'on sera autorisé à dire que les résultats de l'analyse d'une eau minérale sont le dernier mot de la science? Que le passé réponde pour l'avenir. » (Anglada [1].) Voilà pour la chimie. Voici maintenant pour la thérapeutique : « Il est évident pour nous que l'action thérapeutique des eaux n'est pas en rapport avec ce qu'on sait de leurs principes constituants, que ce n'est pas quelques grains de plus ou de moins de sels minéralisateurs qui déterminent l'effet salutaire des eaux. » (Patissier.) « On voit des eaux minérales avec des principes différents opérer les mêmes guérisons et agir d'une manière identique dans les mêmes maladies. » (Alibert.)

Ainsi, l'analyse n'a pas tout trouvé ; la thérapeutique n'a pas tout expliqué ; le champ est toujours ouvert à de nouvelles recherches, à de nouvelles explications.

L'insuffisance des recherches faites et des explications données a tellement frappé les esprits qu'on a assez généralement admis, dans les eaux minérales, l'existence de quelque chose de plus que ce que la chimie y a découvert. Alibert disait : « Les eaux minérales, sous l'empire de la nature, jouissent, n'en doutons pas, d'une sorte de vitalité qui est commune à tous les corps du globe terrestre ; elles sont *animées* d'une multitude de principes qui échapperont encore longtemps, et peut-être toujours, à nos plus fines recherches ; » et malgré l'extrême réserve qu'on doit apporter à admettre des propriétés occultes dans les corps de la nature, aujourd'hui surtout que nos moyens d'investigation sont si nombreux et nous offrent tant de ressources pour arriver à des résultats positifs, M. Patissier reconnaît : « qu'il y a dans les eaux *un je ne sais quoi* qui se dérobe aux recherches des chimistes ; on sait, en effet, que, d'après leurs travaux, l'air si malfaisant des marais et des hôpitaux ne diffère pas de l'air pur que nous respirons. » *(Manuel des eaux minérales.)* On peut ajouter à ces considérations que l'analyse des matières purulentes contagieuses n'y a pas découvert d'autres principes que dans celles qui ne le sont pas ; que le virus vaccin, par exemple, n'offre pour tous principes consti-

---

(1) La découverte de l'arsenic dans un grand nombre d'eaux minérales, notamment dans les eaux salines thermales de Plombières et de Bains, donne une nouvelle valeur à ces considérations.

tuants que de l'albumine et de l'eau. La comparaison, faite par Chaptal, du chimiste analysant les eaux minérales, avec l'anatomiste disséquant minutieusement toutes les parties du corps humain, est admirable de vérité; l'un et l'autre connaissent parfaitement la matière à laquelle la vie minérale ou animale est attachée; mais cette vie elle-même reste inaccessible à toutes leurs recherches.

Quoi qu'il en soit, voici l'analyse chimique des eaux minérales de Luxeuil, faite en 1838 par M. Braconot, de Nancy, dont le savoir et la réputation offrent toutes les garanties désirables d'exactitude et d'habileté; mais auparavant, jetons un coup d'œil sur la nature de ces eaux, ainsi que sur l'établissement où elles sont utilisées, afin que les désignations indiquées dans l'analyse soient mieux comprises.

### De la nature des eaux minérales de Luxeuil.

D'après les classifications les plus généralement adoptées aujourd'hui, et en n'ayant égard qu'à leurs caractères chimiques, les eaux minérales de Luxeuil sont de deux sortes : salines et ferrugineuses.

Si on prend pour base de leur distinction leurs caractères physiques, elles sont aussi de deux sortes : thermales et froides.

Enfin, d'après le projet de classification de M. Brongniard, elles appartiendraient à la catégorie des eaux minérales des terrains de sédiments inférieurs.

L'eau des sources thermales est incolore, inodore, transparente, d'une saveur légèrement salée et amère, d'une pesanteur spécifique moindre que l'eau distillée.

L'eau des sources ferrugineuses est incolore, inodore, d'une saveur atramentaire, légèrement amère et salée, et d'une onctuosité remarquable.

SOURCES FERRUGINEUSES.

Il y en a deux : l'une au nord, l'autre à l'est de l'établissement. La première est à 18°; la deuxième à 10° centig.

Cette différence de température dans deux sources aussi rapprochées est un phénomène assez remarquable. N'y a-t-il pas lieu de conjecturer qu'un filet d'eau des sources thermales voisines s'est mêlé aux eaux de la première source ferrugineuse et lui a communiqué sa température? Cette conjecture acquiert une certaine vraisemblance, si l'on réfléchit à la rareté des sources ferrugineuses à l'état thermal, comparée au grand nombre de celles de même nature qui n'ont qu'un faible degré de calorique. Les eaux purement ferrugineuses sont généralement froides ; celles qui jouissent d'une température élevée et qu'on a classées comme telles, Bourbon-Lancy, Rennes, Carlsbad, Tœplitz, etc., pourraient être autrement classifiées, d'après l'opinion des classificateurs eux-mêmes ; et l'analyse de M. Braconot tendrait à corroborer cette opinion que j'ai émise en 1831, puisqu'elle constate dans cette source, en outre des sels de fer, la présence de la plupart des principes trouvés dans les sources thermales voisines.

La première de ces sources est la seule dont l'eau soit actuellement employée, soit en boisson, soit en bains, mélangée avec l'eau thermale dans les cabinets du bain des Capucins.

SOURCES SALINES.

On utilise onze sources salines et une dite d'hygie ou savonneuse, saline aussi, faiblement thermalisée et minéralisée ; elles produisent près de trois cents mètres cubes en vingt-quatre heures. Si cette quantité d'eau ne suffisait pas aux besoins de l'établissement, on pourrait y ajouter le produit d'autres sources qui ne sont pas et qui pourraient être employées.

La température des diverses sources varie de 63°75 à 32° centig.

BAIN DES CAPUCINS.

Source unique, très abondante ; température, 41°25.

PETIT BAIN, DIT BAIN DES CUVETTES.

Source unique, très abondante ; température, 47° ; utilisée en boisson, et en bains dans les cabinets de la salle du bain des Capucins.

### GRAND BAIN.

Deux sources, l'une à 63°75, l'autre à 51°25.

Dans tous les ouvrages modernes sur les eaux de Luxeuil, la température des deux sources a été cotée à 55-56°. Cette erreur provient de ce que la mesure de cette température n'a pas été prise au point d'émergence des sources. Ce n'est pourtant que là qu'elle peut être exactement déterminée. Je rétablis donc ici le degré réel de cette température, telle qu'elle a été constatée par M. Fabert, avec une exactitude et des procédés qui excluent la possibilité de l'erreur. Voici le passage de son ouvrage : « Il est donc important de connaître les divers degrés de chaleur des différentes sources de Luxeuil. M. Morel les a mesurées et marquées dans son traité intitulé : *Observations sur les eaux minérales de Luxeuil....* Mais on ignore de quel thermomètre il s'est servi.... On ne peut donc savoir ce qu'il faut entendre par degré de chaleur dans son livre. Pour éviter cet inconvénient, je me suis servi du thermomètre construit d'après les principes de M. de Réaumur. C'est de ces degrés marqués dans cet excellent thermomètre qu'il faut entendre ceux dont je vais parler. Le thermomètre, le 8 octobre, étant à l'air extérieur à 10 degrés au-dessus de 0 ; le 20 janvier, à 5 degrés au-dessous de 0 ; le 15 juin, à 27 au-dessus de 0 ; le même thermomètre, plongé pendant vingt-cinq minutes dans la petite source, la liqueur a constamment monté à 51 degrés au-dessus de 0, et dans la grande source à 41.´» (Fabert, *Essai historique sur les eaux de Luxeuil.*)

Ces deux sources servent aux bains et aux douches de la salle du grand bain, et de celle des baignoires en zinc.

### BAIN GRADUÉ.

Deux sources: l'une à 47°50, l'autre à 39°35 ; elles servent à alimenter le bassin de ce magnifique bain.

### BAIN DES FLEURS.

Source peu abondante, température à 36°. C'est celle qui est désignée dans l'analyse de M. Braconot comme servant à alimenter le cabinet n° 7 du bain gradué.

### BAIN DES DAMES.

Source unique : température, 47°, employée dans les cabinets du bain des Fleurs, du bain gradué, et des douches du bain des Dames.

### BAIN DES BÉNÉDICTINS.

Deux sources : l'une assez abondante, à 40° ; l'autre qui l'est moins et n'est qu'un filet de la source la plus chaude du bain gradué.

### SOURCE D'HYGIE, DITE SAVONNEUSE.

Température, 32°.

La source est à vingt pas de l'établissement, au nord-ouest. Elle sert à la boisson. L'excédant sert à modérer, selon l'exigence des indications, la température élevée des eaux thermales. Cette source n'est pas la même que celle mentionnée dans les anciens auteurs.

# ANALYSE CHIMIQUE.

*D'après l'analyse qui en a été faite en 1838 par M. H. Braconot, l'eau des sources salines de Luxeuil contient par litre :*

| PRINCIPES CONSTITUANTS. | SOURCE CHAUDE du Bain Gradué. | SOURCE DU BAIN des Bénédictins. | SOURCES du Grand-Bain. | SOURCES DU BAIN des Dames. | SOURCE moins chaude du BAIN GRADUÉ. | SOURCE dite gélatineuse. | SOURCE DU BAIN des Cuvettes. | SOURCE DU BAIN des Capucins. | SOURCE D'HYGIE dite savonneuse. |
|---|---|---|---|---|---|---|---|---|---|
| Chlorure de sodium. . . | 0,7055 | 0,7564 | 0,7471 | 0,7707 | 0,6576 | 0,6694 | 0,5797 | 0,5754 | 0,1098 |
| Chlorure de potassium. | 0,0259 | 0,0200 | 0,0259 | 0,0215 | 0,0211 | 0,0220 | 0,0152 | 0,0012 | 0,0030 |
| Sulfate de soude. . . . | 0,1442 | 0,1409 | 0,1468 | 0,1529 | 0,1224 | 0,1168 | 0,1145 | 0,0795 | 0,0979 |
| Carbonate de soude. . . | 0,0456 | 0,0457 | 0,0555 | 0,0473 | 0,0591 | 0,0321 | 0,0282 | 0,0160 | 0,0050 |
| Carbonate de chaux. . . | 0,0580 | 0,0785 | 0,0850 | 0,0600 | 0,0571 | 0,0671 | 0,0660 | 0,0451 | 0,0340 |
| Magnésie. . . . . . . . | 0,0240 | 0,0051 | 0,0030 | 0,0240 | 0,0029 | 0,0028 | 0 0020 | 0,0017 | traces. |
| Alumine, oxyde de fer, oxyde de manganèse. | 0,0020 | 0,0054 | 0,0033 | 0,0020 | 0,0019 | 0,0022 | 0,0030 | 0,0018 | 0,0004 |
| Silice. . . . . . . . . | 0,0805 | 0,0751 | 0,0659 | 0,0825 | 0,0771 | 0,0622 | 0,0504 | 0,0451 | 0,0250 |
| Matière animale. . . . | 0,0030 | 0,0050 | 0,0025 | 0,0040 | 0,0024 | 0,0025 | 0,0022 | 0,0024 | traces. |
| Résidu fixe pour un litre d'eau. . . . . . . . | 0,0845 | 1,1349 | 1,1150 | 1,1649 | 0,9616 | 0,9721 | 0,8612 | 0,5681 | 0,2751 |

D'après la même analyse, la source ferrugineuse située au nord de l'établissement contient par litre d'eau :

1° Chlorure de sodium. . . . . . . . . . 0,0514 grammes.
2° Chlorure de potassium. . . . . . . . 0,0074
3° Sulfate de soude. . . . . . . . . . 0,0338
4° Carbonate de chaux. . . . . . . . . 0,1056
5° Silice. . . . . . . . . . . . . . 0,0294
6° Magnésie. . . . . . . . . . . . . 0,0075
7° Crénate et apocrénate de fer. . . . . )
8° Alumine. . . . . . . . . . . . . . } 0,0285
9° Oxyde de manganèse . . . . . . . )
10° Carbonate de potasse . . . . . . . . quantité indéterminée.
11° Matière organique dont la nature est peu
connue. . . . . . . . . . . . . . 0,0075
                Total. . . . . 0,2706

Dans l'opinion de beaucoup de médecins, les analyses chimiques considérées en elles-mêmes et d'une manière absolue, ne donnent que des indices incomplets de la valeur thérapeutique des eaux minérales; mais elles sont tout au moins de très bons moyens de classification et de comparaison. La chimie ne trouve sans doute pas dans les eaux tout ce qu'elles contiennent réellement; mais si tout ce qu'elle trouve dans deux sources analysées est exactement pareil, n'est-il pas à présumer que ce qui a échappé à ses recherches est pareil aussi? Il n'est donc pas hors de propos de placer ici, à la suite de l'analyse des eaux de Luxeuil, celle des eaux de Plombières, faite par Vauquelin. L'identité du plus grand nombre et des plus importants des principes qui constituent ces eaux ressort jusqu'à l'évidence de ce rapprochement; et si quelque supériorité devait être accordée à l'une des deux, elle pourrait être revendiquée en faveur des eaux de Luxeuil, tant sous le rapport du nombre que sous celui de la concentration de ses principes, remarque déjà faite implicitement par Alibert.

### Analyse des Eaux de Plombières, par Vauquelin.

| | |
|---|---|
| 1° Chlorure de sodium. . . . | 0,0734 grammes pour un litre d'eau. |
| 2° Sulfate de soude. . . . . | 0,1358 |
| 3° Carbonate de soude. . . . | 0,1269 |
| 4° Carbonate de chaux. . . . | 0,0287 |
| 5° Silice. . . . . . . . | 0,0737 |
| 6° Matière animale. . . . . | 0,0624 |
| Total. . . . . | 0,5009 |

Cette parfaite similitude des principes constituants de ces eaux et de celles de Luxeuil est de nature à frapper les esprits, et à fixer l'opinion des médecins sur la valeur de ces dernières. De telles ressemblances sont une bonne fortune; elles peuvent être complétées par le tableau comparatif du degré de chaleur des différentes sources de Luxeuil et de Plombières.

| LUXEUIL. | | PLOMBIÈRES. | |
|---|---|---|---|
| Source la plus chaude du grand bain. . . . . . | 65° 75 c. | Grand-Bain. . . . . . . | 65° 75 c. |
| Source la moins chaude du grand bain. . . . | 50° | Etuves. . . . . . . . . | 54° 40 |
| Source chaude du bain gradué. . . . . . . . | 47° 50 | Les Capucins. . . . . . | 52° 50 |
| Bain des Dames. . . . . | 46° 85 | Bain des Dames. . . . . | 52° 50 |
| Bain des Cuvettes. . . . | 46° 85 | | |
| Bain des Capucins. . . | 41° 25 | | |
| Bain des Bénédictins. . | 40° | | |
| Source la moins chaude du bain gradué. . . | 39° 45 | Source savonneuse. . . | 18° |
| Source d'hygie. . . . . | 31° 90 | | |
| Source ferrugineuse au nord de l'établissem_. | 18° 15 | Source du Bain-Royal. . | 15° |
| Source ferrugineuse à l'est de l'établissement | 10° 65 | Source ferrugineuse. . | 15° |

On voit par ce tableau que l'échelle de la thermalité s'élève pour les eaux de Luxeuil, comme pour celles de Plombières, à 63°75. Cette identité de calorique dans des sources dont les principes constituants essentiels sont les mêmes, et qui ne jaillissent qu'à quatre lieues de distance les unes des autres, n'indiquerait-elle pas aussi l'identité de leurs foyers de thermalité et de minéralisation ?

# THÉRAPEUTIQUE.



## Du mode d'action des eaux minérales de Luxeuil.

A ne raisonner que d'après les principes de la thérapeutique générale, il est fort difficile de trouver une explication passable de
ce mode d'action, et de rendre raison des heureux résultats qui se
produisent sous son influence. A la vérité, les ingrédients qui
entrent dans la composition des eaux sont nombreux, d'une activité incontestée, et introduits dans l'économie avec l'eau qui leur
sert de véhicule, en assez notable quantité pour produire quelques
effets. Mais il y a loin de ces effets que la théorie peut prévoir à
ces résultats puissants et décisifs, hors de toute prévision théoriquement admissible, qui sont si souvent la conséquence de leur
usage. Telle est la première difficulté qui se présente, difficulté
commune d'ailleurs à l'explication du mode d'action de presque
toutes les eaux minérales connues, puisque toutes présentent le
même désaccord entre les principes qu'elles contiennent et les résultats qu'elles produisent; la cause paraît disproportionnée aux
effets.

L'explication devient bien plus difficile, si on considère non-
seulement l'étendue, mais encore la nature des résultats obtenus;
alors toutes les notions thérapeutiques sont en défaut; il n'est plus
possible de trouver aucune corrélation entre les propriétés connues
de chacun des ingrédients minéraux des eaux de Luxeuil et les
modifications produites par leur application à l'économie animale.
En effet, ces ingrédients sont les chlorures de sodium et de potassium, les sulfate et carbonate de soude, le carbonate de chaux, la
magnésie, la silice, l'alumine, les oxydes de fer et de manganèse
et la matière animale. Or, les facultés actives de ces substances

s'exercent principalement sur la constitution du sang, et fort peu sur l'innervation; et c'est cependant dans le traitement des névroses et des névralgies que les eaux de Luxeuil obtiennent leurs plus beaux triomphes. Le plus grand nombre de ces agents est classé par les auteurs de matière médicale parmi les évacuants, sous le nom de purgatifs, diurétiques, sudorifiques, expectorants, emménagogues, etc., et pas un parmi les calmants, les sédatifs, les narcotiques, les anti-spasmodiques! Comment se fait-il que les maladies que l'on combat avec le plus de succès par leur emploi, soient précisement celles que les anciens appelaient maladies sans matière, et que dans nos théories les plus modernes, nous attribuons uniquement à la lésion du système nerveux? Il faut avouer qu'il existe ici, entre les facultés actives et les facultés curatives des ingrédients minéraux, un défaut de corrélation évident, dont les conséquences conduisent tout droit à l'humorisme.

Dans l'étude du mode d'action des eaux minérales, on fait une large part à la modification qu'elles impriment à l'organe cutané, lorsqu'elles sont administrées sous forme de bains; elles facilitent, dit-on, les fonctions de cet organe, elles l'assouplissent, elles rectifient sa vitalité; une modification opérée sur une aussi vaste surface est une puissante cause de guérison; une grande partie des heureux effets obtenus par la médication minérale découle donc de cette source et doit lui être attribuée.

Sans doute, en thérapeutique générale, l'importance des phénomènes physiologiques produits par l'usage des bains et leur influence curative ne sauraient être contestés; mais pourtant il est à considérer ici que ces phénomènes ont lieu tout aussi bien par l'usage des bains domestiques que par celui des bains d'eau minérale. Les effets physiologiques étant identiques, les résultats curatifs devraient l'être aussi. Le sont-ils réellement? Personne n'oserait l'affirmer. On est donc autorisé à n'accorder aux modifications produites dans l'économie, par l'entremise de l'action des eaux minérales sur l'organe cutané, qu'une influence secondaire, et à chercher ailleurs la cause de ces modifications.

Quelques médecins croient pouvoir rendre raison des résultats obtenus par l'usage des eaux, en isolant l'action de quelques-unes des substances qui entrent dans leur composition, et en faisant ainsi concorder, selon les circonstances, les résultats obtenus avec les facultés actives de ces substances, auxquelles seules ils les attribuent. Ainsi, ils expliquent les succès de certaines eaux minérales dans l'aménorrhée, la leucorrhée, etc., par le fer; dans les affections scrofuleuses, par l'iode qu'elles contiennent. Cette explication ne peut être trouvée suffisante. En premier lieu, les sels d'iode ou de fer existent à une trop faible dose dans les eaux minérales pour produire d'aussi grands effets. Ainsi, la source ferrugineuse de Luxeuil ne contient, par litre, que deux centigrammes de crénate et d'apocrénate de fer; en admettant qu'une chlorotique boive tous les jours deux litres de cette eau, soit quarante-deux litres en vingt-un jours, durée ordinaire d'une saison, il n'aura été ingéré dans l'économie que quatre-vingt-quatre centigrammes de sel de fer. Or, les praticiens répugneront à penser qu'une aménorrhée ou une leucorrhée un peu graves, et on ne va aux eaux que dans les cas d'une certaine gravité, puissent céder à une aussi faible médication. On peut en dire autant de l'iode, qui d'ailleurs n'a pas encore été trouvé dans les eaux de Luxeuil.

En second lieu, les eaux minérales non iodées et non ferrugineuses guérissent très bien les accidents chlorotiques ou scrofuleux : ainsi, les sources salines thermales de Luxeuil, qui ne contiennent que quelques milligrammes d'oxyde de fer et point d'iode, procurent pourtant d'une manière presque certaine la guérison de la leucorrhée et de l'aménorrhée, et sont très avantageuses dans les affections qui sont sous la dépendance du vice scrofuleux ; les eaux minérales sulfureuses, qui ne contiennent ni iode ni fer, n'en sont pas moins recommandées dans ces mêmes cas, par tous les médecins qui se sont livrés spécialement à l'étude des eaux minérales.

Enfin, en troisième lieu, cette explication serait tout à fait incomplète; car, si on individualise ainsi l'action de chaque ingrédient minéral, et qu'on affecte le fer à la guérison de la chlorose, l'iode à celle des scrofules, il faudra trouver quel est l'ingrédient qui guérit les névralgies et les névroses, les phlegmasies chroniques, le rhumatisme, etc. ; chose impossible à cause du défaut de correspondance entre les vertus actives des ingrédients minéraux et l'état de l'économie que traduisent et qu'expriment ces conditions morbides, défaut qui, heureusement, n'empêche pas la médication minérale, guidée par l'expérience, de modifier ces conditions de la manière la plus avantageuse.

Sans doute, il y a lieu de tenir compte, dans l'étude des eaux minérales et dans leur usage pratique, de la prédominance de certains de leurs ingrédients que nous savons être doués de propriétés spéciales, lorsque cette prédominance est évidente et marquée ; mais cette considération n'autorise pas à tout rapporter à ces ingrédients, même dans les cas spéciaux, et à ne rien accorder à leur combinaison avec d'autres dont les propriétés sont moins appréciables. Que l'on administre à un malade ces ingrédients spécifiques extraits par une bonne analyse des eaux minérales, en même dose qu'il les aurait pris s'il en eût fait usage dans leur état de dissolution naturelle et encore combinés dans leur excipient, certainement les résultats seront loin d'être aussi satisfaisants. Ainsi, trente grammes de sulfate de magnésie seront nécessaires, dans une dissolution artificielle, pour obtenir un effet purgatif d'une certaine importance, tandis que cet effet est obtenu par une quantité d'eau minérale naturelle dans laquelle ce même sel n'existe qu'à la dose de cinq ou six grammes. L'appréciation des détails ne doit donc pas nous détourner de celle de l'ensemble ; il est plus qu'évident que nous ne pouvons attribuer les magnifiques résultats que nous obtenons de l'usage des eaux de Luxeuil, ni à l'iode qui n'y est pas, ni au fer qui n'y est qu'à des doses infinitésimales.

Prises en boisson ou en bains, et très souvent sous ces deux modes d'administration à la fois, ces eaux, chargées de principes plus ou moins actifs, vont se trouver en contact avec chaque fibre organique, et ne peuvent manquer d'en modifier les conditions de vie ; elles circulent avec le sang, y introduisent de nouveaux principes, pénètrent jusqu'aux plus fines ramifications capillaires, et apportent dans la constitution intime de tous les fluides des changements plus ou moins importants. Ainsi, l'action des eaux minérales s'exerce simultanément sur les solides et sur les fluides de l'économie.

Cette action est altérante ou évacuante, selon les circonstances. En effet, tantôt elles ralentissent ou raniment la circulation, modèrent la sensibilité du système nerveux, détendent le *strictum*, resserrent le *laxum*, agissant toujours, quand elles sont indiquées, en sens inverse des désordres de la vitalité; et tantôt elles provoquent des évacuations anormales, une diarrhée, des éruptions cutanées, des abcès dans le tissu cellulaire, ou bien impriment aux appareils de sécrétion un surcroît d'énergie, notamment aux reins et à la peau.

Il est merveilleux de voir, sous l'influence du même agent, se produire les effets en apparence les plus opposés. L'usage des eaux minérales de Luxeuil supprimera une diarrhée ou fera cesser une constipation opiniâtre; augmentera une menstruation insuffisante, ou la réprimera quand elle est excessive; engourdira les douleurs d'une névralgie ou ranimera la sensibilité dans un membre paralysé; réunissant à la fois les propriétés et réalisant les effets des laxatifs, des astringents, des émollients, des toniques, des sédatifs et des excitants. Cela est merveilleux et ne peut trouver d'explication que dans la différence des conditions vitales, et en admettant dans les eaux la propriété générale de ramener les organes de l'état pathologique à l'état physiologique, et par conséquent de régulariser l'exercice de leurs fonctions.

La plupart des auteurs qui ont écrit sur les eaux minérales ont cru trouver la cause de ces phénomènes dans l'excitation produite par leur usage. Une telle opinion me paraît susceptible de beaucoup d'objections; elle ne peut être admise sans réserve.

La matière médicale est riche en agents propres à produire l'excitation : s'il ne fallait qu'exciter plus ou moins pour guérir les maladies de la peau, les affections scrofuleuses ou rhumatismales, les névroses, les phlegmasies chroniques, on ne verrait pas tous les ans un aussi grand nombre de personnes atteintes d'hystérie, de gastralgie, d'aménorrhée, de dartres, de rachitis, de paralysie, venir de fort loin pour demander aux sources minérales les bienfaits de la médication excitante, que chacun peut obtenir sous toutes ses formes, sans quitter ses foyers, et sans subir les fatigues d'un voyage et les inconvénients d'une absence plus ou moins longue.

Difficilement on se rendrait compte des succès obtenus dans un grand nombre de circonstances par l'usage des eaux minérales, si on limitait leur mode d'action à l'excitation ; et, par exemple, il est plus que douteux que les phthisies commençantes et les mille et une formes de la surexcitation nerveuse, fussent heureusement modifiées, dans la plupart des cas, par un traitement excitant : et pourtant, l'expérience atteste que les eaux minérales, notamment certaines d'entre elles, ont sur ces affections l'influence la plus salutaire ; pareillement, il serait fort difficile d'expliquer, dans cette hypothèse, pourquoi certaines maladies que les excitants ordinaires combattent avantageusement, quelques fièvres, l'hydropisie, etc., sont ordinairement aggravées par la médication minérale.

Entre divers faits pratiques dont je pourrais invoquer les conséquences à l'appui de l'opinion que j'émets, il en est un, fourni par l'expérience, que je ne crois pas devoir omettre, parce qu'il est fort important, au point de vue de l'étude du mode d'action des eaux minérales de Luxeuil, et qu'il est puisé dans la pratique de ces mêmes eaux, objet de cette étude. Aucun médecin n'ignore que les vices d'innervation s'accompagnent, tantôt d'un état d'atonie, soit général, soit seulement local à l'organe ou à l'appareil d'organes mal innervé, et tantôt, au contraire, d'un état tout opposé : ainsi, parmi les individus atteints de gastralgie, il en est un grand nombre dont les fonctions digestives sont rendues plus faciles par le repos, par l'usage du lait, des boissons et des aliments adoucissants ; tandis que chez d'autres, un peu de vin, une nourriture excitante, l'exercice, paraissent mieux convenir. Or, il est constant que c'est dans le premier de ces cas que les eaux de Luxeuil obtiennent les meilleurs résultats ; elles réussissent aussi dans le second, mais moins sûrement et moins complétement ; différence d'effets qui ne peut être contestée, puisqu'elle est l'expression d'un fait tout pratique, et qui peut encore moins être expliquée par l'excitation.

Autre observation également remarquable : il se produit, pendant l'usage des eaux minérales de Luxeuil, une dépression notable des forces, très sensible surtout dans les cas de maladie externe, de fausse ankylose par exemple : les mouvements de l'articulation deviennent plus faciles , plus étendus ; et cependant la force générale des membres est considérablement diminuée, et leur puissance musculaire affaiblie. Ce phénomène n'est pas de nature à faire présumer qu'une action excitante a été mise en jeu. Enfin, j'ajouterai que les eaux de Luxeuil, si leur action était excitante, devraient réussir principalement là où il y a indication à exciter : or, l'expérience démontre que c'est alors que leur succès est problématique ; elles ne réussissent que rarement, pour ne pas dire jamais, dans ces cas de débilité générale, de flaccidité organique, de mollesse des tissus, qui réclament impérieusement l'usage d'une médication tonique ; j'en ai cité deux observations où leur insuccès a été complet.

On se persuaderait difficilement que les affections chroniques des personnes de la classe aisée, affections développées au milieu et vraisemblablement par le concours des causes d'excitation de tout genre, entretenues par ces mêmes causes, rebelles à toute médication, tant que les malades ne sont pas soustraits à leur influence, puissent être guéries par les eaux minérales, si la médication qui résulte de leur usage était une médication excitante : aliments succulents, vins généreux, confortable dans tous les besoins de la vie matérielle, spectacles et lectures passionnées, provocation incessante de toute sorte d'émotions, état permanent de tension de toutes les facultés affectives et sensitives : telles sont les causes productrices des affections qui conduisent une aussi nombreuse société aux eaux minérales. Mais, si c'est l'excitation qui a produit ces affections et qui les entretient, l'excitation ne les guérira pas ; ou bien, ce sera une excitation qui n'aura rien de commun avec ce que nous entendons par ce mot dans la thérapeutique ordinaire. Ce sera une excitation tempérante, calmante, sédative, antiphlogistique peut-être ; une excitation qui se manifestera par des phénomènes tout opposés à ceux qui résultent de l'ingestion des substances que l'on est convenu d'appeler excitantes, et habitué à regarder comme douées de la faculté de produire l'excitation. Ce malade à dispositions apoplectiques , qui sous la moindre excitation éprouve des symptômes de congestion cérébrale, viendrait aux eaux de Luxeuil pour y suivre une médication excitante ! Cet autre atteint de névralgie , auquel son médecin interdit le vin, le café, le thé, etc. , espérerait guérir par l'excitation ! Cette femme dont le système nerveux est dans un état constant de surexcitation, qui ne vit que de lait, que la moindre émotion jette dans des crises névropathiques, viendrait se surexciter encore pendant vingt jours, en faisant usage de toutes manières d'une eau minérale excitante, et se trouverait bien de cette surexcitation ! Cela ne se conçoit pas ; l'opinion qui considère les eaux minérales comme excitantes, rend inexplicables les succès obtenus dans la majeure partie des cas où on les emploie.

Il est bien vrai que les effets primitifs, immédiats, de l'usage des eaux, présentent quelques-uns des caractères de l'excitation : cela a lieu surtout quand on les administre à un haut degré de thermalité ; mais cette excitation qui accompagne l'usage des eaux, ne constitue pas leur action fondamentale ; elle n'en est, pour ainsi dire, qu'un accident, qu'une complication ; et cela est si vrai que, dans les circonstances où on peut craindre que cette excitation n'aille au delà des limites de l'état physiologique, on prend, avant l'usage des eaux, quelques précautions pour en prévenir l'intensité, ou , pendant leur usage, pour en modérer les effets. Une interruption de quelques jours peut même devenir nécessaire : le repos, l'ouverture de la veine, les boissons tempérantes, moyens évidemment débilitants, sont souvent conseillés et pratiqués comme préliminaire ou correctif indispensable. Cependant, dans l'hypothèse que je combats, au lieu de redouter cette excitation, cette espèce de fièvre thermale au moyen de laquelle les eaux doivent guérir, on devrait au contraire la désirer, la provoquer, et lorsqu'elle a lieu, l'entretenir précieusement, puisqu'elle est l'élément de guérison. Est-ce ainsi que nous agissons? Non, assurément : quand des signes d'excitation se manifestent, on s'empresse d'y mettre un terme, soit par la cessation momentanée de l'usage des eaux, soit par les moyens de la médication tempérante.

Il est certain que des signes d'excitation se manifestent assez or
dinairement dans les premiers temps d'une saison, principalement,
comme cela a été déjà dit, si on élève trop le degré de thermalité :
il est même généralement admis, en médecine pratique minérale,
que cette excitation que l'on s'empresse de comprimer, est d'un
assez bon augure ; cela prouve seulement que l'économie est sensible à l'action de l'agent qui s'exerce sur elle, que la dose de cet
agent est suffisante, et que, puisqu'il agit, il est probable qu'il
guérira : c'est un signe d'action, mais non un travail de curation ;
ce travail s'exerce silencieusement dans les profondeurs de l'économie ; une excitation démesurée l'entraverait, et c'est pour cela
qu'on cherche à la prévenir avant l'usage des eaux, ou à la répri-
mer quand elle se manifeste. Mais, en général, cette excitation,
lorsqu'elle suit sa marche régulière, cesse bientôt d'elle-même
et ne se prolonge pas au delà du huitième ou dixième bain.

Il ne suffit pas, pour qu'un agent thérapeutique soit classé
parmi les excitants, que son usage s'accompagne de phénomènes
d'excitation plus ou moins nombreux ou intenses. Si ces phénomènes ne sont pour ainsi dire qu'accidentels, si les résultats définitifs ne sont pas ceux que l'on obtient par l'usage des excitants
ordinaires, il ne peut être considéré comme excitant ; il guérit
quoiqu'il excite, et non parce qu'il excite ; et dans les vues thérapeutiques, ce ne sera pas pour satisfaire à des indications d'excitation qu'il sera employé. La matière médicale abonde en agents,
auxquels cette manière de voir est applicable et journellement appliquée. Je n'en citerai qu'un pour exemple, le mercure. Après
son ingestion dans l'économie, « il faut un certain temps pour que
le pouvoir des composés mercuriaux sur le cœur et sur les artères
se rende manifeste. Toutefois il devient très apparent, c'est une
commotion artérielle que suscitent ces agents, c'est un mouvement
fébrile qu'ils décident : le pouls se montre vif, plein, fréquent ; la
chaleur animale s'élève, la perspiration cutanée est plus abondante ;
il y a de la soif, de l'insomnie, de l'agitation la nuit, etc. Cette secousse générale est souvent très prononcée ; elle dure quelque
temps ; elle est parfois accompagnée de congestion sanguine vers
les poumons, vers l'abdomen ; on l'a vue donner lieu à une hé-

moptysie, à un flux hémorrhoïdal ; le sang que l'on tire des veines pendant cette médication se couvre d'une couenne inflammatoire; ce grand mouvement paraît dans quelques maladies un
puissant secours, le grand moyen de guérison ; dans quelques cas,
on est obligé de le modérer, de diminuer son intensité : c'est pour
cela que l'usage d'une boisson délayante, d'aliments d'une nature
adoucissante, les bains tièdes, etc., sont un secours si utile dans
le traitement des maladies syphilitiques : ces moyens secondaires
règlent, dirigent l'action médicatrice du moyen principal, du *remède spécifique*. » (Barbier, Matière médicale.)

Dans ce tableau destiné à tracer les effets primitifs de la médication mercurielle, mais dans lequel tout se trouve si parfaitement
applicable à la médication minérale qu'on croirait que c'était d'elle
qu'il était question, dans ce tableau, dis-je, se trouvent accumulés les caractères de l'excitation les plus nombreux et les plus décisifs : l'agent qui la produit est-il rangé pour cela dans la classe
des excitants? Nullement, et avec raison ; la cure est obtenue, dans
le traitement des maladies syphilitiques, non par l'excitation occasionnée par le mercure, excitation qu'on est souvent obligé de modérer, mais par une action toute spéciale, indéterminée et inconnue
autrement que par les résultats.

On peut en dire autant du mode d'action des eaux minérales de
Luxeuil; on ne peut leur assigner de propriétés générales. Des effets de leur application à l'économie animale, effets identiques au
milieu de conditions très variables et souvent diamétralement opposées, il est permis de conclure que ces eaux sont, comme tous
ces puissants modificateurs dont la manière d'agir n'est pas moins
mystérieuse qu'énergique, le quinquina, le mercure, le virus vaccin, qu'elles sont spécifiques. S'il était permis de caractériser leur
nature par l'expression qui résume le mieux leurs vertus curatives,
on pourrait dire qu'elles sont anti-chroniques.

Certes, il y a loin de cette manière de voir à celle qui n'aper-
çoit, dans l'action des eaux, qu'une excitation minérale ayant son
analogue dans cette fièvre artificielle que les anciens cherchaient à
exciter, pour obtenir la solution des maladies chroniques, et sans
autre avantage sur elle que [d'être plus graduée, mieux dosée,

pour ainsi dire, et plus appropriée aux divers états pathologiques qu'elle est destinée à modifier. Personne n'est plus pénétré que je ne le suis du respect dû aux opinions de nos devanciers et de nos maîtres, surtout lorsqu'elles ont pour elles un assentiment à peu près général. Cependant, le mode d'action des eaux minérales est un objet d'étude si curieux dans la spéculation et si important dans la pratique, qu'il ne saurait être l'objet de trop de discussions, et que toute hypothèse doit avoir le droit de se produire : il doit être permis à chacun de signaler l'insuffisance des théories admises, et de chercher avec réserve, circonspection et modestie, si, par une autre manière de voir moins précise, moins définie, et par cela même moins exclusive, il serait possible de rendre raison des faits nombreux qui échappent à l'explication.

Quoi qu'il en soit, il ne peut qu'être utile d'analyser le mode d'action des eaux minérales dans ce qu'il a d'appréciable, et d'examiner isolément les éléments auxquels il peut devoir son origine et sa puissance, tels que la physique et la chimie les livrent à la thérapeutique.

## Des éléments auxquels les Eaux minérales de Luxeuil doivent leur puissance.

Dans la recherche des causes productrices de l'effet des eaux minérales, trois choses sont principalement à considérer ; la thermalité, la minéralité, et le mode d'administration.

### DE LA THERMALITÉ.

Le calorique est l'instrument le plus puissant de la nature : par lui les animaux vivent, les plantes végètent : le règne inorganique lui-même obéit à son influence et lui doit une partie de ses combinaisons. Dans l'espèce humaine, le calorique est tellement lié à la vie, que son extinction générale ou partielle en indique la cessation : dans le traitement des maladies, son emploi reçoit les applications les plus étendues et les plus salutaires : les bains, les cataplasmes, les fomentations, empruntent la majeure partie de leur action à cet élément vivifiant : il est l'agent créateur et conservateur par excellence.

Le calorique inhérent aux eaux minérales est-il de la même nature que celui que nous développons artificiellement ? Cette question, depuis longtemps controversée entre les médecins et les physiciens, n'a pas encore reçu de solution définitive. Les physiciens, partisans de l'identité des deux caloriques, rappellent qu'ils se comportent tous deux d'une manière exactement semblable, sous leurs instruments d'appréciation. Les eaux thermales, disent-ils, perdent ou conservent leur calorique, selon les mêmes règles que les eaux chauffées artificiellement, sous les mêmes conditions de pression et de température atmosphérique : comme ces dernières, elles sont susceptibles de congélation et d'évaporation ; soumises comparativement à l'action de la chaleur, elles arrivent en même temps à l'ébullition, lorsque la température du point de départ est la même : en un mot, il n'existe entre elles aucune différence physiquement appréciable sous le rapport du calorique. Les expériences directes de MM. Gendrin, Jacquot, Longchamp, Anglada, Nicolas, prouvent cette assertion jusqu'à la dernière évidence.

Mais, à leur tour, les médecins font observer qu'ils ont, eux aussi, des instruments d'appréciation, les propriétés vitales : or, il est constant qu'elles ne sont pas affectées de la même manière par le calorique thermal et par le calorique ordinaire. L'immersion occasionne une sensation de chaleur moins forte dans l'eau thermale que dans l'eau chauffée artificiellement à la même température. Tous les ans il vient à Luxeuil des étrangers habitués à prendre chez eux des bains domestiques, et ponctuels jusqu'à constater par le thermomètre leur degré de température ; la sensation que leur fait éprouver une température à laquelle ils sont habitués, leur est donc bien connue : or, il est certain que, pour qu'ils trouvent dans les bains qu'ils prennent à l'établissement la sensation déterminée par leurs bains domestiques, la température doit en être élevée d'un à deux degrés. C'est une observation que j'ai répétée maintes et maintes fois. On boit à Plombières l'eau du Crucifix à 49°50 ; à Bourbon-l'Archambaud, celle de la source thermale à 60°, sans être incommodé d'une aussi haute température. Quelques personnes prennent sans fatigue des séries de trente à quarante bains dans l'eau thermale, tandis qu'il suffit de la moitié de ce nombre de bains domestiques pour les réduire à une extrême faiblesse : on sait d'ailleurs que, dans une infinité de circonstances, des qualités inhérentes à un composé ne peuvent être découvertes par les moyens physiques, et sont pourtant parfaitement constatées par l'application de ce composé à la nature organique : ainsi, l'eau du canal Saint-Martin n'est pas bonne pour l'arrosement; tous les maraîchers qui l'emploient voient leurs cultures s'en trouver fort mal; et, cependant, des savants de premier ordre, même, je crois, l'académie des sciences, ont trouvé cette eau semblable à celle qui fait prospérer les cultures; il faut bien admettre, ou que les réactifs n'ont pas trouvé ce qui est nuisible dans cette eau, ou qu'ils n'ont pas trouvé ce qui est utile dans les autres. Ces phénomènes ne peuvent pas plus être niés qu'expliqués.

Cependant, il ne faut pas perdre de vue que dans toutes les expériences, dans cette eau que l'on boit ou dans laquelle on se plonge, l'élément minéral est associé à l'élément thermal; et rien ne prouve que ce ne soit pas à cette association qu'il faille attribuer ces effets disparates dont on assigne la cause à la thermalité seule; il faudrait pouvoir isoler ces deux éléments et expérimenter ensuite sur chacun d'eux en particulier. Tant que cela n'aura pas été fait, la question de l'identité ou de la non identité des deux caloriques restera en suspens, et l'action de la thermalité, en ce qu'elle pourrait avoir de spécial, inappréciable. Quelques faits très importants, quoique encore insuffisants, sont acquis à la science à cet égard. « Un de mes clients, excellent observateur, dit M. Guersant, et qui fait depuis plus de vingt ans un usage fréquent des eaux de Balaruc, pour combattre une paralysie du bras droit, et qui les a souvent prises, soit à la source, soit à Paris, avait remarqué, comme tous ceux qui font usage des eaux de Balaruc, qu'elles étaient beaucoup plus purgatives lorsqu'il les prenait à Balaruc même, que lorsqu'il les faisait venir à Paris. Étant allé recevoir des douches à Plombières, je lui conseillai de faire usage des eaux de Balaruc en boisson, pendant qu'il se ferait doucher avec les eaux de

Plombières. Il eut alors l'idée de faire chauffer les eaux de Balaruc, qu'il avait apportées de Paris, dans la source la plus chaude de Plombières, au lieu de les faire chauffer au bain-marie, comme à l'ordinaire ; et il remarqua avec surprise que les eaux de Balaruc, chauffées de cette manière, le purgeaient tout aussi bien que lorsqu'il les avait prises à la source même. Il communiqua son observation à deux autres malades, qui firent également usage des eaux de Balaruc chauffées dans l'eau de Plombières, et qui en éprouvèrent les mêmes effets. Cette expérience, ayant été répétée deux années de suite sur les mêmes malades et avec le même succès, mérite de fixer l'attention, par rapport aux avantages que l'on pourrait retirer de l'emploi combiné de plusieurs espèces d'eaux minérales entre elles ; et, sous d'autres rappports, elle doit nous tenir en garde sur les conséquences qu'on peut tirer des expériences purement physiques faites sur la chaleur naturelle des eaux thermales ; car, les effets physiologiques dont nous venons de parler sembleraient indiquer que l'action du calorique naturel et celle du calorique factice ne sont pas absolument les mêmes sur nos organes. »

Quant aux causes de la thermalité, chacun connaît les différents systèmes imaginés pour en donner l'explication. L'existence de feux souterrains, la compression des gaz à une certaine profondeur, qui, en même temps qu'elle les convertirait en liquides, produirait un dégagement de calorique, les réactions chimiques, le mélange avec des substances en ignition, ont été tour à tour invoqués. Berzélius a fait intervenir l'action des volcans éteints, pour expliquer la caléfaction des eaux thermales.

Aujourd'hui, d'après l'opinion la plus généralement reçue, la principale cause de la thermalité des eaux doit être attribuée à la profondeur d'où elles viennent, les résultats des recherches de plusieurs physiciens et les travaux des géologues, ayant prouvé que la température de la terre augmentait, à mesure qu'on s'éloigne de sa surface, à peu près d'un degré par chaque trente ou quarante mètres de profondeur. Cette opinion, étayée sur les résultats des sondages des mines et des forages des puits artésiens, a reçu un nouveau degré de probabilité des recherches faites par M. Boussingault, dans la chaîne du littoral de Venezuela. Ce savant a constaté que la tem-

pérature des sources y est d'autant plus élevée qu'elles sont placées à une plus grande profondeur : ainsi, la source d'Analo, à
702 mètres au-dessus du niveau de la mer, est à 44° 50°;
celle de Mariana, à 476 mètres, est à 64°, et celle de las Trinche-
ras, presque au niveau de la mer, est à 97°.

« Cependant, la température des eaux, au point où elles sour-
dent, ne peut nous servir à apprécier la chaleur qu'elles ont
puisée au foyer; car elles ont pu être obligées de traverser des
couches épaisses de terrains, où elles ont déposé une partie de leur
calorique. En outre, d'autres sources se mêlent dans leur trajet avec quelque courant d'eau froide qui abaisse leur température. C'est par ces deux effets que s'expliquent tout naturellement
les variétés, et dans la température, et dans les proportions des éléments des sources d'une même localité, qui ont certainement une
origine commune. » (Soubeiran.)

On ne peut passer sous silence un système fort ingénieux, mis
en avant par des savants d'une très grande autorité, Fodéré, Nicolas, Patissier, Becquerel, Alibert, et développé, avec une prédilection qui perce à travers la réserve que commande une aussi difficile question, par Anglada, dans ses Mémoires sur les eaux des
Pyrénées-Orientales. Ce système est celui qui ferait concourir l'action électro-motrice à la production de la chaleur des eaux. « Peut-
être trouverait-on aujourd'hui, dit ce chimiste, dans la découverte
si féconde des actions électro-motrices et de leur pouvoir caléfac-
teur, un point d'appui à des considérations analogiques qui se prê-
teraient, plus facilement que les autres hypothèses, à l'interpréta-
tion des phénomènes les plus importants des eaux thermales.....

« Quand on voit un électro-moteur exercer une si puissante influence pour élever si haut la température des corps, on est naturellement porté à imaginer qu'une disposition analogue pourrait
bien avoir été réalisée par la nature, dans divers points des entrailles du globe, et y former autant d'ateliers pour l'élaboration
des eaux thermales.

» La supposition de certains arrangements électro-moteurs, que
la nature aurait réalisés dans le sein de la terre, est appuyée de si
puissantes analogies, qu'on serait tenté d'être étonné qu'il n'en fût

pas ainsi. Cette faculté électro-motrice est en effet si généralement répandue, qu'il serait en quelque sorte bien surprenant qu'au milieu des actes qui ont présidé à la formation des divers ordres de terrains, ou des révolutions que les couches terrestres ont subies, il ne se fût point opéré de nombreux assortiments de matières ou de strates capables d'une électro-motion plus ou moins active.

» On doit même dire que ce n'est pas sur des analogies théoriquement déduites, que semble se fonder uniquement cette opinion ; il est de plus, et le rapprochement est entrainant, un certain nombre de faits observés, qui, en nous montrant, à la surface du globe, de véritables appareils électro-moteurs, attache beaucoup de force à l'admission de semblables appareils dans l'intérieur de la terre.

»M. de Humboldt a signalé depuis longtemps, dans le Heidelberg, en Franconie, une montagne formée de chlorite schisteuse et de serpentine, jouissant de la polarité magnétique, agissant à plus de vingt pieds sur les boussoles des mineurs, constituant une sorte d'appareil électro-magnétique indépendant du magnétisme du globe, ses axes magnétiques étant disposés à angles droits à l'égard du méridien magnétique.

» Ce célèbre naturaliste a reconnu près de Voisaco, dans la Cordilière des Andes, et à une grande hauteur, un rocher de porphyre trachytique offrant, en petit, le même phénomène que la montagne magnétique de la Franconie ; la même roche, douée du même principe d'activité, s'était présentée à l'attention de cet habile observateur, ainsi qu'à celle de M. Bonpland, sur la partie orientale du Chimboraço, etc.

» De telles dispositions, ou autres analogues également capables d'énergie électro-motrice, dont une appréciation attentive des assortiments minéralogiques multipliera sans doute de plus en plus les exemples, réalisées, selon toute apparence, dans le sein de la terre, y constitueraient autant de foyers de réactions électro-motrices, productrices des eaux thermales.

» L'activité de ces sortes d'appareils électro-moteurs a paru subordonnée à l'influence des puissances électriques du globe, notamment à celle des tremblements de terre ; et M. Becquerel a constaté, expérimentalement, qu'il suffisait de faire passer un courant électrique très énergique à travers une petite cartouche de papier remplie de deutoxyde de fer, pour y faire naître une distribution de force magnétique, comparable à celle observée sur la montagne de Heidelberg. Si donc les faits propres aux eaux thermales annonçaient qu'elles sont accessibles, de leur côté, à l'ascendant des tremblements de terre, n'en résulterait-il pas de grandes probabilités qu'en effet les eaux thermales sont des produits d'appareils de cé genre?

» Si l'on cherche maintenant jusqu'à quel point cette hypothèse, que semblent entourer de nombreuses probabilités, s'accommode aux diverses conditions des phénomènes des eaux thermales, je suis porté à croire qu'on lui trouvera plus de facilités qu'à aucune autre pour interpréter les plus notables de ces conditions, et spécialement, la caléfaction des eaux thermales, leur fréquence dans certains lieux, la persévérance et l'unité respectives des températures, la constance de leur composition chimique, l'origine de certains de leurs ingrédients, les variations dont elles sont susceptibles. »

J'ai cru devoir citer textuellement ce passage du remarquable travail d'Anglada sur les eaux minérales. Le phénomène de la thermalité est si intéressant, il se rattache à des questions si complexes, qu'il n'y a rien à négliger de tout ce qui peut servir à son explication. Le système exposé par Anglada est trop ingénieux pour qu'il n'ait pas sa place dans la question des causes de la thermalité, ne serait-ce, comme il le dit lui-même, que pour faire concurrence aux autres hypothèses destinées à en donner l'explication.

Il faut avouer en effet que celle de la chaleur propre des couches du globe terrestre, adoptée aujourd'hui par le plus grand nombre des physiciens, explique la thermalité, mais ne rend pas raison de la minéralité. Elle se prête bien, et encore jusqu'à un certain point, aux phénomènes de la caléfaction des eaux minérales; mais elle laisse complétement en dehors les circonstances essentielles de leur composition; de telle sorte, qu'après avoir admis une cause pour la caléfaction, il faut encore en admettre une autre pour la minéralisation; au lieu que, dans l'hypothèse d'une cause électro-motrice, « la nature des ingrédients essentiels des eaux minérales et la fixité de leurs proportions s'y présentent comme étant sous la dépendance des mêmes causes qui élèvent leur température, et se rattachent à l'action décomposante exercée par l'appareil électro-moteur, sur les terrains environnants. » (Anglada. )

J'ai dit que l'hypothèse de la chaleur propre des couches du globe terrestre n'expliquait que jusqu'à un certain point la thermalité des eaux minérales ; comment expliquer par cette seule cause les variations de température subies dans divers temps par diverses sources ? Une de celles de Carlsbad perdit sa chaleur, il y a peu d'années, à la suite d'un tremblement de terre ; même phénomène survint aux eaux de Bagnères de Bigorre en 1660. Pareille observation fut faite à celle d'Aix en Savoie, à l'époque du tremblement de terre de Lisbonne. (Dictionnaire des sciences naturelles.) Les faits de variation des températures dans les sources thermales sont très nombreux, et il est remarquable que, le plus souvent, ils coïncident avec des tremblements de terre, et semblent ainsi se présenter sous la dépendance de ces grands phénomènes électriques.

## De la minéralité.

Il est très difficile, pour ne pas dire impossible, d'expliquer d'une manière satisfaisante les résultats de l'usage des eaux en général, et de celles de Luxeuil en particulier, par la seule considération des principes chimiques qu'elles tiennent en dissolution. Ces principes sont nombreux et variés ; leur action ne saurait être une et simple ; elle doit être multiple et combinée ; elle peut, jusqu'à un certain point, être assimilée à celle des médicaments composés, la thériaque, le diascordium, etc., légués par l'empirisme, et dans lesquels l'expérience constate une vertu que la science thérapeutique ne peut expliquer. Les eaux minérales sont une œuvre d'admirable polypharmacie élaborée dans les officines de la nature.

Ici reparaît entre les chimistes et les médecins, relativement à la minéralité, le même dissentiment qu'entre ces derniers et les physiciens relativement à la thermalité. Mais le sujet de la controverse est bien plus complexe ; car il s'agit de déterminer, non-seulement l'action positive d'une ou plusieurs substances contenues dans l'eau minérale, mais encore leur action possible eu égard à leur nombre, à leurs proportions, à leur mode de combinaison. Ici encore les chimistes s'appuient sur leurs analyses, les médecins sur l'observation clinique ; et il faut convenir que les inductions tirées de ce réactif médical, témoignent d'une manière grave contre l'opinion qui prétendrait tout expliquer par les données fournies par les réactifs chimiques.

En effet, la nature semble avoir voulu confondre toutes les théories, en donnant à des sources pareilles une activité différente, ou à des sources différentes un degré d'activité pareille. Il n'est pas rare de trouver des eaux presque insignifiantes, en apparence, d'après leur composition révélée par l'analyse, douées cependant, en réalité, d'une énergie d'action considérable. Ainsi, la source Mainvielle, aux Eaux-Chaudes, est faiblement minéralisée, et sa puissance d'action est telle qu'il est difficile de mettre les personnes qui font usage de ses eaux à l'abri des irritations d'estomac, et qu'un des inspecteurs avait conseillé de la fermer. Les eaux de Forges (Seine-Inférieure) ont des propriétés curatives éminentes, et elles contiennent à peine quatre centigrammes de carbonate de fer par litre. A Luxeuil, la source d'hygie est pauvre en principes minéraux, et elle rend les services thérapeutiques les plus importants ; à Vichy enfin, les eaux de la Grandgrille sont irritantes, on les supporte difficilement ; celles de l'Hôpital sont beaucoup plus douces, elles calment les effets de l'irritation occasionnée par l'usage des premières, et cepèndant, les analyses les plus exactes présentent à peine quelque différence dans la proportion des principes constituants des eaux de ces deux sources. Ce sont là des faits que les considérations de minéralité toutes seules ne suffisent pas à expliquer.

Toutefois, il faut observer que les eaux de Luxeuil contiennent jusqu'à 1,16 grammes, par litre, de principes minéralisateurs ; qu'on a évalué à un litre et demi par heure la quantité d'eau qui peut être absorbée dans le bain (Falconnet) ; que dans l'espace de deux heures, durée ordinaire du bain, trois litres d'eau miné-

‹rale sont ainsi amenés dans la circulation par l'absorption cutanée, sans compter celle qui y arrive par la voie de l'ingestion dans
‹l'estomac, et que par conséquent plus de quatre grammes de sub-
‹stances médicinales sont journellement introduits dans l'économie
‹de ceux qui font usage des eaux.

Il faut observer encore que la plupart de ces substances ont
‹une activité bien connue, avouée des praticiens et des expérimen-
‹tateurs ; et dès lors on concevra parfaitement une action puissante
de leur part, quoiqu'on puisse difficilement expliquer sa nature.
Ne serait-ce pas une anomalie que des eaux assez abondamment minéralisées, et par des principes d'une énergie manifeste,
se trouvassent inertes et sans effet sur l'économie ?

Voici sur chacun de ces principes, en particulier, l'opinion des
auteurs qui ont écrit sur la matière médicale et thérapeutique.

*Chlorure de sodium.* A petites doses, ce sel stimule doucement
les organes digestifs, excite l'appétit, favorise la digestion.... ; il
passait jadis pour incisif, anti-pituiteux, et puissant résolutif des
engorgements viscéraux et glanduleux. Le docteur Vezenez l'a
même vanté naguère contre le squirrhe de l'estomac, affection
dont M. Pittschaffe a rapporté en 1822, d'après plusieurs auteurs,
divers exemples de guérison. B. Hirschel l'a donné avec succès
contre les engorgements de la rate, suite de fièvres quartes, ainsi
que dans les scrofules, où beaucoup de médecins, en Angleterre
surtout, l'ont préconisé.... Suivant le docteur J. Wylie, ce remède et le lait pris en grande quantité n'auraient pas eu moins de
succès, entre les mains de paysans de Saint-Pétersbourg, en 1830,
que les remèdes les plus vantés, entre celles des médecins, contre le
choléra épidémique.... Enfin, on en prépare des eaux salines
artificielles, à la dose de six décigrammes par litre d'eau, qu'on
surcharge de gaz acide carbonique, et dont on a beaucoup vanté
les qualités fondantes. (Mérat et Délens, *Dict. de thérap.,* tom. VI.)

*Chlorure de potassium.* Apéritif, fondant.

*Sulfate de soude.* On l'emploie comme fondant des engorgements
abdominaux, dans l'embarras gastrique ou intestinal, dans certaines affections fébriles, etc. ; on l'ajoute dans les tisanes dé-
puratives administrées contre les maladies de la peau. Lange l'a

particulièrement recommandé dissous dans du petit lait, contre l'atrophie mésentérique des enfants. (V. *Dict. de méd.*)

*Carbonate de soude.* On comprend sans peine quels services cet agent pourra rendre, lorsqu'il sera utile de modifier les liquides sécrétés. Il agit aussi en augmentant la quantité de l'urine, et c'est ce qui l'a fait classer par quelques thérapeutistes au rang des substances diurétiques; il est très employé dans le traitement des affections calculeuses, lorsqu'elles dépendent de la surabondance d'acide urique....; on le prescrit aussi pour faciliter la digestion, et rétablir en peu de temps les fonctions de l'estomac, surtout lorsqu'elles sont troublées par la formation d'une trop grande quantité d'acide, ce qui arrive souvent aux gens de lettres et aux personnes très sédentaires. (Bouchardat, *Elém. de mat. méd.*)

*Carbonate de chaux.* Ce carbonate a été conseillé pour absorber les acides de l'estomac, lorsqu'on attribuait des maladies à la présence de ce corps, qu'on sait aujourd'hui être indispensable à la digestion. (Jourdan, *Pharm. univers.*)

*Magnésie.* F. Hoffmann l'introduisit dans la matière médicale, la substitua aux autres terres absorbantes usitées jusqu'alors, et la signala comme le meilleur des lithotriptiques. (*Cent.,* 1, cap. lv.) Hunaud fit ensuite connaître sa vertu légèrement calmante. T. Henry établit, par des expériences, sa vertu antiseptique; enfin, dans ces derniers temps, les observations communiquées par MM. Braude et Hume à la Société royale de Londres, ont semblé prouver que la magnésie s'oppose à la formation morbide de l'acide urique. (Mérat et Délens, *Dict. univ. de mat. méd.*)

*Oxyde de fer.* Un des plus précieux agents thérapeutiques, tonique, astringent, apéritif, fondant, employé avec un succès constant dans l'anémie, l'aménorrhée, la chlorose, la leucorrhée, le scorbut, les engorgements chroniques des viscères abdominaux, les écoulements muqueux, les convalescences des maladies graves. (Tous les traités de mat. médic. et de thérap.)

*Oxyde de manganèse.* Il a reçu plusieurs applications thérapeutiques. D'après Schrodter, il a été quelquefois employé à l'intérieur, dans le traitement de la fièvre inflammatoire. (Délens, *Dict. des scien. méd.*) Bréra l'a administré contre la diarrhée chronique *(Saggio clinico sull' iodio)* et aussi comme emménagogue, associé, il est vrai, dans ce dernier but, à la sabine et à l'aloès. Un praticien de Paris, M. Jacques, a annoncé l'avoir employé avec succès dans un cas d'épilepsie, sans lésion organique *(Journ. génér. de méd.,* déc. 1814); enfin, à l'extérieur, il a été employé contre diverses maladies de la peau. D'après M. Grille, les ouvriers qui travaillent à la mine de manganèse qu'on exploite à Mâcon, ne sont pas sujets à la gale, et ceux qui dans ce pays sont atteints de cette maladie, sont guéris en peu de jours, lorsqu'ils viennent chercher de l'occupation dans cette usine. *(Annal. de chim.,* t. XXXIII.)

*Alumine.* Cette terre, signalée déjà comme absorbante et recommandée par le docteur Percival, a été administrée avec un succès constant, par M. Ficinus, professeur à Dresde, dans tous les cas de dyssenterie ou de diarrhée rebelles ou légères, chez les adultes comme chez les enfants; mais surtout chez ces derniers. Il s'est servi de l'alumine sèche... à la dose de huit à dix grains, associée à un peu de gomme arabique et de sucre dissous dans l'eau, et quelquefois à l'opium, au camphre ou à des aromates. Elle lui a paru préférable, dans ces cas, aux alcalis, à la chaux, même à la magnésie, qu'il a vu constamment augmenter la diarrhée *(Nouv. journ. de méd.,* IV, vol. 300); elle a été depuis expérimentée avec le même succès par le docteur Veise et par M. Sciller. *(Bull. de Férussac, s. méd.* I, 364.)

*Silice.* On a supposé que la silice était une matière inerte, incapable de produire aucun effet utile, impuissante pour modifier les vertus des autres ingrédients. On a été presque jusqu'à reprocher à la nature d'avoir comme gâté son ouvrage, en y faisant intervenir la silice. Mais est-il bien juste de ne voir qu'une substance inerte dans la silice, lorsqu'elle est tenue en dissolution dans les eaux? Tout ce qu'on est autorisé à dire, c'est que, jusqu'à présent, on n'a pu saisir aucun genre d'effet médical qui méritât d'être réputé l'ouvrage de la silice. Cette absence de données positives n'indiquerait-elle pas plutôt un vice de l'observation, que la nullité des vertus de la part de cette substance? Tout annonce, du moins comme probable, qu'une matière ainsi dissoute n'est pas sans influence, soit qu'elle agisse par elle-même, soit qu'elle modifie l'action des alcalis et autres matériaux. Aussi, Fodéré, qui a trouvé la silice dans presque toutes les eaux des Alpes et des Vosges, la regarde-t-il comme devant entrer pour beaucoup dans les propriétés médicinales de ces eaux. *(Voy. aux Alp. mar.)* Enfin, j'ajouterai qu'un des praticiens les plus distingués du midi de la France, fort d'une longue expérience des effets thérapeutiques des eaux minérales, attribue à la silice un rôle très important dans la production de ces effets.

*Substance organique.* Vient enfin ce curieux ingrédient qu'on a appelé matière animale, matière organique, matière pseudo-organique, zoogène, glairine, barégine, plombiérine, et que M. Braconot aurait tout aussi bien pu appeler luxovine, s'il n'eût pas craint d'ajouter une dénomination de plus à une nomenclature passablement surchargée.

Cette substance, dont la composition est ignorée, et qui paraît ne pas être complétement identique dans toutes les localités, est un des principes constituants les plus constants des eaux minérales. Elle entre dans la constitution des eaux sulfureuses thermales, comme dans celle des ferrugineuses froides, des ferrugineuses acidules et des salines thermales. On la trouve à Luxeuil comme à Vichy, à Baréges comme à Bourbon-l'Archambaud. « Tout est à faire encore, pour déterminer la part qui revient à la glairine dans les effets thérapeutiques que l'on obtient des eaux sulfureuses naturelles. » (Anglada.) Ce que le savant analyste des eaux des Pyrénées disait de la glairine, nous pouvons le dire, avec la même vérité, de la matière organique des eaux de Luxeuil. Aucune expérimentation, dans ce sens, n'a été faite jusqu'à ce jour, et pourtant un grand intérêt y serait attaché; la proportion plus ou moins forte de cette matière dans les diverses sources motiverait la préférence du médecin, s'il était bien constaté qu'à cet ingrédient sont inhérentes des propriétés corrélatives à certaines indications. Sans pouvoir préciser la nature d'influence qu'exerce cette matière organique sur les effets curatifs obtenus par l'usage des eaux de Luxeuil, tout porte à croire qu'elle prend une part importante dans la production de ces effets. Les heureux résultats produits par les bains pris dans le sang de bœuf, le petit lait, le bouillon (1), en une foule de circonstances, permettent de conclure, par analogie, que la substance organique en dissolution dans les eaux minérales, n'est pas dépourvue d'action sur l'économie (2).

En outre de ces principes constituants fixes, il y a encore les principes gazeux qui méritent de fixer l'attention.

*Gaz azote.* Le gaz azote pur se manifeste à des intervalles périodiques et très rapprochés (quatre secondes), par une sorte de bouillonnement, et par l'éruption de grosses bulles. Ce dégagement a lieu à toutes les sources thermales de Luxeuil, mais plus abondamment à celles du grand bain et du bain des Dames.

Aucune expérience n'a démontré, jusqu'ici, le mode d'action du gaz azote sur l'économie animale. On sait seulement qu'il n'est pas respirable (3), mais sans avoir aucune propriété délétère

(1) M. de Gimbernat a vérifié à la Solfatare de Pouzzole, ainsi qu'au Vésuve, que les vapeurs qui se dégagent de leurs cratères sont formées, en grande partie, par l'eau vaporisée mêlée à une substance analogue à la matière animale, et il a reconnu que cette substance devait être assimilée à celle que Vauquelin avait découverte aux eaux de Plombières, et que lui-même avait signalée dans les eaux thermales de Baden et d'Ischia. Lorsque l'empereur d'Autriche monta au Vésuve, M. de Gimbernat, qui avait l'honneur de l'accompagner, fit goûter à ce prince de l'eau d'une fontaine qu'il avait établie au sommet du cratère, à l'aide de dispositions ingénieuses propres à condenser les vapeurs. On reconnut que cette eau, qui ne retenait ni acide sulfureux, ni sels, ni aucun autre principe minéral, avait décidément le goût du bouillon. (Anglada, 2me mém.)

(2) La découverte de l'arsenic dans les eaux salines thermales de Plombières, si analogues à celles de Luxeuil, fait présumer que ce principe constituant existe aussi dans ces dernières ; et, dès lors, quelle immense part ne doit pas être faite, dans les diverses hypothèses touchant l'explication de l'action des eaux minérales, à un ingrédient doué d'une telle activité ?

(3) Il est incolore, inodore pour la plupart des personnes ; il en est qui paraissent éprouver une sensation, puisqu'elles éprouvent un plaisir indicible à le respirer.

Davy, qui a le premier respiré ce gaz, a éprouvé à la suite un accroissement de force très marqué. La gaieté extraordinaire et le rire inextinguible qu'éprouvèrent plusieurs personnes qui répétèrent l'expérience de Davy, valurent à ce gaz le nom d'hilariant ; mais chez d'autres individus, il se manifeste un état de faiblesse, d'abattement et de stupeur très marqué, ce qui tendrait à prouver que l'effet n'est pas toujours le même.

M. Devergie dit connaître une personne qui, lorsqu'elle a respiré du gaz pro-

(Devergie); de telle sorte, qu'il ne serait pas impossible que son contact sur des surfaces autres que celle de l'organe pulmonaire, fût pour elles une cause de modifications favorables. Il se pourrait aussi qu'absorbé, à la manière des substances liquides ou gazeuses, par les surfaces cutanées et gastro-intestinales, et porté dans la circulation, il n'introduisît dans la vitalité des tissus organiques, ou dans l'ensemble du système humoral, des conditions nouvelles dont la thérapeutique aurait à tirer parti; mais tout cela est conjecture; l'expérience n'a rien dit à cet égard.

Il résulte de ce rapide exposé des propriétés attachées aux principes constituants des eaux minérales de Luxeuil, que la minéralité des eaux ne peut être considérée comme un élément inerte et sans valeur, parmi les causes d'où dérive leur action générale; et quoique les considérations tirées de cet exposé soient insuffisantes pour expliquer les détails de cette action, il n'en est pas moins vrai qu'elles suffisent pour justifier pleinement le fait de cette action envisagée dans son ensemble et d'une manière générale. Le mode d'être de ces principes constituants, leur assortiment, leurs combinaisons, s'il était possible de les apprécier, compléteraient vraisemblablement toutes les explications.

Au surplus, on n'est pas plus avancé sur les causes de la minéralité des eaux de Luxeuil, que sur celles de la minéralité des autres eaux thermales. Tout est hypothèse sur l'origine de la formation de leurs principes constituants. On suppose que sur quelques points de leur trajet, elles se sont chargées de ces principes avec lesquels elles se sont trouvées en contact, et dont leur faculté dissolvante leur aura permis de s'emparer. Mais d'ailleurs, très souvent, il n'existe aucun rapport entre la nature des terrains d'où elles sortent et les principes minéralisateurs qu'elles contiennent. D'après Berzélius, l'eau de Carlsbad fournit chaque année 764,884 quintaux de carbonate de soude et 1,132,923 quintaux de sulfate de soude, et cependant les montagnes voisines ne contiennent que

toxyde d'azote, s'empare de tout ce qu'elle trouve sous sa main, et a un plaisir extrême à le briser. Dans tous les cas, ces effets sont passagers, et la respiration du gaz n'amène pas de trouble notable dans la santé. (*Dict des dict. de méd.*, en *huit volumes.*)

très peu de substances salines. Ce n'est guère que dans les eaux minérales de terrains de sédiments supérieurs , d'après la classification de M. Brongniard , qu'il est possible de remonter à leur véritable origine, puisqu'elles contiennent alors les sels terreux et métalliques de ces terrains qu'elles ont traversés. A un point de vue opposé, on ne se rend pas bien compte comment des substances éminemment solubles, les sous-carbonates de soude et de potasse, par exemple , seraient en si faible proportion dans certaines eaux minérales , si ces sels étaient libres et disséminés dans les terrains parcourus , et entraînés uniquement en vertu d'une force dissolvante.

Avant de passer à l'examen du mode d'administration des eaux de Luxeuil, considéré comme source d'une partie de leur action , il est opportun de dire un mot de l'électricité, qui a été regardée par beaucoup de médecins comme entrant pour une part quelconque dans la production de leurs effets.

### De l'électricité.

On ne peut douter que l'électricité ne concoure plus ou moins à la formation des principes constituants des eaux minérales. Dans ces derniers temps , des savants de premier ordre, ainsi qu'il a été dit ci-dessus , ont appelé l'attention sur les phénomènes de composition et de décomposition qui se produisent continuellement, en vertu des actions électro-motrices. Sa présence et son dégagement des eaux minérales ne sauraient être douteux non plus ; car le plus grand nombre des causes qui y donnent lieu se trouvent ici réunies : la pression , le frottement , la chaleur, les réactions chimiques , etc.

Son intensité est essentiellement variable, suivant l'état particuculier de l'atmosphère et du globe ; aussi a-t-on remarqué qu'à l'approche des orages, les eaux minérales affectent plus vivement l'organisation ; et cette circonstance, signalée par tous les médecins, suffirait, à elle seule, pour démontrer la part d'action que prend l'électricité à la production de leurs effets. Mais, en outre , il est

digne de remarque que les maladies contre lesquelles l'électricité
a été employée, avec des résultats exagérés sans doute par l'engouement, mais pourtant réels dans le fond, comme les lésions de
la sensibilité et de la motilité, les névralgies, la chorée, l'aménorrhée, les névroses, le rhumatisme chronique, les paralysies générales ou partielles, sont précisément celles dans lesquelles l'usage
des eaux minérales est suivi des effets les plus positifs.

## Du mode d'administration des eaux minérales de Luxeuil.

Le mode d'administration des eaux minérales n'est, à vrai dire,
que la mise en œuvre des éléments qui les composent, et sur la
nature desquels un rapide coup d'œil vient d'être jeté. Il n'ajoute
à leurs principes constituants rien d'essentiel intrinsèquement;
mais il fait varier leurs proportions d'une manière notable, et il
associe à leur action des circonstances accessoires si importantes,
qu'il acquiert sur le résultat définitif de l'usage des eaux une influence souvent toute puissante. C'est par ces considérations qu'il
mérite une étude réfléchie, presque à l'égal de la thermalité et de
la minéralité. N'existe-t-il pas une immense différence, quant aux
effets, entre le bain frais et le bain de vapeurs? Les effets de la
douche sont-ils ceux de la boisson? Les mêmes éléments sont-ils
mis en jeu, et le sont-ils de la même manière et dans la même
proportion dans chacun des modes d'administration? Ce serait
vainement qu'on aurait étudié l'action des eaux dans leurs principes constituants, si on négligeait la connaissance des divers
modes destinés à en régler l'emploi et à produire, par la variété
des combinaisons, une médication multiple et variable.

Il y a donc lieu d'apprécier l'action des eaux minérales sous le
rapport de leur administration en boisson, en bains tempérés, en
bains chauds, en bains de vapeur, en douches, lotions, lavements, injections.

DE L'ADMINISTRATION DES EAUX MINÉRALES DE LUXEUIL, EN BOISSON.

Dans ce mode d'administration, la thermalité entre pour peu de chose, parce que les surfaces sur lesquelles elle agit sont peu étendues, et que d'ailleurs il ne peut y avoir une grande somme de calorique thermal dans quelques verres ou même dans quelques litres d'eau. A la vérité, ce calorique dont l'eau minérale est imprégnée, quoique peu considérable et agissant sur des surfaces très limitées, peut modifier leur vitalité, et irradier son action sur les centres nerveux; mais dans tous les cas, cette action thermale est trop passagère pour qu'on puisse lui attribuer une part importante dans les grands résultats qui se produisent, plus tard, par l'usage des eaux. Il est plus rationnel de les attribuer à la minéralité.

Dans quelques maladies bornées à l'estomac, elles peuvent être administrées en vue de leur action locale sur cet organe ; mais leur pouvoir va bien au delà de cette impression restreinte qu'elles produisent sur les surfaces qui en reçoivent le contact primitif. De leur usage résulte une médication plus générale, une opération intime qui a lieu dans les profondeurs de l'économie sur les molécules organiques, lorsque l'absorption et la circulation ont mis les principes constituants des eaux en rapport avec elles. Ce n'est qu'ainsi que peuvent être expliquées d'une manière satisfaisante les modifications survenues, par leur usage en boisson, dans des organes éloignés, le poumon, l'encéphale, l'utérus, etc.

Dans le mode d'administration dont il est question, l'estomac, sauf les cas où il est lui-même affecté, n'est que l'organe de transmission de la minéralité des eaux ; l'absorption s'y fait avec rapidité, probablement même avant qu'elles aient franchi le détroit pylorique, ainsi que cela a lieu pour beaucoup de substances liquides, comme l'ont prouvé les expériences de M. Magendie. Mais on peut dire que cette rapidité d'absorption est ici portée à son plus haut degré ; c'est ce qui permet l'ingestion de quantités considérables d'eau minérale (quatre litres et plus; Morel, Gastel, Fabert), et par suite l'introduction dans la circulation de *doses* importantes de principes minéraux.

La quantité d'eau qui doit être prise ne peut être déterminée d'une manière absolue. Quelques personnes en boivent plus, quelques autres moins ; l'âge, le sexe, le genre de maladie, la tolérance de l'estomac, donnent lieu sous ce rapport à des différences importantes. Le minimum, pour un adulte, peut être fixé à un litre, et le maximum à quatre litres dans la matinée.

Il n'est pas indifférent de puiser l'eau qu'on veut boire à telle source plutôt qu'à telle autre. Il y a, à Luxeuil, des sources ferrugineuses et des sources salines ; de plus, l'analyse chimique nous a appris que les principes minéralisateurs n'existaient pas dans toutes sous les mêmes proportions ; et l'observation médicale nous a enseigné à employer dans certains cas les eaux de telle source, préférablement à celles de toute autre.

Autant que possible, l'eau doit être bue à la source, immédiatement après qu'elle vient d'être puisée. Le transport lui fait perdre, à coup sûr, une partie de sa thermalité, et peut-être ce qu'il peut y avoir de principes fugaces dans sa minéralité. Cependant, quand on ne peut faire autrement, on peut se la faire apporter et la boire chez soi ; dans ce cas, si elle avait trop perdu de sa thermalité, il faudrait y suppléer par la chaleur du bain-marie, en ayant soin de n'en faire chauffer à la fois que la quantité qu'on va boire.

Il faut mettre un intervalle de dix minutes à un quart d'heure entre chaque verre, suivant que l'eau passe plus ou moins promptement. L'eau passe bien, lorsqu'elle n'occasionne ni rapports, ni pesanteur à l'estomac, et qu'elle donne lieu au besoin d'uriner. Quand le contraire a lieu, elle passe mal et il faut en rechercher les causes ; si elles existent dans des contre-indications, il faut les lever par des moyens appropriés ; si c'est seulement un effet de la répugnance, on facilite la digestion de l'eau en la coupant avec le lait, l'eau de veau, l'infusion de tilleul ou de feuilles d'oranger, les décoctions d'orge, les sirops d'orgeat, de gomme, de guimauve, de capillaire, etc. Si ces moyens échouent, il y a lieu d'essayer de l'eau d'une autre source, en se guidant sur l'expérience, ou, à son défaut, sur les données de l'analyse chimique.

Il arrive souvent que l'usage des eaux donne lieu à une constipation momentanée ; on y remédie en faisant dissoudre demi-once à une once de sulfate de magnésie, dans une certaine quantité d'eau minérale qu'on prend en deux ou trois doses ; des selles ont lieu, faciles, abondantes, sans douleur. On les favorise en buvant à diverses reprises quelques tasses d'eau de veau, ou, tout simplement, quelques verres d'eau minérale prise à la source.

C'est ordinairement le matin, à jeûn, qu'on boit l'eau minérale ; mais il n'y a nul inconvénient à en boire pendant la journée, même aux repas, pure ou mêlée à une certaine quantité de vin.

Le mode d'administration d'eau minérale en boisson exclusivement, quoique d'une date bien postérieure à celui des bains, était beaucoup plus en usage chez nos pères que de nos jours ; dès le début de la saison, ils commençaient par en boire trois ou quatre gobelets de cinq ou six onces, dans la matinée, augmentant successivement le nombre jusqu'à en prendre dix-huit à vingt ; ils diminuaient ensuite graduellement, et se trouvaient être revenus, à la fin de la saison, au nombre de verres par lequel ils avaient débuté. (Morel, Gastel, Fabert.)

Ce n'était pas aveuglément qu'ils adoptaient ce mode d'administration, préférablement à celui par les bains ; ils spécifiaient les maladies dans lesquelles ils le croyaient plus convenable ; c'étaient les obstructions viscérales, les lésions des membranes internes, des organes digestifs, les écoulements muqueux, etc. Ils avaient remarqué que les eaux font plus de bien lorsqu'on les prend en se promenant, que lorsqu'on les fait apporter dans sa chambre. Les sources thermales du bain des Cuvettes, la source ferrugineuse et celle dite savonneuse (d'Hygie), étaient les trois qu'ils affectaient spécialement à l'usage en boisson. « En 1719, dans une épidémie dyssentérique, l'eau savonneuse procura un remède spécifique aux peuples des alentours de Luxeuil. » (Fabert, *Essai historique*.)

DE L'ADMINISTRATION DES EAUX MINÉRALES DE LUXEUIL, EN BAINS.

Il importe de ne pas confondre le bain tempéré, le bain chaud et le bain de vapeurs. Les éléments d'action n'y entrent pas dans les mêmes proportions.

*Bain tempéré* (de 31 à 37° c.). Le bain tempéré agit à peu près autant par sa minéralité que par sa thermalité ; la minéralité en serait même l'élément prépondérant, aux yeux de ceux qui considèrent le calorique thermal comme ne différant point du calorique ordinaire. Pour eux, un bain d'eau minérale thermale n'est qu'un bain domestique, à une certaine température, auquel se trouve ajoutée, par la nature, une somme quelconque de substances minérales. Or, d'où peut venir, dans cette hypothèse, la puissance merveilleuse des eaux prises en bains, si ce n'est de la minéralité ? Comment ne pas en faire honneur à ces substances minérales, lorsque ce bain, moins ces substances, est impuissant, et que, plus ces substances, il produit les résultats les plus importants ? Car, tous les ans, nous voyons à Luxeuil une saison de vingt-un bains suffire à la guérison ou à une immense amélioration d'affections chroniques, contre lesquelles des centaines de bains domestiques n'avaient exercé aucune action.

En effet, il y a ici absorption par la peau d'une assez grande quantité d'eau minérale ; il y a production de cette médication générale, de cette opération intime, comme dans l'administration en boisson, par le mélange avec le sang des principes minéralisateurs, et par la modification, qui en est la conséquence nécessaire, de l'impression qu'en éprouvent les tissus organiques.

Mais l'action de la thermalité ne peut pas non plus passer inaperçue. Son application à une aussi vaste surface que celle de l'organe cutané, doit modifier profondément l'économie, tant par ses effets locaux que par ses rapports sympathiques.

Dans le bain tempéré, la thermalité agit d'autant plus sûrement que, n'étant pas en excès, ne dépassant pas le degré de calorique que l'auteur de la nature a départi à l'organisation humaine, elle s'accommode bien à toutes ses conditions ; elle est parfaitement tolérée, elle exerce son pouvoir par elle-même, et sans susciter aucune violente réaction. Le bain tempéré d'eau minérale produit les effets du bain domestique, à égale température, plus ceux qui dérivent de sa minéralité, plus encore ceux qui dérivent de sa thermalité, s'il est vrai, comme d'excellents esprits le prétendent, que le calorique thermal diffère du calorique ordinaire, et jouisse de propriétés spéciales.

*Bain chaud* (de 37 à 42° c.). A la puissance d'action de ces éléments réunis et combinés dans le bain tempéré, vient s'ajouter dans le bain chaud l'influence éminemment excitante d'une haute température. La peau rougit, se tuméfie, les veines se gonflent, la respiration s'accélère; la céphalalgie survient; une transpiration abondante s'établit. Cette puissante stimulation, capable à elle seule de produire de grandes modifications, doit donc être ajoutée aux autres sources d'action qui appartiennent intrinsèquement au bain chaud.

En effet, il y a ici, non-seulement l'action pour ainsi dire silencieuse de la thermalité, et l'exercice des propriétés altérantes de la minéralité, comme dans le bain tempéré, il y a encore une immense réaction vitale provoquée par une température exagérée; il y a médication perturbatrice.

*Bain de vapeurs* (au-dessus de 45° c.). Dans ce bain, la peau se trouve en contact avec les molécules d'eau raréfiées, dépouillées de la majeure partie de leurs principes fixes et élevées à une haute température. La minéralité semble donc avoir peu de part à revendiquer dans son action, puisque les principes fixes manquent à l'eau minérale à l'état de vapeur; mais aussi, l'action de la thermalité s'y exerce dans toute sa force. Cette thermalité n'agit pas ici seulement en vertu de sa nature spécifique, elle agit encore par les propriétés générales du calorique à un haut degré; elle est perturbatrice. L'excitation qu'elle produit et la réaction qui en est la suite, sont portées à l'extrême; la peau est vivement irritée et devient le siége d'une vaste congestion.

Cette accumulation de vitalité, qui a lieu sur toute sa surface, augmente l'énergie de ses fonctions et accroît l'abondance de leurs produits. Il s'établit ainsi à la périphérie un centre d'action qui, d'une part, s'irradie sympathiquement dans toute l'économie, et de l'autre, opère de puissantes révulsions. On conçoit tout le parti qui peut être tiré d'un tel moyen, soit par ses effets locaux dans certaines maladies de la peau, soit par ses effets sympathiques ou révulsifs dans les affections viscérales.

Le bain de vapeurs a d'ailleurs beaucoup de rapports avec le bain chaud, sauf les différences de moindre densité et de moindre pression. C'est à cette différence que le bain de vapeurs doit d'être mieux supporté que le bain chaud, quoique à une plus haute température.

Ce n'est pas toujours d'après le thermomètre qu'il faut apprécier la température du bain. L'habitude et le plus ou moins d'impressionnabilité de l'économie, font qu'un même bain sera tempéré pour une personne et chaud pour une autre. On doit tenir le plus grand compte de la sensation qu'en reçoit le baigneur, ainsi que des conditions pathologiques dans lesquelles il se trouve. En général, plus une maladie est éloignée de l'état aigu, et plus on peut donner d'intensité à la médication par les eaux, tant sous le rapport de la thermalité et de la minéralité, que sous celui du mode de leur administration. Ainsi, tel malade à qui, la première année, on ne pouvait administrer que des bains, sera apte, la deuxième année, à recevoir la douche. Tel autre qui, au commencement de la saison, ne pouvait boire que de l'eau d'Hygie et ne supportait qu'une température de 27° R., pourra boire plus tard de l'eau du bain des Dames ou des Cuvettes et supporter 30 degrés.

En général, le bain doit être regardé comme trop chaud, lorsque, pendant sa durée, il donne lieu à la céphalalgie, ou à des éblouissements, à des vertiges après qu'on en est sorti; au contraire, il est trop froid lorsqu'il donne lieu à des frissons trop prolongés; ou bien, si, après qu'on en est sorti, la réaction se fait attendre trop longtemps, ou se prononce avec trop d'intensité.

On prend le bain dans la matinée, et ordinairement à jeûn. Cependant on peut aussi le prendre dans l'après-midi, lorsqu'il s'est écoulé un assez long intervalle depuis le repas. Il n'y a point d'inconvénient à prendre dans le bain une tasse de lait, ou de bouillon, une croûte de pain, un morceau de chocolat; il est même tel baigneur à qui il est avantageux de déjeûner pendant qu'il est dans le bain. Les anciens allaient aux bains après leurs repas, sans qu'il en résultât d'accidents; ils faisaient même de cette pratique un moyen de volupté gastronomique. Hippocrate et Celse approuvaient cette méthode et lui attribuaient la propriété de favoriser l'embonpoint.

La durée du bain ne peut être déterminée d'une manière générale; elle doit varier selon sa température, et selon les conditions pathologiques du baigneur. La manière dont le bain est supporté doit aussi être prise en considération. Le plus ou moins de tolérance, de la part de l'économie, est une raison d'en prolonger ou d'en abréger la durée. Toutefois, il ne faut pas oublier que l'intolérance, quand elle a lieu, peut tenir à deux causes différentes, à la thermalité, ou à la minéralité. Celle qui est due à la thermalité se montre rapidement, pendant que le baigneur est dans le bain, et s'exprime par des malaises, des maux de cœur, la céphalalgie. la dyspnée : elle est d'ailleurs assez fugace et se dissipe facilement par la sortie du bain, ou par une température plus appropriée. Celle qui est due à la minéralité, n'a lieu qu'après quelques jours de l'usage des eaux. Elle est caractérisée par la diminution ou la perte de l'appétit, l'insomnie, la diminution des forces et un mouvement fébrile. Si ces symptômes n'acquièrent pas trop d'intensité et ne se prolongent pas trop longtemps, il n'y a pas à s'en occuper. Dans le cas contraire, il y a lieu d'en rechercher la cause, soit dans des contre-indications de l'usage des eaux, soit dans le vice de leur mode d'administration : les moyens d'y remédier dérivent de la connaissance de cette cause.

Au surplus, ces cas d'intolérance sont assez rares. La médication minérale est si naturelle que l'économie s'y habitue facilement, et se met bien vite en harmonie avec les doses même exagérées de l'agent qui la produit. Ainsi, en Suisse, on grenouille tout le jour, selon l'expression pittoresque de Montaigne.

A Luxeuil, on reste d'une à deux heures dans le bain tempéré, et même au delà quand on se baigne dans les bassins; de demi-heure à une heure dans le bain chaud, et d'un quart d'heure à demi-heure dans le bain très chaud. La nature de la maladie et l'état du malade sont les circonstances principales qui déterminent le choix de la source et le degré de température.

La durée du bain de vapeur est la même que pour le bain très chaud. Rarement va-t-on au delà d'une demi-heure. Pendant que le malade est dans ce bain, il est quelquefois à propos de lui couvrir la tête de compresses ou d'éponges imbibées d'eau froide. D'après la même indication, il peut y avoir lieu de soustraire

les organes de la respiration à l'action de la vapeur d'eau minérale.

Il serait à désirer qu'il existât un appareil au moyen duquel on
pût, à volonté, faire couler un filet d'eau froide sur la tête du baigneur, et soustraire ses poumons au contact de la vapeur.

En sortant de ce bain, il est indispensable d'aller passer quelques heures dans un lit préalablement bien bassiné; on aura le
plus grand soin d'éviter, dans le courant de la journée, l'impression du froid et de l'humidité.

Il est à remarquer que les habitants de la campagne, toutes choses égales, ont besoin de prendre leurs bains à une température
plus élevée; ce qui tient sans doute au peu d'excitabilité relative
de leur système nerveux : au contraire les habitants des villes,
surtout ceux qui appartiennent aux hautes classes de la société,
chez lesquels la vie intellectuelle domine la vie matérielle, se trouvent mieux d'une température plus douce, de bains plus calmants,
plus en rapport avec les besoins d'une excessive impressionnabilité.

Ordinairement, on prend un bain tous les jours : il est néanmoins quelques baigneurs qui ne peuvent prendre leur saison tout
d'une haleine : un état de faiblesse ou de surexcitabilité trop prononcé impose à quelques-uns la nécessité de ne se baigner que de
deux jours l'un, ou d'interrompre la série de leurs bains tous les
trois ou quatre jours.

Les femmes peuvent, au besoin, prendre leur bain même pendant la période menstruelle : la menstruation n'établit donc pas
un contre-indication absolue de l'usage des bains : cet usage est, au
contraire, un excellent moyen à opposer à la dysménorrhée, et à
cet état spasmodique qui a lieu chez quelques-unes, le premier jour,
ou même pendant toute la durée de cette fonction. Mais, dans tous
les cas, les femmes doivent, à cette époque, s'abstenir du bain
froid ou chaud : le bain tempéré est le seul qui leur puisse rendre
quelques services.

Quelques personnes ont beaucoup de peine à uriner pendant
qu'elles sont dans le bain; ce qui est très fâcheux, car cette suppression, quoique éphémère, a, entre autres inconvénients, celui

de les empêcher de boire et d'introduire ainsi dans l'économie une plus forte proportion de principes minéralisateurs. Lorsque cet accident a lieu, on y remédie en mettant une pincée de nitrate de potasse dans chaque verre d'eau minérale. Les femmes y sont plus exposées que les hommes : je crois aussi l'avoir observé plus souvent chez celles qui se baignent dans les piscines, que chez celles qui prennent leur bain dans des cabinets particuliers.

Enfin, le choix de la salle où le baigneur doit prendre son bain n'est pas non plus indifférent. Ceux qui éprouvent de la céphalalgie, des palpitations de cœur, ou qui sont disposés aux congestions cérébrales, doivent choisir de préférence les salles et les cabinets bien aérés. L'atmosphère chaude et saturée de vapeurs minérales de la salle et des cabinets du bain gradué, conviennent mieux à ceux qui seraient atteints de toux nerveuse, de bronchites, qui quoique chroniques seraient accompagnées d'irritation. Enfin, toutes choses égales d'ailleurs, la préférence devra être donnée, en fait de cabinets, à ceux dans lesquels coule l'eau minérale presque immédiatement au sortir de la source, et sans avoir séjourné plus ou moins longtemps dans les réservoirs.

Au sortir du bain, il est bon d'aller se mettre au lit, et d'éviter de se refroidir en chemin. Il n'y a d'exception que pour les baigneurs atteints de névrose du cœur ou de céphalalgie : ils se trouvent mieux de ne pas se coucher après le bain : ils doivent néanmoins éviter l'impression d'une température froide et humide.

Le bain est entier ou partiel : entier, lorsque tout le corps, hormis la tête, est immergé ; partiel, si une partie seulement se trouve plongée dans l'eau ou la vapeur d'eau : dans ce cas, il prend différents noms : demi-bain, bain de siége, pédiluve, maniluve, selon que la moitié du corps, le bassin, les mains ou les pieds reçoivent seuls le contact de l'eau.

*Demi-bain.* Il est quelques personnes auxquelles le bain entier doit être interdit : ce sont celles qui présentent des symptômes de lésion des organes de la respiration ou de la circulation. En effet, elles respirent difficilement ; elles éprouvent de l'oppression, une véritable congestion pulmonaire, lorsqu'elles donnent à leur immersion dans l'eau toute l'étendue que comporte le bain entier. Il en est de même de celles qui ont de vives céphalalgies, qui ont éprouvé ou qui sont menacées d'éprouver encore des congestions cérébrales : dans tous ces cas, on doit se borner au demi-bain, c'est-à-dire ne se plonger dans l'eau que jusqu'à l'épigastre, et encore n'en venir là que graduellement. La gêne qu'éprouvent les parois thoraciques à soulever la colonne d'eau, dans les mouvements de la respiration, lorsque l'immersion a lieu jusqu'au cou, favoriserait la stase du sang, non-seulement dans les poumons et dans les veines qui y affluent, mais encore, de proche en proche, dans les vaisseaux encéphaliques.

Dans toutes les circonstances où il y a lieu de ne prendre qu'un demi-bain, le baigneur doit avoir le plus grand soin de préserver les parties du corps non immergées de l'impression du froid : l'usage d'un peignoir en laine est la meilleure de toutes les précautions à prendre à cet égard.

*Bain de siége.* Dans les bains de siége, la partie inférieure du tronc et supérieure des cuisses est seule immergée. Le plus souvent, c'est pour combattre des maladies du rectum ou de l'appareil génito-urinaire qu'ils sont mis en usage Ces bains sont peu usités à l'établissement thermal de Luxeuil. Les demi-bains leur sont préférés, et avec raison.

*Pédiluves, maniluves.* Les bains de pieds sont, le plus souvent, employés comme révulsifs, dans les migraines, les ophthalmies, les hémoptysies, les épistaxis et tous les accidents nerveux ou inflammatoires qui ont leur siége aux parties supérieures du corps. Ils sont aussi très utiles dans l'aménorrhée, en appelant une plus forte somme de vitalité vers les organes sous-diaphragmatiques. Les maniluves sont employés dans les circonstances opposées, c'est-à-dire, toutes les fois qu'il y a lieu de déplacer une irritation ou une fluxion s'exerçant sur quelque organe situé inférieurement; c'est surtout dans les coliques nerveuses, dans les crampes des extrémités pelviennes, que les maniluves trouvent leur application.

Au reste, ces moyens ne sont qu'un faible auxiliaire de la médication thermale : quoique précieux dans certains cas, ils n'ont cependant pas assez de puissance pour la constituer par eux-mêmes. Les malades atteints d'affections de l'appareil pulmonaire ou cérébral, en outre des précautions à prendre pour les limites de l'immersion, se trouvent bien d'un bain de pieds, au sortir de leur bain ordinaire; mais il est important que ce pédiluve soit à une température modérée. L'irritation révulsive doit être opérée, dans ce cas, non par la température élevée, mais par le mélange, avec l'eau, d'une substance irritante, qui ne soit pas susceptible de réagir sur le cerveau, la moutarde, le sel, le vinaigre, etc.

DE L'ADMINISTRATION DES EAUX MINÉRALES DE LUXEUIL, EN DOUCHES.

On donne le nom de douche au courant continu d'une colonne d'eau venant frapper une partie du corps.

L'action de la douche est en proportion de la grosseur de la colonne, de sa rapidité, de sa thermalité, et peut-être aussi de sa minéralité; elle tire de chacune de ces circonstances une part plus ou moins grande de son énergie.

La minéralité en est l'élément le moins important : le contact de l'eau minérale sur les parties n'est pas assez prolongé pour en modifier la vitalité, par l'action de ses principes constituants, ou pour donner lieu à une absorption qui puisse entrer en quelque considération. Quant à la thermalité, nul doute qu'elle ne contribue pour beaucoup à la médication obtenue par ce mode d'administration : ordinairement, l'eau est employée très chaude dans la douche ; alors, la peau qui recouvre les parties sur lesquelles on la dirige est congestionnée, rougit, et devient quelquefois le siége d'une éruption.

Cette action de la thermalité est favorisée par celle qui résulte de la vitesse et du volume du courant. Avec une vitesse et sous un diamètre modéré, la colonne d'eau promenée sur un espace circonscrit fait éprouver aux divers points qu'elle frappe une percussion, un choc à chaque instant renouvelé : il y a dans cela quelque chose qui tient de la friction, du massage et de la flagellation. Si, au contraire, le courant est rapide et son diamètre considérable, son administration devient douloureuse; les points de la peau qui la reçoivent subissent une dépression proportiönnée à la densité et à la résistance des tissus sous-jacents; il y a véritable contusion, quelquefois même production d'ecchymoses.

On comprend ce que doit ajouter de puissance à la thermalité un mode d'administration aussi énergique. L'excitation produite est éminemment résolutive; elle est aussi sudorifique quand la douche est promenée sur des points nombreux de l'enveloppe tégumentaire.

La douche ascendante n'a pas une autre manière d'agir que la douche descendante et latérale; mais la nécessité de ménager les parties sur lesquelles on la dirige, ne permet d'employer que des colonnes d'eau d'une force modérée.

Quant à la douche écossaise, qui consiste à diriger sur certaines parties du corps, et notamment sur les régions dorso-lombaires, des jets brusquement alternatifs d'eau froide et d'eau chaude, elle tire sa principale efficacité de la vive réaction suscitée par cette subite transition, plus ou moins souvent répétée, d'une température à une autre. Son mode d'action est analogue à celui des bains russes; ses effets sont toniques et stimulants.

Les douches sont le moyen le plus puissamment résolutif de la médication thermo-minérale. On s'y prépare en prenant une huitaine de bains; on commence ensuite l'usage de la douche que l'on continue pendant tout le reste de la saison, et que l'on fait concourir avec celui du bain. On la reçoit immédiatement avant ou après le bain; cependant, il est quelques cas, ceux de lésion organique de nature suspecte, siégeant à l'extérieur, où il peut être utile de ne pas introduire dans l'économie les principes minéralisateurs des eaux, dont l'action intime et moléculaire serait redoutée; alors la douche, même le bain de vapeurs, peuvent offrir de précieuses ressources. Ainsi, dans les engorgements chroniques qui succèdent aux accès de goutte, la douche offre un moyen local de résolution d'une merveilleuse efficacité. Les observations manquent pour établir si les eaux de Luxeuil conviennent, ou ne conviennent pas, pour combattre radicalement la diathèse goutteuse. Leur usage serait-il efficace pour retarder ou supprimer le retour des accès, ou tout au moins pour en amoindrir la violence et en abréger la durée? L'expérience ne s'est pas prononcée à cet égard , et, à son défaut, on ne saurait agir avec trop de circonspection. Mais lorsque l'accès de goutte est terminé, lorsque ce qu'il y avait d'actif dans la fluxion goutteuse est épuisé , et qu'il ne reste plus que les désordres locaux qui en ont été le produit, alors les eaux de Luxeuil, administrées sous forme de douche , se sont montrées un des plus puissants résolutifs qui puissent être employés ; il n'y a pas de moyen connu qui puisse débarrasser plus promptement le goutteux de ses crosses ou de sa béquille : nul doute à cet égard.

Mais hors les cas analogues, se borner à l'usage de la douche dans les affections externes , serait se priver de la moitié de ses moyens ; ce serait renoncer, sans nécessité, au secours de la minéralité , ordinairement tout puissant pour modifier l'état général, qui , si souvent, tient les affections locales sous sa dépendance.

On commence l'administration de la douche, en faisant tomber la colonne d'eau sur les parties éloignées de l'organe malade, et en ne rapprochant de celui-ci que par gradation ; c'est l'application des idées de Barthès sur le traitement des fluxions.

Lorsqu'une affection est sous l'influence d'un principe morbide qui manifeste de la tendance à se déplacer, en se portant sur des organes moins importants que celui qui est affecté , il est convenable de diriger les premiers jets de la douche sur ce dernier point ; elle agit alors comme résolutive , répercussive, et le déplacement, s'il s'opère , a lieu selon la tendance qu'affecte la nature.

La durée de la douche varie de cinq minutes à trois quarts d'heure ; il est très rare qu'on la reçoive pendant une heure. Sa puissance et sa thermalité doivent être prises en grande considération pour en fixer la durée. Il faut éviter de laisser le jet frapper trop longtemps la même partie, afin qu'il ne se produise point d'ecchymose.

Quand la douche doit être dirigée sur des parties jouissant par elles-mêmes ou par les organes sous-jacents d'une grande sensibilité , on se sert d'un bout de tuyau percé de plusieurs trous ; et la colonne d'eau se trouve ainsi fractionnée en plusieurs jets : c'est ce qu'on appelle douche en arrosoir. Elle convient aux organisations très délicates, très impressionnables, aux individus à fibre sèche ; la douche en un seul jet est plus appropriée aux constitutions molles, lymphatiques, à chairs flasques, chargées d'embonpoint.

Les mêmes principes d'administration sont applicables à la douche descendante et à la douche ascendante. Pourtant celle-ci a encore une destination particulière qui doit être mentionnée, c'est celle de faire cesser, du moins momentanément, la constipation ; elle agit à la manière des lavements, mais avec une bien plus grande énergie. En outre, elle dissipe souvent, et comme par enchantement, cet état de tension abdominale, de malaise intestinal, qui existent chez les hypocondriaques et réagissent d'une manière si fâcheuse sur l'économie, et cela, par une action dynamique et non mécanique ; car ce résultat se produit souvent, quoiqu'aucune évacuation n'ait eu lieu.

### DE L'ADMINISTRATION DES EAUX MINÉRALES DE LUXEUIL EN LAVEMENTS, LOTIONS, INJECTIONS.

Il serait superflu de parler du mode d'action que les eaux peuvent emprunter à ces divers modes d'administration, diminutifs évidents des bains et des douches. Toute proportion gardée, leur action est identique à celle de ces deux derniers modes. L'administration en lavements a joui autrefois à Luxeuil d'une faveur incroyable. Beaucoup de malades y venaient dans ce seul but. J'ai connu une personne qui employait sa matinée à s'en administrer une ou deux douzaines. « Ce qu'il y a de certain, c'est que de toutes les eaux qu'on emploie à ces remèdes, il n'y en a point de meilleures que celles de Luxeuil ; elles se transportent fort bien ; ce qui leur donne encore plus de célébrité, c'est que presque tous les malades qui vont à Plombières, soit pour les bains, soit pour les eaux minérales, *en envoient chercher* pour cet usage. » (Fabert, *Essai historique.*)

Les injections ne sont que des douches affaiblies, dirigées dans l'intérieur d'une cavité comme l'oreille, le rectum, le canal vaginal, etc.

A une époque où les maladies des femmes sont si communes, le mode d'administration en injections doit être très usité ; aussi l'est-il en effet. Lorsqu'on veut faire arriver un jet d'eau minérale sur le col utérin, dans le cas de maladie de cet organe, il est nécessaire d'avoir un bout d'ajoutage percé de plusieurs trous et terminé en olive, qui s'adapte au tuyau conducteur.

Ce mode d'administration est d'une faible efficacité. Il serait beaucoup mieux de remplacer les injections par un bain local. Un instrument qui pût être facilement introduit dans le canal vaginal, qui s'ouvrirait après son introduction, dont le limbe embrasserait le col de l'utérus, et qui, étant creux, permettrait à l'eau du bain dans lequel la malade est plongée, de s'introduire jusqu'à lui, d'envelopper et de faire participer cet organe aux bienfaits d'une immersion locale, servirait bien mieux les besoins des malades et les vues des médecins. A une époque où la fabrication des instruments a reçu tant de perfectionnements, il est étonnant que la médecine ne soit pas dotée d'un instrument si utile et d'une si fréquente application.

Je ne dois pas oublier de mentionner l'usage qu'on fait à Luxeuil de l'eau minérale en lotion pour les yeux. Dans les altérations de la vision dues à un état de fatigue de l'organe, soit que cette fatigue résulte de l'affaiblissement, ou mieux encore de la surexcitation de la puissance nerveuse, ces lotions ont rendu à plusieurs malades des services signalés. Mais comme ceux qui les emploient ont recours en même temps aux autres modes d'administration, il est difficile de déterminer au juste ce qui revient en propre à ces lotions dans les avantages obtenus.

L'eau de la fontaine dite des yeux, qui vraisemblablement n'est qu'un filet de la source du bain des Capucins, dont elle a la température, est spécialement employée à ces lotions ; on se les administre sur place ; on peut se servir d'une petite baignoire en verre ou en porcelaine, appropriée à cet usage.

### En résumé,

Si on avait à énoncer en quelques lignes ce qu'il y a de matériellement appréciable dans l'action des eaux de Luxeuil, on pourrait dire qu'elles agissent, en boisson, principalement par la minéralité, et fort peu par la thermalité ; en bain tempéré, par la minéralité et par la thermalité ; en bain chaud, par la thermalité, par la minéralité et par la perturbation suscitée par l'intensité du calorique thermal ; en bain de vapeurs, par la thermalité, par la perturbation, et peut-être par ce qu'il peut y avoir de principes diffusibles dans la minéralité ; en douches, par la thermalité et par la réaction suscitée par les circonstances physiques de ce mode d'administration, et peut-être enfin par l'électricité dans tous ces divers modes.

MOYENS AUXILIAIRES.

Il serait hors de propos de rechercher ce que peuvent ajouter à la puissance de ces éléments directs les circonstances hygiéniques du séjour aux eaux de Luxeuil ; une telle recherche conviendrait mieux dans un traité sur les eaux minérales en général que dans l'étude des eaux d'une localité déterminée. Tout ce qu'on peut dire à cet égard, c'est que si la majeure part des effets produits revient, telle est du moins l'opinion d'un grand nombre de bons esprits, aux sources minérales, on n'en doit pas moins convenir, comme l'a fort bien dit M. Guersent, que la médication qu'on obtient à l'aide des eaux minérales prises sur les lieux est nécessairement le produit de plusieurs médications réunies, dépendantes de l'air, du climat, de la température, et des changements dans la manière de vivre, dans les habitudes et les idées des individus qui se transportent à la source. Plusieurs médications hygiéniques se joignent donc ici à l'action médicamenteuse, et en masquent les effets. (Guersent, *Dict. de méd.*)

## De la durée du traitement par les eaux minérales de Luxeuil.

Quel est le temps nécessaire pour que les eaux minérales, convenablement administrées, développent toute leur action et produisent tous leurs effets curatifs ? Ainsi présentée d'une manière absolue, cette question est insoluble. Si toutes les personnes qui viennent aux eaux de Luxeuil étaient du même âge, du même sexe, du même tempérament ; si la maladie dont elles viennent chercher la guérison était la même chez toutes, et au même degré de chronicité et d'intensité, l'expérience aurait sans doute appris dans combien de temps la guérison peut être obtenue. Mais il est loin d'en être ainsi ; tout est différent chez les différents baigneurs ; et c'est à peine si sur mille on trouve deux cas parfaitement semblables. Donne-t-on à tous les malades les mêmes doses d'opium, de quinquina ? Non, assurément ! Et sans compter la nature et les diverses circonstances de la maladie, il est telles conditions qui doivent faire varier à l'infini l'époque de la guérison et le temps nécessaire pour y arriver. Les eaux minérales sont un agent médicinal ; comme tel, elles doivent être dosées selon les indications.

On appelle saison, une période de vingt-un jours, pendant laquelle le malade fait usage des eaux minérales, selon le mode d'administration qui lui a été prescrit. Cette fixation du nombre de vingt-un jours d'usage des eaux minérales, adoptée dans presque tous les établissements et considérée comme la dose normale, pour ainsi dire, nécessaire pour que la médication minérale produise ses effets, n'est peut-être pas aussi arbitraire qu'il pourrait le paraître au premier abord. L'observation nous fait connaître, en une infinité de circonstances, qu'il faut à l'économie un temps déterminé pour la production de ses phénomènes. Quoi de plus régulier que la période de suppuration des plaies, de l'incubation, de l'éruption, de la dessiccation des boutons vaccinaux et varioliques ! Le phénomène des jours critiques n'a-t-il pas été mille fois constaté ? En quoi répugnerait-il donc à la théorie, appuyée sur ces considérations analogiques d'une des lois les plus fondamentales de la nature, d'admettre qu'en général il faut vingt-un jours d'usage des eaux minérales pour que la modification suscitée par elles ait pu s'accomplir ? Il ne suffit pas, en effet, qu'il ait été ingéré dans l'économie, soit par la déglutition, soit par l'absorption cutanée, une certaine quantité de principes minéraux ; il faut encore que les mouvements qui doivent en être le résultat, et qui sont subordonnés aux lois de la vie, aient eu le temps de se produire. S'il en était autrement, le malade qui demeure quatre heures dans son bain aurait fini sa saison au bout de dix jours, et celui qui n'y reste que deux heures, seulement au bout de vingt; ce serait un moyen expéditif d'en abréger la durée. Mais rien de tout cela n'a lieu. Une expérience de tous les jours nous apprend qu'un malade n'en est pas plus avancé pour demeurer dans son bain plus longtemps que les autres; et en cette matière, comme en toutes les autres, l'exception confirme la règle. Si, dans quelques cas fort rares, les résultats curatifs des eaux minérales se produisent rapidement, même avant le terme fixé pour une saison; si, bien plus souvent encore, ces effets n'ont pas eu lieu lorsque ce terme est arrivé, cela prouve seulement qu'il n'y a pas dans la nature rien qu'une période affectée à ces grands mouvements; après le septième, le quatorzième, le vingt-unième jour, n'en est-il plus de critiques pour la solution des maladies aiguës?

Quoi qu'il en soit, et sans donner à ces explications une trop grande importance, l'observation nous apprend qu'il est nécessaire de faire usage des eaux minérales, au moins pendant vingt et un jours, dans le traitement des maladies chroniques; car, il y en a fort peu qui puissent être guéries en moins de temps; elle nous apprend aussi que le traitement par les eaux serait souvent infructueux, s'il n'était poussé avec persévérance au delà de ce terme. A l'opiniâtreté de la maladie, il faut opposer l'opiniâtreté du remède : on voit à Luxeuil, et dans tous les établissements d'eaux minérales, des malades qui n'obtiennent leur guérison ou une amélioration notable qu'à la deuxième saison. La durée précise du traitement peut être fixée pour le minimum, mais non pour le maximum. C'est au médecin versé dans la pratique des eaux, à déterminer les cas particuculiers où il serait inutile de s'obstiner à continuer l'emploi d'un moyen que le succès ne doit point couronner.

## De l'époque de l'année où il est le plus convenable de faire usage des eaux.

C'est, sans contredit, depuis le premier mai jusqu'au mois d'octobre, qu'on peut faire des eaux l'usage le plus convenable. Ce surcroît de vie qui au printemps anime tous les êtres du règne organique, favorise l'action de l'agent minéral. C'est, d'ailleurs, à cette époque, que plusieurs maladies chroniques éprouvent des mouvements spontanés ; et cette circonstance suffirait à elle seule pour rendre l'action des eaux plus facile et plus efficace ; mais il y a encore à envisager une foule de considérations secondaires. Durant le printemps, et en été, la campagne est plus belle, les paysages plus riants, la nature entière plus vivante, les promenades champêtres, les parties de plaisir, les excursions dans les villages et sur les montagnes voisines plus faciles, les distractions de toute espèce plus nombreuses : en un mot, toutes les ressources hygiéniques sont plus disponibles, et on sait qu'elles aident puissamment à l'action des eaux. En outre, le froid et l'humidité de l'hiver exigent de la part des baigneurs des précautions minutieuses, dont l'oubli compromettrait l'usage des eaux et le rendrait plus nuisible qu'utile. D'ailleurs, cette sorte de vitalité qui, au printemps, anime tous les êtres de la nature, et à laquelle les eaux minérales ne sont peut-être pas étrangères, ne peut-elle pas donner à leurs facultés curatives un degré d'intensité de plus ?

Néanmoins, dans des cas urgents, il n'y a pas inconvénient absolu à en faire usage même au cœur de l'hiver ; mais alors, il faut redoubler de soins pour éviter l'impression sur l'économie d'un air froid et humide.

### Des résultats tardifs de l'usage des eaux.

Quelquefois l'action des eaux minérales n'a lieu, d'une manière manifeste, que bien longtemps après qu'on en a cessé l'usage. Cette croyance, reçue dans toutes les villes à établissement d'eaux, doit être regardée comme l'expression d'un fait, le résultat de l'observation, et non comme une fiche de consolation donnée à leur départ des eaux aux malades qu'elles n'ont point guéris, en dédommagement du temps perdu, de la dépense faite et surtout des espérances déçues. La théorie ne répugne pas à admettre qu'un mouvement de résolution a commencé sous l'influence de la médication minérale, trop peu prononcé pour être apparent, et qu'il se continuera longtemps encore après que le malade sera rentré dans ses foyers. L'impulsion a été donnée par les eaux ; après la cessation de leur usage, cette amélioration progresse, voilà tout. Il n'y a là rien d'inexplicable. Dans la pratique ordinaire de la médecine, il n'est point de médecin qui n'ait pu se convaincre que très souvent une dose de sulfate de quinine, donnée longtemps avant le moment présumé de l'invasion d'un accès de fièvre, n'agit nullement sur cet accès qui est le plus prochain, et ne s'en oppose pas moins au développement des accès ultérieurs, quoique aucune nouvelle dose de fébrifuge n'ait été administrée : et cependant, les expériences de M. Piorry ont prouvé que l'action du sulfate de quinine commençait très peu de temps après son administration. Pourquoi les effets curatifs des eaux ne se continueraient-ils pas après leur usage, puisque les modifications organiques introduites dans l'économie continuent de subsister, phénomène chimiquement démontré pour les malades qui ont fait usage de certaines eaux, celles de Vichy par exemple, chez lesquels l'urine conserve encore longtemps après le caractère alcalin que ces eaux lui ont communiqué. D'ailleurs, qui peut ignorer l'action de certains agents toxiques sur l'économie ? N'arrive-t-il pas souvent que l'infection syphilitique ne donne des signes certains de son existence que longtemps après qu'elle a eu lieu, de telle sorte qu'une altération profonde est réalisée avant que des signes extérieurs la mettent en évidence ? Est-il un modificateur plus puissant que le virus rabique, dont l'ingestion dans l'économie amène des changements tellement profonds, que la mort en est la suite inévitable ? Eh bien ! l'action de ce virus s'opère d'une manière latente, silencieuse ; un mois ou six semaines s'écoulent sans qu'aucune manifestation ait lieu, et traduise par des symptômes sensibles le travail profond qui s'est accompli.

Dans quelle science que ce soit, si on niait tout ce qu'on ne comprend pas, on nierait des faits aussi évidents que la lumière du soleil. Ce scepticisme outré serait aussi préjudiciable à la connaissance de la vérité qu'une crédulité absolue.

Ici finissent les notions théoriques ; elles ont fait connaître les propriétés physiques et chimiques des eaux de Luxeuil , leur température, leurs principes constituants , ce qui leur appartient en propre et ce qu'elles empruntent à leur mode d'administration. Elles ont aussi fourni des preuves positives de la puissance d'action de ces eaux, mais seulement des conjectures sur la spécialité de cette action.

Les enseignements de l'expérience vont leur succéder ; ils sont plus propres à faire bien apprécier la valeur réelle de cet agent médicinal, que les inductions tirées de sa composition chimique.

# NOTIONS EXPÉRIMENTALES.

Les notions expérimentales se composent de tout ce qui est acquis par la voie de l'observation, sur les propriétés curatives des eaux de Luxeuil. Elles nous apprennent quelles sont les maladies qui sont guéries, améliorées ou aggravées par leur usage, quel est le mode d'administration qui réussit le mieux dans les diverses circonstances, quelles précautions sont à prendre, quels dangers sont à éviter ; elles nous mettent sous les yeux le tableau d'un certain nombre de faits particuliers dans lesquels les eaux minérales ont été employées, et énoncent les résultats qui ont suivi cet emploi.

Dans les notions théoriques, les sciences physiques sont intervenues et ont livré à la thérapeutique l'agent médicinal, après en avoir disjoint un à un, et décomposé les éléments, afin qu'elle pût, *à priori*, se former quelques aperçus sur leur action probable ou tout au moins possible. Mais dans les notions expérimentales, on ne raisonne qu'*à posteriori*. Point d'autre intervention que celle de l'observation. Peu importe que les faits qu'elle constate soient en harmonie on en désaccord avec les opinions préconçues d'après la nature de ses éléments. L'observation n'explique pas, elle note : son but est moins de rechercher les causes que de bien apprécier les effets ; sa voie est sûre, ses résultats sont à l'abri de l'erreur ; ils n'en sauraient comporter d'autres que celles qui viendraient d'un manque d'exactitude ou de discernement.

Malheureusement, les données de l'observation, qui ne laisseraient rien à désirer, si elles étaient complètes, ne s'étendent pas à tout ; elles sont un guide précieux quand elles existent ; mais quand elles manquent, cette regrettable lacune livre trop souvent le médecin à l'incertitude et aux tâtonnements ; c'est le fil d'Ariane qui ne conduit pas dans tous les détours du labyrinthe. -

Et en effet, les maladies et les formes des maladies sont si nombreuses ; il y a sous le rapport de leurs périodes, de leur intensité, de leurs complications, de leurs causes, de leurs effets tant secon daires que primitifs, de l'âge, du sexe, du tempérament, des mœurs et des habitudes des malades, de la saison, du climat, etc.; il y a sous tous ces rapports des combinaisons si variées, que, d'une part, l'observation ne saurait suffire à tous les besoins du traitement, et que de l'autre nulle intelligence humaine n'aurait assez de force et de jugement pour en discerner les caractères et faire à tous les cas particuliers une application exempte d'erreur et à l'abri des mécomptes.

Il a donc été indispensable de remplir les nombreuses lacunes par les inductions analogiques ; méthode moins certaine, à coup sûr, mais fertile en indications, qu'on emploie en s'en méfiant, qu'on surveille en l'employant, et dont les résultats ne peuvent être avoués de l'observation et considérés comme lui étant acquis, qu'après avoir été soumis à son sévère contrôle.

Tels sont, dans la pratique de la médecine auprès des sources minérales, les principes qui dirigent le médecin soucieux d'arriver à des succès, et de ne compromettre ni la 'santé de ceux qui se confient à sa direction, ni la réputation des eaux et la sienne propre avec elle. Tel est celui qui a présidé à l'exposé de ces notions expérimentales, résumé aussi fidèle que possible de ce qui a été vu, examiné et apprécié par les médecins de tous les temps, touchant les effets curatifs obtenus de l'usage des eaux minérales de Luxeuil.

## Des principales maladies qui peuvent être guéries ou améliorées par l'usage des eaux minérales de Luxeuil.

Nous n'imiterons par l'exemple de ces enthousiastes qui regardent les eaux minérales comme un moyen universel et d'une efficacité illimitée dans toutes les maladies. Nous examinerons sans prévention la part qu'elles ont dans les guérisons qui s'opèrent sous leur influence : nous n'exagérerons pas leurs vertus ; mais nous ne les révoquerons pas en doute quand les faits les établiront.

Nous avons vu que l'action des eaux minérales est multiforme, résolutive, révulsive, antispasmodique, selon qu'il y a des engorgements à résoudre, des fluxions à déplacer, des concentrations vicieuses de vitalité à disséminer.

Nous savons aussi que, mêlée à la masse du sang, l'eau minérale augmente la somme des humeurs en circulation, leur fournit de nouveaux principes et peut en altérer essentiellement la nature.

Il y a donc un nombre considérable d'états pathologiques tenant à l'affection des solides, ou à des diathèses humorales, que l'usage des eaux minérales peut modifier avantageusement.

C'est surtout lorsque ces états pathologiques, par la date déjà reculée de leur existence, sont devenus comme naturels, se sont, pour ainsi dire, identifiés avec la vie, que les eaux minérales obtiennent des succès marqués. Soit par l'effet d'une habitude qu'il est difficile de rompre, soit par les progrès successifs que le laps de temps a amenés, ils sont devenus rebelles aux agents ordinaires de la thérapeutique. Il faut, pour en triompher, une médication profonde, capable de changer fondamentalement le mode de cette vitalité anormale ; or, il n'est pas de moyen d'une portée plus étendue que les eaux minérales. Parmi les diverses substances que fournit la matière médicale, nulle ne s'est montrée aussi propre à procurer de pareils résultats.

L'état chronique est donc celui qui, dans les maladies, réclame la médication minérale et lui obéit. Il n'y a à cette règle qu'un très petit nombre d'exceptions. Et c'est à dessein que sont employés ces mots : *État chronique*, parce qu'il est des maladies chroniques qui ont un état aigu, pendant lequel l'administration des eaux serait préjudiciable.

### NÉVROSES.

On donne ce nom à toutes les maladies qui, indépendantes, du moins en apparence, de toute lésion organique, n'affectent que la vitalité dans un ou plusieurs organes, ne manifestent leur existence, pendant la vie, que par des aberrations de la sensibilité ou de la contractilité, et, le plus souvent, ne laissent après la mort aucune trace d'altération matérielle. Ces maladies sont, pour ainsi dire, impalpables : point de changement dans le volume, la couleur, la structure, les rapports des parties qui en ont été ou en sont le plus vivement affectées : toutes les conditions de l'état normal y sont; leur altération n'est constatée que par une série d'inductions, dont la principale est la lésion fonctionnelle.

Ces maladies sont d'autant plus fâcheuses, qu'en outre des souffrances quelquefois continuelles auxquelles elles donnent lieu, et du trouble des fonctions les plus importantes de l'économie, leur cause est souvent inévitable, et leurs accidents une suite de bizarreries inexplicables. Les émotions fortes, la crainte, le chagrin, la colère, l'intempérance, l'abus des plaisirs, toutes les passions qui agissent avec force et durée, sont capables de les produire. Elles sont plus fréquentes à la ville qu'à la campagne ; et elles ne prennent jamais plus de développements que dans les temps de discorde et de trouble. Elles sont donc, sous un certain rapport, du domaine de la psychologie autant que de celui de la médecine, et leur étude appartient au philosophe aussi bien qu'au médecin.

Les eaux minérales de Luxeuil, en particulier, sont un des moyens les plus justement recommandés contre ces maladies si souvent réfractaires à toute espèce de traitement; elles obtiennent de tels succès dans certaines névroses, celles de la digestion par exemple, qu'elles peuvent, à bon droit, en être considérées comme l'agent curatif spécifique.

### NÉVROSES DE L'APPAREIL DIGESTIF.

Les anciens médecins qui ont écrit sur les eaux de Luxeuil, Morel, D.-T. Gastel, Fabert, commencent tous l'énumération des maladies que peut guérir l'usage de ces eaux minérales par les indigestions.

Par cette expression, ces médecins n'entendaient pas désigner ce trouble fortuit et passager de la chylification qui est occasionné par des circonstances accidentelles, comme l'ingestion d'une trop grande quantité d'aliments, un exercice violent, l'exposition à une température rigoureuse, une émotion vive ou profonde après le repas. Evidemment, ce n'est pas de ces sortes d'indigestions que ces médecins ont voulu parler : ils avaient en vue un désordre fonctionnel des organes digestifs, durable et dû à une lésion ancienne et permanente. Cette lésion porte toute espèce de noms, parce qu'elle revêt toute espèce de forme, et offre les symptômes les plus variés. Tantôt elle est indolente et ne se manifeste que par le trouble des fonctions digestives ; tantôt elle donne lieu à des sensations douloureuses, spasmes, crampes, coliques d'estomac, coliques nerveuses, boulimie, pyrosis, anorexie, gastrodynie, cardialgie, etc. Ordinairement elle est accompagnée de constipation, plus rarement d'augmentation dans les sécrétions intestinales. Ces états maladifs variés sont aujourd'hui résumés sous le terme générique de gastralgie, entéralgie, gastro-entéralgie ; et c'est à lui qu'il faut rapporter ce que les anciens médecins ont dit des indigestions, sous le rapport de leur curabilité par les eaux minérales de Luxeuil.

« Ces eaux sont d'un grand secours dans les maladies du bas-ventre et des intestins, qui sont entretenues et occasionnées par l'indigestion ou l'impureté des humeurs qui croupissent dans les premières voies ou dans les tuyaux des vaisseaux de cette partie. C'est par là qu'elles réussissent si bien dans les dégoûts et les indigestions invétérées, dans les appétits excessifs ou déréglés, dans les vomissements opiniâtres, dans les maladies hypocondriaques, dans les ventuosités, dans les coliques habituelles, dans les faiblesses d'estomac et du duodénum, dans les maladies des reins ou de la vessie, occasionnées par la génération des sables et des graviers, et généralement dans toutes les maladies des intestins qui reconnaissent pour cause le relâchement et l'atonie des parties ou la présence d'une matière lente, visqueuse, saline, ou d'une bile dégénérée. » *(V.* D.-T. Gastel, *Traité ou dissertation sur les eaux minérales ou thermales de Luxeuil.)*

« On les boit de différentes manières, seules ou coupées avec le lait, ou avec des sirops appropriés, dans les maux d'estomac, dans

les cas d'obstruction, de pituite épaisse, de maladie de poitrine.....
Un Électeur de Bavière vint les prendre.... et s'en retourna guéri
des maux d'estomac qu'il portait depuis fort longtemps et qui
avaient échappé à l'action des meilleurs remèdes....... Ces eaux
sont spécifiques dans certaines espèces de maux d'estomac... On
l'emploie encore aujourd'hui *(l'eau savonneuse)* avec succès, non-
seulement dans ces circonstances *(cours de ventre, dyssenterie),* mais
encore lorsqu'il s'agit d'émousser l'acrimonie des humeurs, de rem-
baumer le sang, de le dessaler, d'adoucir la toux..... où elles
opèrent de très belles cures. » (V. Aubry, auteur des *Oracles de Cos,*
ancien inspecteur des eaux de Luxeuil, *manuscrit inédit.)*

Enfin, voici, sur ce même sujet, comment s'exprimait Fabert :
« Mais ce n'est pas assez de connaître la cause des indigestions, il
faut en trouver le remède... Les médecins habiles y appliquent différents remèdes qui réussissent souvent ; et il y en a plusieurs dont
les cures sont multipliées et connues. Mais parmi les remèdes qu'on
peut employer, il en est peu d'aussi sûrs que les eaux minérales de
Luxeuil. Elles nettoient l'estomac des mauvais levains, des humeurs trop gluantes qui empêchent les fonctions ; elles absorbent
les aigres et les acides qui contribuent si fort à déranger les digestions ; elles fortifient les parties nerveuses. » (V. Fabert, *Essai historique sur les eaux de Luxeuil.)*

Les faits exprimés par ces médecins, dans le langage et suivant
les théories de leur temps, se passent encore aujourd'hui de la même
manière qu'ils se passaient alors. Les formes de la langue et les
systèmes de la science peuvent vieillir, les lois de la nature restent
toujours les mêmes. Toutes les fois que les divers états pathologiques signalés par nos devanciers ne procèdent que d'une lésion
de vitalité, que cette lésion existe sans altération matérielle concomitante, qu'elle est idiopathique et indépendante d'une cause générale, la guérison sera sûrement obtenue par l'usage des eaux minérales de Luxeuil.

Si la lésion de vitalité n'est pas idiopathique, si elle tient soit à
un état général de l'économie, soit à l'influence sympathique exercée sur l'estomac par des organes plus ou moins éloignés, dont la
souffrance retentit sur ce viscère, alors la curabilité est en raison du

plus ou moins de facilité qu'il peut y avoir à maîtriser l'affection primitive, et le traitement minéral doit être accommodé aux indications que peut présenter cette affection. Par exemple, si cette affection dominante était une leucorrhée, l'eau ferrugineuse, en boisson, en injections, même les douches sur la région supubienne et sacro-lombaire, devraient être associées aux bains d'eaux thermales : on sait aussi que le même système d'innervation préside à la vie physiologique et pathologique des organes respiratoires et digestifs ; si donc la névrose de l'appareil digestif avait son point de départ dans l'asthme, dans un travail de tuberculisation, etc., ce seraient ces affections principales qui fourniraient les indications ; ce ne serait pas le cas de tenter la médication minérale par les eaux de Luxeuil.

Lorsque la cause des névroses de la digestion peut être supprimée, et qu'il n'existe point d'ailleurs de contre-indications, le résultat de la médication minérale est ordinairement une guérison complète ; et même, lorsque la cause est persistante, une amélioration considérable. *Enfin, lorsque ces névroses existent comme complication, elles n'en cèdent pas moins à la médication par les eaux, quoique la maladie principale reste inaccessible à son action.* N'est-ce pas là le caractère des médications spécifiques ?

Le mode d'administration consiste dans le bain tempéré, la boisson, et, suivant les circonstances, la douche générale ou partielle. C'est ici surtout que l'eau de la source d'Hygie trouve une heureuse application. Ce malade qui vomit tout ce qui est ingéré dans son estomac, qui ne peut supporter une cuillerée de bouillon, d'eau de veau, d'eau sucrée, d'eau de fleur d'oranger, chez lequel sangsues, vésicatoires, topiques et potions de toutes sortes, n'ont pu ramener une tolérance depuis longtemps perdue pour les organes digestifs, boit de l'eau d'hygie et ne la vomit pas : quelques verres de cette eau ont obtenu ce qui avait été refusé à l'arsenal tout entier de la matière médicale. Inutile de dire qu'on commence par de petites doses qu'on augmente successivement.

HYSTÉRIE ; HYPOCONDRIE ; NÉVROPATHIE.

« On appelle vapeurs , maladies hystériques , hypocondriaques , des mouvement irréguliers du système nerveux provenant de différentes maladies ou de différentes causes , dont les symptômes sont si imposants et si variés, qu'il ne faut pas moins que la sagacité d'un médecin observateur pour les connaître et distinguer des maladies de tout autre caractère... Ce que j'ai dit ci-devant..... suffit pour faire connaître combien l'usage des eaux minérales de Luxeuil est salutaire contre cette sorte de maladies. » (Fabert, *Essai historique.*)

« En premier lieu , elles sont propres à nettoyer les premières voies des glaires et des parties salines qui occasionnent les coliques, les dévoiements , l'affection hypocondriaque... Il est aisé d'inférer que les eaux minérales sont bonnes pour les maladies de l'estomac, pour celles des intestins , pour rétablir l'appétit, corriger les aigreurs, dissiper les vents, remédier à la constipation et aux affections hypocondriaques ou mélancoliques. » ( Morel , *Observations sur les eaux minérales de Luxeuil.*)

« S'il faut adoucir, ou corriger, ou évacuer des sels âcres, ou une bile amère mordicante, qui inquiètent les organes par leur *(sic)* présence, qui causent des coliques, des vapeurs, des vertiges, des douleurs et pesanteurs de tête , des insomnies , des chaleurs d'entrailles, des douleurs d'hémorrhoïdes , mais principalement des vents si ordinaires aux hypocondriaques , aux mélancoliques , aux hystériques, et à ceux qui sont constipés ou qui ont les entrailles échauffées..., effets que ces eaux opèrent avec un succès admirable. » ( D.-T. Gastel, *Traité ou dissertation sur les eaux minérales et thermales de Luxeuil.*)

« Les bains conviennent aussi aux vapeurs, aux maladies hypocondriaques et pour amollir certaines obstructions. » ( Aubry , *Notice inédite sur les eaux de Luxeuil.*)

*Mode d'administration.* Eau minérale en boisson ; bains tempérés ; quelquefois douches et injections.

NÉVRALGIES.

« Il s'ensuit, par ce que nous venons de voir des propriétés de ces eaux..... qu'elles doivent être un remède spécifique pour les douleurs de rhumatisme, sciatique, qui reconnaissent pour cause l'éréthisme ou le spasme des parties membraneuses irritées par la présence d'une sérosité excessive et piquante, suite ordinaire de l'insensible transpiration arrêtée ou diminuée. » (D.-T. Gastel, *loc. cit.*)

« Elle (l'eau minérale de Luxeuil) est capable de fortifier et raffermir les spasmes, les crampes, les mouvements convulsifs. » (Morel, *loc. cit.*)

Fabert met aussi la névralgie sciatique parmi les maladies qui sont traitées avantageusement par les eaux de Luxeuil.

Mes propres observations ne laissent aucun doute sur l'efficacité de la médication par les eaux dans le traitement de ces maladies si longues, si douloureuses, si rebelles aux médications ordinaires. Voici les principes d'après lesquels il me paraît qu'on doit se diriger.

La névralgie reconnaît-elle pour cause une diathèse rhumatismale? Est-elle le produit d'une répercussion, d'une modification vicieuse de la sensibilité générale du système nerveux? A l'emploi de la minéralité on associe le bain tempéré, ou même le bain de vapeur.

La cause de la névralgie a-t-elle agi sur l'organisation de la partie souffrante du système nerveux, comme dans les cas de violence extérieure, chutes, productions morbides? C'est aux douches dirigées sur les parties correspondantes au point d'émergence du tronc nerveux, sur celles où il devient superficiel, qu'il faut demander le secours auxiliaire.

L'état général de la constitution doit être pris en grande considération, ainsi que l'âge et le sexe du malade; la stimulation qui accompagne l'action des eaux ne peut pas être perdue de vue; et souvent il y a lieu de prendre les précautions nécessaires pour en prévenir l'exagération. C'est dans ces cas, que la saignée, les boissons délayantes, une diète légère, sont un préliminaire utile et quelquefois indispensable. En modifiant les conditions hypersthéniques de l'économie, en déprimant l'excitabilité, ces moyens tendent à diminuer l'excitation que l'usage des eaux peut produire, en facilitent la tolérance, et rendent la médication minérale moins tumultueuse et plus sûre.

### APOPLEXIE ; PARALYSIE.

« Il est certain que ni les eaux minérales de Luxeuil, ni aucune eau minérale, ne peut guérir l'apoplexie au moment de l'attaque... Mais les eaux minérales servent à prévenir l'attaque... Pour revenir donc à cet objet, je suis persuadé, et l'expérience m'en a convaincu, que de tous les remèdes qu'on peut employer contre la paralysie, l'usage des eaux de Luxeuil est en même temps le plus doux et un des plus infaillibles. » (Fabert, *loc. cit.*)

« Enfin, ces eaux sont d'un excellent usage dans les maladies qui dépendent de l'épaississement, de la viscosité, de la lenteur du sang... comme aux personnes menacées, ou déjà affectées de paralysie, d'apoplexie et autres maladies vaporeuses. » (D.-T. Gastel, *loc. cit.*)

Voici le résultat de mes propres observations :

Les paralysies locales, celles qui n'ont pas leur point de départ dans les centres nerveux cérébral ou rachidien, guérissent presque toujours par l'usage des eaux de Luxeuil. Je citerai comme exemple celle d'une partie des muscles d'un côté de la face, provenant d'une lésion limitée au nerf facial.

Quant à celles qui sont la suite de l'apoplexie, leurs chances de guérison sont plus restreintes. Cependant, un certain nombre guérissent complétement ; la plupart en retirent une amélioration notable ; rarement observe-t-on des résultats nuls ou défavorables. Cette différence d'effets tient sans doute aux circonstances du foyer apoplectique et à ses complications, ou aux traces plus ou moins profondes qui restent de la déchirure de la substance cérébrale, même après la cicatrisation. Les causes prédisposantes et efficientes de l'apoplexie doivent encore ici jouer un grand rôle ; car il est des individus dont les habitudes et les dispositions apoplectiques sont tellement prononcées, que toute médication échoue contre leur influence. Comment enlever des effets dont la cause subsiste et agit incessamment? Quoi qu'il en soit, la médication minérale est, sans contredit, la meilleure connue, dans les cas susceptibles de guérison.

*Mode d'administration.* Minéralité, thermalité tempérée, douches. Quelquefois il y a lieu de faire des affusions froides sur la tête du baigneur pendant qu'il est dans le bain, et de lui faire prendre un bain de pieds après qu'il en est sorti.

L'emploi de ces moyens, mis en œuvre *avec la plus grande prudence et avec une surveillance assidue,* favorise l'absorption des liquides épanchés, ranime la sensibilité dans les parties où l'influx nerveux est diminué, produit vers les extrémités inférieures une révulsion préservatrice, et peut-être modifie les conditions générales sous l'empire desquelles a lieu l'apoplexie.

La douche est sans danger, et amène souvent des résultats inespérés.

### STÉRILITÉ.

« Elles conviennent tant en bains qu'en boisson, pour faire cesser la stérilité et disposer les femmes à d'heureuses couches ; elles fortifient l'utérus et préviennent les accouchements prématurés. » (Aubry, *Notice inédite.*)

« *Et uterum ad conceptionem faciunt habiliorem.* » (Fabert, *Essai historique.*)

« En un mot, ces eaux sont très propres pour empêcher la stérilité, et procurer une heureuse fécondité. » (D.-T. Gastel.)

J'ai eu occasion d'observer plusieurs cas dans lesquels des résultats conformes à l'opinion de ces anciens médecins, ont dû, raisonnablement, être rapportés à l'usage des eaux de Luxeuil.

*Mode d'administration.* Minéralité, thermalité, douches sur la région sacro-lombaire, injections.

### MALADIES DES VOIES URINAIRES.

« Les eaux de Luxeuil sont admirables pour guérir les coliques néphrétiques en entraînant les graviers qui les occasionnent. » (Aubry, *loc. cit.*)

« Elle (l'eau minérale) calme les coliques, principalement la néphrétique ; elle lève les obstructions les plus opiniâtres, pousse fortement par les urines, les flegmes, les glaires, le sable, le gravier. »
(D.-T. Gastel.)

« Elles réussissent principalement dans les maladies de l'estomac, des reins et de la vessie. » (Fabert.)

*Mode d'administration.* Minéralité , thermalité tempérée.

LEUCORRHÉE ; AMÉNORRHÉE ; DYSMÉNORRHÉE ; AGE CRITIQUE ;
ENGORGEMENTS ET PROLAPSUS DE L'UTÉRUS.

« Elles sont admirables pour nettoyer les reins , pour les
obstructions du foie , du mésentère , de la rate et de la matrice
aussi ; l'aimable sexe y trouve un secours prompt pour rappeler les
évacuations supprimées. » (Aubry, *loc. cit.)*

« A une maladie aussi opiniâtre *(leucorrhée)* et qui a été plus
d'une fois l'écueil de la médecine, il faut des remèdes efficaces.

» Nous avons des preuves de l'efficacité de celles de Luxeuil ;
la froide *(ferrugineuse)* prise en boisson, les sulfureuses *(salines
thermales)* en bains et quelquefois toutes les deux en boisson, suivant que l'exigent les circonstances. » (Fabert.)

« Il est certain et évident que cette eau *(l'eau ferrugineuse)* paraît avoir des vertus admirables...; l'on s'en sert avec succès dans
les maladies chroniques et invétérées dont les levains croupissent.... quelquefois dans la substance du pancréas et de la matrice....; elle guérit les suppressions de mois, les pâles couleurs,
la jaunisse, rétablit le teint et rend le corps léger et dispos, etc.

» Elles sont aussi *(les eaux thermales)* un remède efficace pour
guérir les pâles couleurs.... principalement pour les filles qui
n'ont pas leurs mois ou qui les ont irrégulièrement, pour les fleurs
blanches. » (D.-T. Gastel.)

« On s'en sert avec succès dans les maladies chroniques invétérées, les obstructions les plus opiniâtres, les coliques même néphrétiques, les ulcères des reins...; elle est aussi salutaire contre
les pâles couleurs, les fleurs blanches. » (V. Morel, *loc. cit.)*

La confiance qu'inspirait à nos devanciers l'usage des eaux mi-

nérales de Luxeuil, dans le traitement des diverses affections morbides qui sont l'objet de cet article , est pleinement justifiée aux
yeux de tous les médecins qui sont à portée de les employer et
d'en apprécier les résultats. Ces maladies et les indigestions sont
celles dont elles triomphent le plus sûrement.

Dans l'aménorrhée et la dysménorrhée, l'eau minérale est administrée en bains et en boisson : s'il existait des raisons d'en rapporter la cause à un état local, les injections et les douches sur la
région sacro-lombaire seraient indiquées : en tout cas, ces moyens
auxiliaires prudemment dirigés ne peuvent jamais nuire.

Les anciens préconisaient et employaient dans ces affections les
deux sortes d'eau minérale qui se trouvent à l'établissement de
Luxeuil, l'eau saline thermale et l'eau ferrugineuse. D'après mes
propres observations, elles réussissent à peu près également l'une et
l'autre. Cependant, je conseille de préférence l'eau ferrugineuse
dans l'anémie, et l'eau saline thermale dans le spasme.

J'en dirai à peu près autant de la leucorrhée chronique, maladie très fréquente, très longue , très incommode, tenant à une infinité de causes physiques et morales, très rebelle aux moyens
ordinaires et cédant très facilement à la médication par les eaux
de Luxeuil. Il est vrai de dire pourtant que la guérison obtenue
par leur usage n'est pas toujours durable; la rechute a lieu assez
souvent. Ce qui tient sans doute, et à la persistance des causes sous
l'empire desquelles la leucorrhée a pris naissance, et à ce que cette
affection se trouve parfois intimément liée à un état constitution-
nel que l'usage des eaux pendant vingt jours a bien pu modifier
passagèrement, mais non pas définitivement.

Quand cette rechute a lieu, il faut recourir de nouveau à la médication minérale et insister sur son emploi. On obtiendra à la
deuxième ou à la troisième année cette guérison radicale, qui n'a
pu avoir lieu à la première ou à la seconde.

Je ne dois pas omettre de signaler une particularité qui me paraît mériter de fixer l'attention des médecins, c'est celle de l'apparition de la leucorrhée par et pendant l'usage des eaux de
Luxeuil. Lorsque cette manifestation, qui n'est pas très fréquente,
mais dont je possède quelques exemples, vient à se produire, j'ai

toujours vu qu'elle devait être considérée comme un fait heureux, en ce qu'il constate un déplacement favorable. La malade avait une gastralgie, une céphalalgie, une névralgie, une névrose, elle n'a plus qu'une leucorrhée ; il y a ici avantage évident ; une maladie a été remplacée par une infirmité. Les personnes chez lesquelles cela a lieu, sont ordinairement dans les conditions qui nécessitent l'établissement d'un exutoire.

Il ne peut être douteux que la leucorrhée n'existe quelquefois avec le caractère d'évacuation critique ; alors elle rentre, sous le rapport du traitement, dans les conditions des métastases : utile, si l'organe délivré est plus important ; défavorable, s'il l'est moins que la partie de l'appareil organique par lequel a lieu la fluxion leucorrhéique. Il y a, dans ce cas, à se poser la question si la leucorrhée n'est pas au nombre des maladies qu'il ne faut pas guérir ?

Elle peut être une de ces maladies, et pourtant la guérison devoir en être tentée ; mais tentée, comme on la tente dans les maladies localisées et non pas locales, dépendantes d'un état préexistant, et qui ne peuvent trouver de bonne solution que par la cessation de cet état. Agir ici par les moyens locaux exclusivement, serait nuisible. Ces moyens, sans guérir la maladie, pourraient la répercuter, et donner lieu à une manifestation beaucoup plus grave que celle qu'on aurait supprimée. Aussi, ce n'est ni aux injections, ni aux douches, mais aux bains et à la boisson de l'eau minérale, qu'il faut s'adresser.

La première menstruation et l'âge critique ne sont point des maladies à proprement parler ; mais ils s'accompagnent d'une série de phénomènes nerveux plus ou moins anormaux, dont le point de départ est évidemment l'appareil utérin ; et le principal organe de cet appareil est lui-même le siège de lésions fréquentes. En effet, il faut du temps à l'économie pour s'habituer au vide que laisse dans l'ensemble de ses fonctions, celle qui vient de cesser d'exister, après avoir fourni une coopération importante aux actes de la vie organique : et l'utérus lui-même conserve encore longtemps des souvenirs pour ainsi dire de cette excitation périodique qu'il a si longtemps subie et exercée, et qui, ne pouvant pas aboutir à l'hémorrhagie fonctionnelle, ne constitue plus qu'une anomalie sans but et sans solution critique possible : de là, les fluxions, les engorgements utérins, si fréquents à cet âge.

Les mêmes phénomènes ont lieu, mais en sens inverse, à l'époque de la première menstruation.

Dans ces états divers en apparence, mais au fond tenant à la même cause, les eaux de Luxeuil jouissent d'une très grande efficacité. Leur propriété spécifique de ramener à l'état normal les aberrations de la sensibilité, en fait un moyen précieux, et auquel nul autre ne peut être comparé, à ces diverses époques de la vie.

Dans les cas d'engorgements utérins, leur usage serait pernicieux, si ces engorgements avaient quelque tendance à la dégénérescence squirrheuse, si fréquente, comme on sait, à cette époque de la vie de la femme. Enfin, dans les cas de prolapsus utérin, les douches sur la région supubienne et sacrée concourent de la manière la plus puissante au rétablissement de l'organe dans son état normal; ce moyen produit des résultats inespérés.

### RHUMATISME ARTICULAIRE, FIBREUX, MUSCULAIRE, VISCÉRAL.

« La douche humecte les nerfs et les remet dans leur ton naturel; elle rend le mouvement aux humeurs qui sont en stase et croupissantes, comme dans le rhumatisme et autres infirmités semblables, les ankiloses, les rétractions de tendon.... Quand on est attaqué de violentes douleurs de rhumatisme...., il faut attendre que les grandes douleurs soient passées. » (Morel, *loc. cit.*)

« On use des eaux minérales chaudes de Luxeuil en bains, en boisson et en lavements, selon l'indication. Il n'y a pas d'années où l'on n'y trouve des rhumatismes de toute espèce, des paralysies et des douleurs particulières dans différents membres, radicalement guéris par l'usage des bains. Il faudrait des volumes pour écrire toutes les cures qu'elles ont opérées depuis seulement sept à huit ans. » *(Aubry, loc. cit.)*

« Il s'ensuit qu'elles doivent être un remède spécifique pour les engourdissements de nerfs, les difficultés des mouvements des muscles et des articulations. » *(D.-T. Gastel, loc. cit.)*

« Les eaux de Luxeuil sont admirables pour produire ces effets *(la guérison du rhumatisme)*. » (Fabert, *loc. cit.*)

Il y a deux choses à considérer dans le rhumatisme, lorsqu'on le traite par l'usage des eaux minérales : les accidents actuels qui le mettent en évidence, et la disposition inconnue qui favorise leur reproduction, ou celle de manifestations analogues, à des époques indéterminées.

Les accidents actuels paraissent constitués par un état particulier de quelque point de l'appareil musculaire ou des tissus blancs. Cet état est-il cette modification des propriétés vitales qu'on appelle inflammation ? Beaucoup de médecins le pensent ; cependant, cette opinion souffrirait de nombreuses et graves objections.

Quant à la disposition générale, elle est inconnue dans son essence ; on sait seulement qu'elle existe, et qu'elle affecte ordinairement telle région ou tels tissus de l'économie plutôt que les autres.

C'est le plus souvent sur les organes extérieurs que le vice rhumatismal localise ses effets. Mais il n'est pas rare que par des écarts de régime, par des médicaments qui lui impriment une direction anormale, ou même quelquefois sans cause appréciable, il porte son action sur les viscères intérieurs. Une infinité de maladies de l'appareil digestif, cérébral, respiratoire, génito-urinaire, n'ont point d'autre origine. C'est pour avoir méconnu toute l'étendue d'action du vice rhumatismal, que des méprises fâcheuses ont été commises en prenant pour des gastrites, cystites, entérites, péritonites, métrites, et en les traitant comme telles, des affections purement rhumatismales.

Le traitement du rhumatisme a épuisé l'arsenal de la matière médicale, et avec un succès équivoque : l'usage des eaux thermales, parmi lesquelles celles de Luxeuil tiennent un rang si distingué, est encore le moyen le moins incertain de guérir les accidents et d'éteindre la fâcheuse disposition de l'économie à les reproduire plus tard.

Le mode d'administration varie selon les circonstances. La minéralité, la thermalité modérée, la haute thermalité, les douches générales ou partielles, trouvent leur application dans les diverses indications auxquelles il y a à pourvoir. Il faut procéder avec gradation : un traitement minéral trop énergique pourrait amener la recrudescence de l'état aigu ; il est prudent de n'employer, dès le début, que la minéralité et une faible thermalité. Selon que les propriétés vitales répondent à l'action de ces moyens, on en continue l'usage, ou on modifie les doses de la minéralité et de la thermalité.

OBSTRUCTIONS ; ENGORGEMENTS VISCÉRAUX ; CACHEXIES.

« Elles sont aussi un remède efficace pour guérir.... les jaunisses, les maigreurs, les langueurs, les tumeurs ou obstructions lentes du foie, de la rate, du mésentère, etc.

» Elles sont plus toniques et conviennent mieux que celles de Plombières, dans tous les cas où il y a des obstructions à enlever.

» Elles sont très périlleuses dans ces occasions où les viscères sont affectés de dureté ou squirrhe..., d'un cancer, lorsque l'estomac, les poumons, le mésentère, les intestins sont ulcérés ou affectés d'un abcès. » (D.-T. Gastel, *loc. cit.)*

En effet, pour que ces diverses affections puissent recevoir, sous l'influence des eaux de Luxeuil, une solution favorable, deux conditions sont de rigueur : la première, qu'il ne reste plus vestige d'inflammation ; la seconde, qu'on n'ait pas à redouter la dégénérescence cancéreuse ou tuberculeuse.

La première de ces conditions est appréciable ; en est-il de même de la dernière? Dans un grand nombre de cas, les praticiens prudents hésitent : ce n'est pas trop de toutes les connaissances que donne l'étude, réunies à une grande sagacité naturelle, pour prendre une bonne détermination.

Le mode d'administration consiste principalement dans l'usage des eaux en boisson ; les bains et les douches ne sont ici qu'auxiliaires.

Quant aux injections dans les cas d'engorgement de l'utérus, on ne peut les prescrire comme règle générale ; lorsqu'on croit devoir les employer, il ne faut jamais perdre de vue qu'à côté du besoin de modifier la vitalité, existe ici, souvent à un degré éminent, le danger de la surexciter.


MALADIES DE LA PEAU.

« Ces eaux conviennent parfaitement bien à toutes sortes de maladies de la peau, comme dartres, tumeurs, gale, gratelle, démangeaisons et autres incommodités. L'expérience et la raison s'accordent parfaitement bien à démontrer cette propriété. » (D.-T. Gastel, *loc. cit.*)

« Nous avons des preuves sans nombre que ces bains conviennent dans les maladies de la peau, dartreuses, lépreuses ; elles ont guéri (les eaux minérales de Luxeuil), l'hiver dernier, un soldat lépreux par tout le corps. » (Aubry, *loc. cit.*)

Ce n'est pas vers les eaux minérales de Luxeuil que se dirigent les personnes atteintes de maladies de la peau ; je dois dire pourtant que sur le petit nombre de celles que j'ai eu occasion de voir, il a été obtenu des succès remarquables, et qui confirment les assertions de Gastel et Aubry.

Mode d'administration : minéralité, thermalité.


CONSTIPATION.

« Rien n'est plus propre à remédier à ces désordres que l'usage de ces eaux (salines thermales) prises en boisson, puisque rien ne peut plus sûrement rétablir le ton et le ressort de ces parties (tube digestif), disposer à l'évacuation, et évacuer en même temps les matières étrangères et viciées qui y séjournent. » (Gastel.)

Fabert et Morel, *passim*, parlent dans le même sens.

Effet de causes multiples, la constipation devient à son tour la cause de nombreux effets ; la mort peut même en être la suite.

Il n'est pas question ici de la constipation qui provient d'un obstacle mécanique, ni de celle qui tient à une lésion organique de quelques parties du tube digestif, ni même de celle qui entre jusqu'à un certain point dans l'ordre de l'état physiologique : on sait que chez certaines personnes la défécation ne s'opère que

tous les deux , quatre jours , sans qu'on puisse dire qu'il y ait maladie.

La constipation fonctionnelle , résultant d'un effet dynamique ,
est la plus fréquente ; c'est à elle que s'applique tout ce qui va être
dit. Le plus souvent, d'après les travaux de M. O'Beirne , elle se
rattache à une sorte d'éréthisme des intestins , et en particulier du
côlon descendant. Au nombre des causes de cette maladie, Mor-
gagny (*épit.* xxxii) compte l'habitude de manger et de boire beaucoup moins que la nature ne pourrait le supporter. Colon de Corbigny l'attribue à une modification de vitalité du tube digestif,
dont les effets s'exercent principalement sur l'action sécrétoire des
cryptes ou de la muqueuse, qu'ils suspendent ou diminuent considérablement ; à l'inertie du foie ou du pancréas , cette glande sa-
livaire abdominale , inertie qui prive les fèces du suc pancréatique
destiné , en les délayant, à faciliter leur glissement , et de la bile ,
dont la présence stimule doucement la muqueuse intestinale , et
provoque une sécrétion lubréfiante. (Colon de Corbigny , *De la
constip.*) On sait d'ailleurs que les affections de l'âme et un genre
de vie sédentaire y prédisposent singulièrement.

A ces causes réelles , il faut en ajouter une autre qui ne l'est pas
moins , quoiqu'elle n'ait pas été notée jusqu'ici , à ma connaissance , et qui tient à la nature du régime alimentaire. La plupart
des malades qui viennent aux eaux se nourrissent d'aliments très
succulents , soit par goût , soit en considération du mauvais état
de leurs voies digestives. Or, de tels aliments , quoique avec plus
ou moins de peine, se chylifient complétement, et sont absorbés de
même ; il ne reste que peu ou point de résidu excrémentiel , de
sorte que chez ces malades la constipation est moins le trouble
ou la lenteur d'une fonction, que l'impossibilité de son exercice
par défaut de matières ; car la défécation n'est possible qu'autant
qu'il existe des matières fécales ; aussi , les habitants de la campagne , qui ne se nourrissent que d'aliments grossiers , et tirés
la plupart du temps du règne végétal, ne sont presque jamais constipés.

L'usage des eaux en boisson , en bains , et surtout en douches
sur la région sacro-lombaire , produit les plus beaux résultats dans

le traitement de cette affection. Il doit être secondé par un choix d'aliments appropriés.

S'il arrivait que la constipation, au lieu de céder, s'aggravât pendant le cours de la médication minérale, il ne faudrait nullement s'en inquiéter. C'est un effet primitif, mais temporaire, qui se manifeste quelquefois ; on obvie par quelques lavements aux inconvénients qui en résultent, en attendant que les effets définitifs, qui sont ordinairement favorables, aient eu le temps de se produire.

Enfin, il est une infinité d'autres états pathologiques, moins bien caractérisés, qui trouvent leur guérison auprès des sources minérales de Luxeuil. Le marasme essentiel, c'est-à-dire celui qui ne reconnaît point d'affection organique pour cause, et qui ne peut être attribué qu'à une perversion de l'influence nerveuse qui préside à l'assimilation, les migraines, les vomissements spasmodiques, les douleurs résultant d'anciennes blessures, les rétractions musculaires, l'atrophie, l'engorgement des ligaments et des capsules articulaires, l'état variqueux, les anciens ulcères, toutes ces affections sont combattues par les eaux de Luxeuil, avec plus ou moins de succès ; et, par leur usage, on arrive toujours, sinon à une guérison complète, tout au moins à une notable amélioration.

### Des principales maladies qui sont aggravées par l'usage des eaux minérales de Luxeuil.

« Quoique ces eaux soient un remède extrêmement sûr....., il peut arriver que, par le conseil d'un médecin qui n'est point au fait de leurs opérations, elles peuvent devenir un remède dangereux dans certains cas, par exemple lorsqu'il se trouve des humeurs ou sérosités épanchées ou extravasées dans les cavités de la tête, de l'abdomen, de la poitrine ; ces eaux sont très nuisibles, parce qu'elles peuvent augmenter le mal, en grossissant le volume des humeurs extravasées. Elles ne conviennent pas non plus dans les hydropisies confirmées ; mais elles les peuvent prévenir en levant les obstacles, et rétablissant les ressorts des viscères. Elles sont très périlleuses dans ces occasions où les viscères sont affectés de dureté squirrheuse, d'un polype au cœur, d'un cancer, lorsque l'estomac, les poumons, le mésentère, les intestins sont ulcérés ou affectés d'un abcès. Elles ne sont point propres à ceux qui sont affligés d'un asthme convulsif, d'une phthisie confirmée; on doit en user avec beaucoup de précautions dans les inflammations tant internes qu'externes, comme dans les attaques de goutte, d'érésipèle, et généralement dans toutes les maladies de cette nature. » (D.-T. Gastel.)

« Elles peuvent être bonnes à ceux qui n'ont pas encore d'épanchement dans quelque cavité, et qui ont pourtant une grande disposition à tomber dans l'hydropisie, pourvu qu'ils en usent très méthodiquement.... Mais lorsque la sérosité est épanchée dans la poitrine ou dans la cavité de l'abdomen, elles ne feraient qu'augmenter le volume des eaux extravasées.

» Elles ne conviennent pas dans la phthisie, dans la toux, dans les maladies des poumons....

» Les jeunes enfants et les personnes décrépites doivent s'en abstenir; il en est de même de ceux qui sont menacés d'asthme convulsif, ou qui ont des convulsions, surtout si les tempéraments sont délicats et maigres; j'en dis autant de ceux qui ont le poumon offensé, qui crachent le sang, qui ont une fièvre continue ou le mal vénérien.

» Quand on est attaqué de violentes douleurs de rhumatisme ou de goutte, ou de colique néphrétique, il faut attendre que les grandes douleurs soient passées. » (Morel, *op. cit.*)

« L'on ne peut pas dire que les eaux de Luxeuil aient la vertu de guérir toutes les maladies; il y en a même pour lesquelles elles peuvent être dangereuses. Les maux de poitrine ne se guérissent pas par des eaux thermales; au contraire, ils deviennent quelquefois plus incurables.... On ne doit pas les ordonner aux hydropiques.... Comme il y a des cours de ventre que les eaux minérales guérissent, il y en a aussi qu'elles peuvent augmenter.

» Les eaux minérales ne sont pas un remède convenable pour la fièvre.

» Les eaux ferrées sont bonnes pour ceux qui ont des hémorrha-

gies habituelles , soit par le nez , soit par les vaisseaux hémorrhoï
daux.... Mais les eaux thermales leur sont contraires.... Les
mêmes eaux thermales sont dangereuses pour ceux qui ont eu
quelques maladies vénériennes , à moins qu'elles ne soient guéries
radicalement.

 » On doit interdire les mêmes eaux thermales aux phthisiques. »
(Fabert , *op. cit.*)

La plupart de ces assertions sont on ne peut plus exactes ; et à
l'autorité de nos devanciers , qui les ont émises , vient s'ajouter
tous les jours le témoignage de l'observation.

Il y a lieu cependant de rectifier l'opinion qu'elles accréditent sur
le danger des eaux minérales de Luxeuil dans certaines maladies
mieux étudiées de nos jours, je veux dire les maladies vénériennes.

Il faut distinguer , dans ces maladies, l'état aigu de l'état chronique , au point de vue de leur traitement par les eaux. Il est constaté par des milliers d'observations que les urétrites et les vagi-
nites dépendantes d'un principe virulent, sont traitées avec le même
succès par l'usage des eaux minérales de Luxeuil , lorsqu'elles ont
passé à l'état chronique, que les blennorrhées et les leucorrhées non
virulentes. J'ai vu une arthrite blennorrhagique guérie complète-
ment en une seule saison. De même l'orchite vénérienne , après la
cessation de l'état inflammatoire , est puissamment combattue par
le même moyen. Je ne crois pas qu'il existe de médication dont les
résultats, dans ce cas , soient plus certains ou plus rapides.

En ce qui concerne l'affection syphilitique, nous possédons dans
le mercure un moyen si efficace pour en triompher, que l'occasion
a manqué de constater les effets que produirait la médication minérale employée comme agent curatif principal. Mais l'expérience
nous apprend que quelques bains, pris à l'établissement de Luxeuil
pendant le cours du traitement d'une maladie syphilitique , n'en
aggravent pas même les symptômes primitifs. Elle nous apprend
aussi que lorsqu'il se trouve, chez un malade qui fait usage de ces
eaux pour une maladie autre que la syphilis, des symptômes secondaires ou tertiaires de cette dernière maladie , loin d'être aggravés
par la médication minérale, ils en reçoivent une influence évidemment bienfaisante. Cette opinion repose sur des faits nombreux ,

et observés avec d'autant plus de soin que l'autorité de nos devanciers leur était contraire. Il est également constant que l'usage
des eaux thermales de Luxeuil n'a rien d'incompatible avec celui
des préparations iodurées. Cette médication combinée est employée
journellement et donne les résultats les plus satisfaisants.

Quant aux hydropisies, l'inopportunité de la médication minérale signalée par les anciens médecins est incontestable ; mais nous ne
pouvons admettre avec eux que les eaux soient nuisibles dans cette
maladie, parce qu'elles augmentent le mal en grossissant le volume
des eaux extravasées. S'il en était ainsi, nous serions conduits à
cette pratique, aujourd'hui condamnée à juste titre, qui interdisait
aux hydropiques l'usage de toute espèce de boisson, et ne leur
permettait que les aliments solides. Au contraire, nous n'hésitons
pas à leur faire prendre, même en assez grande quantité, des
décoctions, des apozèmes, des infusions diurétiques, sans redouter d'augmenter l'extravasation, qui n'est qu'un effet des conditions morbides dans lesquelles se trouve l'économie, et qui doit
s'aggraver ou s'améliorer, selon que ces conditions empirent ou
s'améliorent. A vrai dire, il est assez singulier que les eaux
minérales de Luxeuil, qui excitent notablement les reins et la
peau, et augmentent l'activité sécrétoire de ces organes, ne conviennent pas dans une maladie que, dans les médications ordinaires,
nous attaquons souvent avec succès par les diurétiques et les sudorifiques ; que nous considérons même comme guérie, ou en voie de
guérison, quand la diurèse et la diaphorèse surviennent, et an-
noncent le rétablissement à l'état normal des fonctions des organes
cystique et cutané. Il faut chercher l'explication de cette anomalie
dans les modifications imprimées au sang et aux humeurs par
l'usage des eaux.

Il n'y a rien à retrancher de ce qui a été affirmé par les anciens,
relativement à l'usage des eaux dans les affections organiques du
cœur, dans la phthisie, dans les affections squirrheuses ou cancé-
reuses ; nous devons ajouter, quant à ces dernières, que la contre-
indication existe formellement, non-seulement quand elles sont
évidentes, mais même lorsqu'il n'existe qu'une simple tendance à
la dégénérescence cancéreuse ou tuberculeuse. Dans ces cas dou

teux , la prudence ordonne de s'abstenir d'un moyen qui peut amener dans l'état du malade une détérioration dont les effets seraient irrémédiables.

L'état fébrile n'admet point la médication minérale ; l'état inflammatoire ne la comporte pas non plus ; ce n'est que lorsque les affections dont il est l'élément essentiel ou la complication ont passé, par le laps de temps ou par une transformation naturelle , à la période de chronicité, et existent sans réaction fébrile, qu'elles deviennent accessibles à cette médication. Encore faut-il mettre la plus grande circonspection pour les doses de la minéralité et le degré de la thermalité , afin de ne pas susciter la réaction fébrile , signe et précurseur ordinaire d'une recrudescence de l'état aigu.

Enfin , la médication minérale est applicable aux hémorrhagies essentielles, mais seulement hors le temps de l'irritation hémorrhagique. En effet, dans ces intervalles, l'état général, souvent indéterminé, qui tient les hémorrhagies sous sa dépendance , et l'absence de tout mouvement fébrile , marquent leur place parmi les maladies chroniques, les seules qui soient accessibles à la médication par les eaux. Aussi, dans les cas de menstruation qui, par son excessive abondance et par ses résultats , peut être considérée comme hémorrhagique, l'usage des eaux minérales de Luxeuil est suivi de beaux succès. J'ai vu aussi des hémoptysiques, en retirer d'incontestables avantages sous le rapport de la fréquence de leurs accès : lorsque , par suite de ces hémorrhagies souvent répétées à des intervalles plus ou moins éloignés , il existe une véritable anémie, les eaux minérales ferrugineuses rendent des services signalés. Toutefois, cette médication est délicate, a besoin d'être surveillée, et de n'être employée que dans une certaine mesure. Il ne faut pas que les conditions de l'économie qui donnent lieu aux hémorrhagies passives, soient modifiées jusqu'au point de pouvoir donner lieu aux hémorrhagies actives ; si l'anémie était remplacée par la pléthore, l'accès hémorrhagique ne tarderait pas à se reproduire.

Tout porte à croire d'ailleurs que l'usage des eaux serait pernicieux pendant l'hémorrhagie, au milieu de cet ensemble de phénomènes d'éréthisme sanguin et nerveux , qu'on a désigné sous le nom d'effort hémorrhagique ; un tel état ne pourrait qu'être aggravé

par l'excitation qui accompagne si souvent l'usage des eaux minérales.

## Précautions à prendre avant, pendant et après l'usage des eaux de Luxeuil.

La première de toutes, est de se bien assurer qu'il n'existe point
de contre-indication. La contre-indication est absolue ou relative :
absolue, quand elle tient à la nature de la maladie ; relative, si elle
ne dérive que d'un état passager de cette maladie, ou d'une complication accidentelle.

S'il existe une contre-indication absolue, il faut renoncer à l'u-
sage des eaux ; si elle n'est que relative, il faut attendre que l'état
passager ou la complication qui la constituent aient cessé, soit
d'eux-mêmes, s'ils sont de nature à disparaître par le laps du
temps, soit par le secours des moyens ordinaires. Avant de la trai-
ter par la médication minérale, il faut que la maladie soit réduite à
sa plus simple expression ; c'est assez dire que tous les agents de
a thérapeutique peuvent trouver ici leur emploi.

Lorsque des contre-indications viennent à surgir pendant l'usage
des eaux, il y a lieu de rechercher si elles ont été amenées par un
mauvais mode d'administration, ou si elles se rattachent à des
causes étrangères ; ainsi, dans les premiers cas, on aura à examiner si le malade ne boit pas une trop grande quantité d'eau minérale, si son bain n'est pas trop chaud, ou trop froid, s'il n'y sé-
journe pas trop longtemps, si l'immersion n'est pas trop brusque,
ou trop profonde, si la douche n'est pas trop forte, ou trop pro-
longée.

L'eau ferrugineuse, prise intérieurement à sa température naturelle, passe quelquefois difficilement, même dans les cas où elle est
le mieux indiquée ; elle donne lieu à des pesanteurs d'estomac, à
la colique, à des vomissements, au frisson, à un état général
de malaise. Pour remédier à ces inconvénients, qui ne tiennent
qu'à la température de cette eau, il suffit de la faire chauffer au
bain-marie, ou mieux, de la mélanger avec une petite proportion
d'eau thermale.

La dyspnée, les palpitations de cœur, l'oppression, qui ont lieu dans le bain, les vertiges, les éblouissements, les syncopes, qui ont lieu à la sortie du bain, la céphalalgie, la soif, l'inquiétude, l'insomnie, les rêvasseries, un mouvement fébrile léger qui leur succèdent, dépendent le plus souvent d'un excès dans l'usage des eaux, soit sous le rapport de leur minéralité, soit et surtout sous celui de leur thermalité : quand il en est ainsi, ces accidents ne sont point une contre-indication. Il n'y en a pas non plus par cela seul qu'il surviendrait de la douleur, ou une augmentation des symptômes dans une affection locale ; une tumeur blanche, un lombago, un engorgement viscéral sont quelquefois exaspérés par une forte douche, tandis qu'une colonne d'eau plus mince ou à moindre pression produirait de bons résultats.

La constipation cesse ordinairement d'elle-même, après quelques jours ; si elle persistait, quelques grammes d'un sel neutre en triompheraient aisément. Une pincée de nitrate de potasse dans le premier verre d'eau minérale qu'on boit dans la matinée, produit un effet analogue dans la dysurie, accident beaucoup plus rare d'ailleurs que la constipation.

Si la diarrhée vient à se manifester pendant l'usage des eaux, il faut les mêler à un tiers ou moitié d'eau de gomme ; si elle persistait après l'emploi de ce moyen, il faudrait suspendre l'usage des eaux, rechercher la cause de la diarrhée et la combattre par les moyens appropriés.

Une légère augmentation dans les symptômes essentiels de la maladie à laquelle on oppose la médication thermo-minérale, une légère surexcitation nerveuse, la lassitude ou l'inappétence, pourvu qu'elles ne se prolongent pas au delà du huitième jour depuis le commencement de l'usage des eaux, ne doivent point inspirer d'inquiétude, ni être considérées comme des contre-indications ; il faut réserver cette dénomination et les conséquences qui en découlent, à toute manifestation morbide au traitement de laquelle la médication minérale n'est pas applicable ; en pareil cas, cette médication doit être suspendue ou abandonnée, et remplacée par les médications ordinaires.

Y a-t-il utilité à associer à la médication minérale des moyens empruntés aux médications ordinaires? Une longue expérience des eaux de Luxeuil me porte à répondre négativement. Dans certains cas où il paraissait y avoir une indication bien évidente, j'ai fait concourir l'usage, que j'avais lieu de croire très ratïonnél, de quelques moyens auxiliaires, avec celui des eaux, et je dois convenir que les résultats n'ont été ni plus prompts, ni plus satisfaisants que dans les cas analogues où la médication minérale était seule mise en œuvre; quelquefois même le contraire a eu lieu.

Ces faits assez nombreux, et une foule d'autres considérations déjà exposées, m'ont profondément convaincu que la médication minérale est essentiellement spécifique; que l'opération intime qu'elle exerce, et les modifications qui en sont le produit, nous sont inconnues, et par conséquent, qu'on ne peut raisonnablement prétendre d'aider par des moyens empruntés à la matière médicale ordinaire, à une action qu'on ne connaît pas. J'ajouterai que les malades qui réclament le bienfait des eaux ont, le plus souvent, selon la remarque très judicieuse de M. Patissier (*Manuel des eaux minérales*), usé et abusé des remèdes, et que la cessation de toute espèce de médicaments est peut-être le premier des avantages qu'ils doivent retirer de leur séjour près des établissements d'eaux minérales.

Tout ce qu'on peut faire, c'est de favoriser, par l'hygiène, plutôt que par la pharmacie, l'exercice de toutes les fonctions, maintenir l'économie dans les conditions les plus régulières que possible, la débarrasser des complications qui peuvent se présenter, et s'en remettre, pour la curation directe, à l'action de l'agent minéral. Telle me paraît devoir être la règle générale de conduite. C'est au médecin versé dans la pratique des eaux, à apprécier les cas exceptionnels.

La médication minérale n'est pas exclusive de l'entretien, même, s'il y a lieu, de l'ouverture de toute sorte d'exutoires.

L'action des eaux persiste longtemps après qu'on a cessé d'en faire usage; et comme la guérison ou l'amélioration doivent dériver de cette action, il s'ensuit qu'il faut éviter toute médicamentation qui pourrait avoir pour effet de l'interrompre, avant qu'elle ait eu son plein et entier effet, et porté toutes ses conséquences. Cependant, si une affection morbide, un état sérieux quelconque de l'économie l'exigeait, le médecin ne devrait pas rester dans l'inaction ; il devrait agir selon les principes de la thérapeutique générale. Mais, dans toute la conduite qu'il a à tenir auprès d'un malade qui vient de faire usage des eaux, ses motifs doivent être puisés dans les indications actuelles, et non dans de prétendues nécessités créées par cet usage, à moins qu'elles ne soient évidentes, basées sur des manifestations réelles, positives, et étrangères à toute vue hypothétique.

L'expérience a démontré que cette persistance d'action des eaux minérales n'a pas atteint ses dernières limites, avant un mois ou six semaines depuis la cessation de leur usage. Pendant cette période, l'observation rigoureuse des préceptes hygiéniques est la seule précaution à prendre pour obtenir le complément des bienfaits des eaux ; elle suffit ordinairement aux exigences d'une telle situation.

## Hygiène des malades qui font usage des eaux minérales.

*Vêtements.* Une des fonctions de l'économie que l'usage des eaux minérales active le plus est celle de l'organe cutané ; et ce surcroît d'énergie qui lui est imprimé, ainsi que les effets secondaires auxquels il donne lieu, paraissent être une circonstance favorable à la guérison. Il est donc d'une extrême importance de ne pas déranger ces effets salutaires, cette tendance précieuse à l'exhalation ; ce qui ne manquerait pas d'avoir lieu, si par le fait de vêtements trop légers, on laissait la vaste surface de la peau facilement accessible au froid et à l'humidité. C'est principalement avant le lever et après le coucher du soleil qu'il faut redoubler de précautions. A Luxeuil, et plus encore à Plombières, le thermomètre, consulté à deux heures de l'après-midi et à neuf heures du soir, présente quelquefois quinze degrés de différence. Cette connaissance toute seule peut suffire pour faire apprécier l'indispensable nécessité de s'habiller chaudement.

*Veille; sommeil.* Il est impossible de généraliser sur cette matière.

De même que certaines personnes ont besoin d'une plus grande quantité d'aliments que d'autres, de même aussi un sommeil plus long est nécessaire à quelques individus.

La nuit est le temps qui convient le mieux au sommeil : l'on ne saurait trop blâmer l'habitude de ces personnes qui ne se couchent qu'à une heure du matin et ne se lèvent qu'à dix ou onze heures ; d'ailleurs, un tel régime n'est pas compatible avec les nécessités du baigneur ou du buveur d'eau minérale.

*Aliments.* L'alimentation doit être suffisante et non exagérée. Les viandes tendres, roties, bouillies, grillées ; les fruits bien mûrs, les confitures, etc., doivent en être le fonds. Point d'épices ni de sauces de haut-goût.

Un vin léger, vieux, point acerbe, ni trop alcoolique, trempé de suffisante quantité d'eau , est la boisson la plus convenable.

*Affections de l'âme.* Les malades doivent éviter, autant que possible, pendant l'usage des eaux, toutes les émotions capables d'altérer la paix du cœur et la tranquilité de l'esprit. Ils doivent s'abstenir du jeu, non de celui auquel on se livre à titre de récréation et par passe-temps ; je parle du jeu effréné où la passion et le désir du gain seuls entraînent, plutôt que l'intention d e passer une heure agréablement. Cette alternative de joie et de regret, d'espérance et de déception, qui agite le joueur, bouleverse cette égalité d'âme sans laquelle il n'est point de bonheur, ruine la santé la mieux assurée, à plus forte raison celle qui est chancelante.

*L'exercice.* L'exercice doit être modéré, et ne jamais aller jusqu'à la fatigue. Quelques tours de promenade dans les bois, quelques excursions un peu plus lointaines dans la campagne et dans les villages voisins, quelques courses à cheval ou en voiture, telles sont les distractions les plus aisées à se procurer, et en même temps les plus bienfaisantes. La lecture, la musique, la danse, les réunions au salon des bains, la fréquentation d'une société qu'on peut choisir à son gré, en formeront le complément, et combleront pour le malade , pendant son séjour aux eaux de Luxeuil, le vide momentanément creusé dans son existence, par l'absence des relations de l'amitié, des jouissances de la famille et des charmes du foyer domestique.

# OBSERVATIONS.

## 1. NÉVROSE DE L'APPAREIL MUSCULAIRE ; GASTRALGIE.

N..., charron, âgé de 34 ans, brun, embonpoint médiocre, bien constitué, ayant joui jusque-là d'une santé parfaite, et ne se trouvant sous l'influence d'aucune dyathèse morbide, fut atteint en 1841 d'une fièvre typhoïde.

A peine convalescent, et lorsque la perte des forces n'avait pas encore été réparée, il se livra à des travaux pénibles et continus : dès lors, douleur dans les muscles, principalement dans les inter-costaux, gêne dans la respiration, sensation de resserrement du thorax, fatigue considérable au plus léger travail, débilité toujours croissante.

En 1842, ces symptômes, sans avoir complétement disparu, s'étaient cependant améliorés : la gêne de la respiration et la constriction thoracique avaient fait place à une douleur sourde, mais importune, de l'hypocondre droit, avec tension et gonflement sentis par le malade, mais impossibles à constater par le palper. Appétit exagéré, digestion pénible, borborygmes, rapports, céphalalgie, faiblesse remarquable, transpiration abondante ayant lieu spontanément, amaigrissement, apyrexie, point de lésion organique appréciable.

Tel était l'état où il se trouvait lorsqu'il arriva à Luxeuil en 1844 ; il prit vingt-un bains, but de l'eau du bain des Dames, et reçut huit douches en arrosoir sur les régions douloureuses et sur l'épigastre.

A son départ de Luxeuil, nulle amélioration apparente, la faiblesse semblait même avoir augmenté; mais deux mois plus tard l'amélioration commença à se manifester, et fit de tels progrès, qu'aujourd'hui, un an après, son état est à peu près normal.

## 2. MYÉLITE.

N..., Savoyard, fort, vigoureux, constitution athlétique, âgé de 25 ans, exerçait le métier de rémouleur; il n'a jamais été malade.

Il y a un an qu'il alla travailler aux fortifications de Paris ; dans le courant de l'hiver, il souffrit beaucoup des rigueurs de la saison ; au printemps, il quitta Paris et vint à Langres, pour travailler aussi aux fortifications de cette ville, et fut employé à charger les tombereaux, travail très pénible.

Pendant qu'il travaillait à Paris, il éprouva à diverses reprises des douleurs dans la région lombaire. A Langres, ces douleurs devinrent permanentes; en même temps, il survint une faiblesse considérable dans les jambes, de la difficulté dans la défécation et l'émission des urines.

Aujourd'hui, douleurs sourdes et permanentes dans la région lombaire, sensibilité considérablement diminuée et abolition du mouvement des jambes, tremblement dans l'une d'elles, insensibilité de la vessie qui se vide par regorgement ; la nuit, il urine dans son lit sans le sentir; rareté et difficulté des selles.

Tous les autres organes et toutes les autres fonctions à l'état normal.

Il n'avait encore pris que quatre bains, que déjà il n'urinait plus dans son lit, et que la sensibilité revenait aux extrémités; après avoir pris quarante bains et vingt douches, tant sur les membres que sur la région sacro-lombaire, il allait, à l'aide seulement d'un bâton, d'un bout de la ville à l'autre, c'est-à-dire à près d'un kilomètre de distance. Il avait aussi fait usage en boisson de l'eau du bain des Dames.

### 3. DOULEUR SCIATIQUE; SUREXCITATION NERVEUSE.

N..., taille moyenne, peau et cheveux très bruns, embonpoint médiocre, assez bien constituée, sans profession, trouvant un certain degré d'exercice dans les soins de son ménage, se livrant beaucoup d'ailleurs aux idées religieuses et aux pratiques qui en découlent, est âgée de 29 ans.

A l'âge de 19, elle éprouva une forte émotion par une épouvante, et, presque immédiatement après, une céphalalgie atroce avec photophobie : on était quelquefois obligé de soustraire ses yeux à l'action de la lumière pendant plusieurs mois. Lorsque la céphalalgie se dissipait, tumeurs au cuir chevelu, sensibilité exquise à la même partie.

A l'âge de 21 ans, apparition de la première menstruation et apaisement momentané des phénomènes morbides : un an après, suppression des règles : dès ce moment, lassitudes, douleurs nocturnes dans tous les membres, gonflement des pieds, palpitation de cœur, constriction à la gorge, bâillements, pesanteur dans la région lombaire. A l'âge de 23 ans, retour des règles, et nouvel apaisement des symptômes : cependant, les douleurs des membres, quoique moins intenses, persistent, et la céphalalgie revient chaque printemps.

Aujourd'hui, névralgie sciatique descendant habituellement jusqu'au genou et souvent jusqu'à la plante du pied ; peu de céphalalgie, impressionnabilité considérable, constriction de la gorge moins intense et bâillements plus rares qu'autrefois, palpitations de cœur à la moindre émotion, menstruation parfaite.

La saignée souvent répétée a été le seul moyen de traitement mis en usage jusqu'à ce jour.

Aucun de ses parents n'a été affecté de maladies rhumatismales.

Trente bains à 28° R.; eau du bain des Dames en boisson. Après ses trente bains elle était guérie aux trois quarts : quatre mois après, elle n'avait plus de mal.

#### 4. NÉVROSE DE L'APPAREIL MUSCULAIRE.

N..., bien constitué, brun, peu chargé d'embonpoint, est âgé de 22 ans.

A l'âge de 17 ans, après avoir battu en grange toute une nuit, travail qui exige des efforts musculaires puissants, il se trouva frappé, le lendemain, d'une sorte d'immobilité générale, d'endolorissement dans toutes les parties du corps.

Un mois après, cet accident avait presque entièrement cessé, lorsque, en chargeant un sac sur ses épaules, il se sentit, dit-il, comme piqué à l'estomac; depuis lors, bâillements, spasmes des muscles abdominaux, déterminés par la pression et se faisant sentir selon une direction verticale du pubis au thorax; constipation; palpitation du cœur, dyspnée pour peu qu'il précipite sa marche.

Cet état fut combattu par cinq saignées et autant d'applications de sangsues sur l'épigastre, dans l'espace de quatre à cinq mois; drogues de plusieurs sortes, conseillées par les commères; les sangsues furent le moyen qui parut le plus utile.

Avec le temps, cet état morbide s'était usé peu à peu, et quatre ans après les premiers accidents, il ne restait au malade qu'un peu de faiblesse et des battements importuns à la région épigastrique.

Pendant l'automne de 1844, à la suite d'efforts pénibles (battre en grange et vanner), le malade eut une rechute; voici son état actuel : l'appétit est très bon, mais la digestion est difficile; après l'ingestion des aliments, il se produit de la gêne et une sensation de gonflement à l'estomac; le vin nuit, le lait fait du bien : points douloureux sur diverses parties du corps, notamment à l'épigastre et à la région du cœur; dyspnée, céphalalgie, faiblesse musculaire, soif, amaigrissement, état moral comme chez les hypocondriaques : tout le reste dans l'état naturel.

Vingt et un bains à 27° R.; eau d'hygie en boisson jusqu'au sixième bain, et, après, eau du bain des Dames.

Dès le septième bain, les spasmes de l'estomac et les palpitations de cœur avaient notablement diminué : à son départ de Luxeuil, pas d'autre amélioration; quatre mois après, retour complet à l'état où il se trouvait pendant l'automne de 1844.

## 5. HÉPATALGIE.

N.... est âgée de 38 ans ; taille au-dessous de la moyenne; très brune, peu d'embonpoint, les lèvres épaisses, les surfaces articulaires larges et saillantes : elle a eu six enfants.

Il y a quatre ans, l'accouchement qui termina sa dernière grossesse n'allant pas assez vite, on administra le seigle ergoté, et l'accouchement eut lieu aussitôt ; mais une demi-heure s'était à peine écoulée, qu'une douleur intense se manifesta à la région épigastrique; cette douleur qui ne détermina point de réaction fébrile, et permit que les suites de l'accouchement ne différassent en rien de celles d'un accouchement naturel, persista fort longtemps et fut combattue par des topiques de toute espèce, et par de nombreuses applications de sangsues.

Il faut noter, comme coïncidence remarquable, qu'une petite ulcération à la cloison des fosses nasales, qui avait existé pendant cette dernière grossesse et quelques-unes des précédentes, disparut subitement et ne s'est plus manifestée depuis.

Deux ans et demi après, cette douleur, qui avait été apaisée mais jamais totalement guérie, se manifesta avec une telle recrudescence d'intensité que la simple pression du drap était insupportable, et tout mouvement impossible. La malade demeura trois mois dans son lit.

Enfin, l'hiver dernier, la douleur, réduite pour le bas-ventre à une simple sensation de brûlure et de malaise plus ou moins incommode, se propagea vers la région du foie : pendant les paroxysmes, qui quelquefois duraient plus de trois heures, il y avait sensation d'une cheville traversant la partie inférieure du thorax ; d'ailleurs, la douleur remontait jusqu'à l'épaule.

Pendant les quatre ans de la maladie que cette douleur a constitués, M^me N... n'a eu ni tension ni gonflement à l'abdomen, mais seulement un peu de sensibilité au toucher ; l'appétit a toujours été modéré, et les médecins ne lui ont point imposé de diète; constipation, bouche amère le matin.

Aujourd'hui, pas le moindre indice de lésion organique abdominale; digestion pénible, appétit incomplet, selles rares et qu'on ne peut obtenir qu'à l'aide de lavements, menstruation régulière. Les fonctions cérébrale, circulatoire et respiratoire, s'exercent dans toute leur intégrité.

Bains à 28—29° R.; douches en arrosoir sur la région abdominale; eau du bain des Dames en boisson.

A son départ, après avoir pris dix-neuf bains et douze douches, amélioration considérable sous tous les rapports.

### 6. GASTRO-ENTÉRALGIE DE NATURE RHUMATISMALE ; PRURIT DE LA VULVE.

Mademoiselle N... est âgée de 40 ans, petite, brune, teint très coloré, bonne constitution, réglée à 16 ans, n'ayant eu d'autre passion que celle de l'étude.

A 16 ans et demi, rhumatisme inflammatoire avec fièvre qui suivit successivement toutes les articulations.

Vie très calme et exempte de maladies jusqu'à l'âge de 32 ans. A cette époque, séjour dans un pays beaucoup plus froid : un jour, étant sortie vêtue trop légèrement, elle eut à subir un froid assez vif; le soir, malaise extrême qui se manifestait par des vapeurs, par une sensation de gonflement à la région épigastrique, par des éructations et des douleurs de colique atroces. Depuis lors, cet état de choses s'est reproduit à des intervalles plus ou moins éloignés, tous les huit jours, tous les quinze, tous les mois, plus ou moins souvent, selon les conditions atmosphériques auxquelles elle était très sensible, et, aussi, selon le plus ou moins de ménagements qu'elle apportait dans son régime : les fruits, la pâtisserie, les crudités lui étaient très défavorables et provoquaient le retour des crises; elles duraient ordinairement d'un à trois jours.

A diverses époques, ces paroxysmes ont été remplacés par le lombago, et même une fois par une névralgie sciatique qui fut de peu de durée.

A l'âge de trente-huit ans, il se manifesta une névralgie crânienne et maxillaire qui dura deux ans et occasionna la chute de presque toutes les dents.

7

Enfin, un peu plus tard, cette névralgie fut remplacée par une autre affectant les parties génitales, et caractérisée par une sensation de brûlure dans la vulve et dans le vagin. Cette névralgie est celle qui existe aujourd'hui, et pour laquelle M^{lle} N.... est venue réclamer le bienfait des eaux de Luxeuil ; elle est permanente, sauf des alternatives avec de violentes douleurs de colique ; lorsque celles-ci existent, la moindre alimentation est impossible à cause du gonflement auquel elle donne lieu, et la diète est le seul moyen qui en triomphe ; lorsque, au contraire, l'appareil génital est le siége de la fluxion nerveuse, les organes de la digestion fonctionnent comme dans l'état normal. Depuis un an et demi, les alternatives avaient cessé et l'appareil génital était seul affecté ; mais après quelques bains, ces alternatives se sont rétablies.

Vingt-un bains, quinze douches ; eau du bain des Dames en boisson.

*Résultat.* A son départ de Luxeuil, cessation complète des douleurs névralgiques de toute sorte.


### 7. AMÉNORRHÉE, HYSTÉRIE.


M^{lle} N...., âgée de 21 ans, taille moyenne, blonde, dodue, apparence de tempérament lymphatique, et pourtant d'une excitabilité nerveuse considérable, non encore réglée, fille de cultivateur, a eu des ennuis profonds et prolongés, dans lesquels le cœur n'était pas intéressé. Elle est malade depuis deux ans, et depuis quatre mois dans l'impossibilité de marcher.

Sa maladie, qui a fait des progrès incessants, a toujours consisté dans une faiblesse permanente des membres inférieurs et dans un état spasmodique se reproduisant souvent aux moindres causes, et simulant la catalepsie ; constriction à la gorge, bâillements fréquents, sensation de tension dans le bas-ventre, raideur cataleptique, nul trouble fonctionnel de la circulation ni de la digestion, sauf pendant les paroxysmes ; alors, il y a dyspnée et irrégularité du pouls.

Trente bains ; douches sur la colonne vertébrale et surtout sur la région sacro-lombaire et sur les régions hypogastriques latérales ; eau du bain des Dames en boisson.

Avant son départ des eaux, amélioration notable ; bientôt après, apparition des règles, cessation des spasmes ; elle fait quelques pas ; un mois et demi après, elle marchait parfaitement.


8. AFFECTION DE L'ARTICULATION FÉMORO-TIBIALE ; ANCIENNE ENTORSE.


Mademoiselle N...., fille de cultivateurs aisés, grande, brune, paraissant bien constituée, mais d'un tempérament suspect, car elle a les surfaces articulaires très larges ; elle a perdu beaucoup de dents par suite de fluxions et elle a été atteinte d'un goître dont elle a été débarrassée par l'iode et ses préparations ; est âgée de 37 ans ; elle fut réglée à 17, et pendant son enfance et sa jeunesse peu sujette aux maladies.

A l'âge de 28 ou 29 ans, ayant voulu se coiffer en cheveux, elle eut froid à la tête, et il lui survint une céphalalgie qui dura fort longtemps très intense, et qui, quoique moins forte, a persisté jusqu'à ce jour.

A l'âge de 34 ans, elle se fit une entorse grave au pied droit par une chute ; cette entorse fut traitée dès le principe par l'eau froide et par un repos de cinq semaines. Lorsqu'elle commença à marcher à l'aide de béquilles, elle éprouva de la douleur dans le genou, accompagnée de faiblesse ; cet état n'était point permanent ; il paraissait et disparaissait ; mais il était toujours aggravé par la marche et la fatigue ; absence de gonflement.

Etat actuel : Faiblesse et raideur du genou, gêne pour la marche ; la malade rapporte la sensation pénible qu'elle éprouve en marchant à la région poplitée et inférieure de la rotule. Point de lésion matérielle ; un peu de tuméfaction à peine appréciable et d'ancienne date, au-dessous de la malléole. La pression ne développe aucune douleur.

Vingt bains, huit douches et un bain de vapeurs ; point d'amélioration à son départ de Luxeuil, si ce n'est sous le rapport de la céphalalgie.

### 9. MÉTRITE CHRONIQUE ; ENGORGEMENT DU COL DE L'UTÉRUS : LEUCORRHÉE ; SYPHILIDES.

Madame N...., boulangère, âgée de 31 ans, grande , brune, peu d'embonpoint, devint enceinte à l'âge de 23 ans de son premier enfant ; grossesse pénible : entre autres incommodités , il se déclara un écoulement vaginal, qui fut combattu par les rafraîchissants et par des injections émollientes. L'époque de l'accouchement étant arrivée, le travail marchait trop lentement au gré de l'accoucheur, qui administra une potion ergotée dont le résultat ne se fit pas attendre ; aussitôt après l'accouchement, métrite aiguë qui nécessita un traitement approprié.

A peine convalescente, Madame N.... se livra aux travaux de sa pénible profession ; la métrite, incomplétement guérie , revêtit la forme chronique ; des soins convenables lui furent donnés, et à l'âge de trente ans, elle mit au monde un enfant bien portant.

Cependant, son état n'est pas l'état encore normal ; elle éprouve constamment de la douleur aux reins et une sensation de brûlure dans les cuisses ; elle n'a pas repris l'embonpoint qu'elle avait autrefois ; ses règles sont régulières , mais précédées et suivies de fleurs blanches abondantes ; il y a sensation d'une boule au pharynx ; le col de l'utérus est un peu sensible au toucher ; enfin , depuis sa dernière grossesse , des taches hépatiques se sont manifestées à la peau, et des aphthes et des excoriations aux lèvres et aux gencives.

D'après quelques-uns de ces symptômes , il a paru à propos de faire concourir l'usage à l'intérieur de l'iodure de potassium, avec les moyens de la médication thermale et minérale.

Vingt-un bains, quinze douches ; eau du bain des Dames en boisson.

A son départ, amélioration considérable sous tous les rapports.

### 10. CONGESTION CÉRÉBRALE ; PARALYSIE.

Madame N.... est âgée de 68 ans, vive, alerte, ayant tous les signes extérieurs d'un tempérament sanguin , et ayant toujours

joui d'une excellente santé , sauf des douleurs lombaires , auxquelles elle est très sujette, ainsi que tous les membres de sa.
famille.

Depuis quelque temps, on remarquait chez elle un peu de gêne
dans la parole ; enfin , il y a six mois, vers le mois de février, sans.
autre prodrome et sans cause déterminante connue , elle fut trouvée.
étendue.dans sa chambre , sans connaissance ;. elle resta deux jours.
sans reprendre l'usage de ses facultés intellectuelles , le-côté droit
immobile , la bouche .déviée à gauche ; céphalalgie, insensibilité,
dans les membres. Une saignée fut pratiquée , et les membres
furent frictionnés avec une pommade stimulante ; absence de dou-.
leur dans les membres paralysés.

Aujourd'hui , faiblesse dans les extrémités , marche difficile ,
parole embarrassée , traces de déviation de la bouche , affaiblissement notable des facultés intellectuelles ; pouls plein , développé ;
appétit surexcité, ventre libre , langue un peu rouge.

Vingt bains ; dix douches sur les membres et le rachis ; eau.
savonneuse dès le principe , et, un peu plus tard, eau du bain des.
Dames en boisson.

Avant de quitter Luxeuil , amélioration notable dans la force
musculaire ; elle s'habille , entre dans son lit et en sort , sans aucun
secours étranger , ce qu'elle ne pouvait faire à son arrivée. Elle
peut même , sans aide , entrer dans sa baignoire et en sortir.


11. RENVERSEMENT DE L'UTÉRUS ; FLATUOSITÉS UTÉRINES.


Madame N...., âgée d'environ 28 ans, grande, belle et forte
constitution , tempérament sanguin, fut réglée à 16 ans ; la première menstruation s'établit difficilement. Il y a deux ans et demi ,
elle eut un accouchement pénible , et que, vu la lenteur des efforts.
de la nature ,. l'accoucheur- crut devoir terminer par le forceps.
Les suites de cet accouchement furent plus longues qu'elles.
ne le sont dans les cas ordinaires ; la marche et la station debout
étaient fatigantes et faisaient éprouver à la malade une sensation.
de malaise fort incommode ; cet état dura quelque temps et disparut spontanément. Il y a six mois , cette même sensation s'est ma.

nifestée de nouveau ; mais cette fois ce n'était plus l'abdomen, mais
bien l'estomac qui en était le siége ; légère leucorrhée, renversement considérable de la matrice, le museau de tanche repose sur
le sacrum. Depuis trois ou quatre mois, flatuosités utérines ; la
malade sent très distinctement des gaz sortir de la vulve ; ces gaz
sont inodores ; cette sortie a lieu plusieurs fois le jour. Quelques
symptômes d'hypocondrie ; crainte de ne plus devenir mère.

Bains tempérés ; douches sur les régions lombaires et hypogastriques ; eau de la source d'Hygie en boisson.

*Résultat.* A son départ de Luxeuil, amélioration sous tous les
rapports ; dix mois après, elle accouchait d'un bel enfant ; santé
parfaite.


## 12. LEUCORRHÉE ; HYSTÉRIE.

Madame N..., fille d'une mère fortement rhumatisée, a été
mariée à 21 ans, et est âgée aujourd'hui de 32 ; blonde, obèse,
chairs molles, tempérament lymphatique, et, malgré ces attributs,
excitabilité morale considérable.

Depuis l'âge de vingt-quatre ans, écoulement leucorrhéique
assez abondant pour constituer une incommodité et pas assez pour
être une maladie. A 27 ans, fausse couche. A 28, couche double ;
la grossesse avait été pénible ; souffrances continuelles, impossibilité absolue de se coucher pendant les trois derniers mois ; vomissements, anorexie et constipation qui persistent encore aujour-
d'hui ; tels furent les principaux phénomènes morbides auxquels
elle donna lieu. Les suites de l'accouchement n'avaient pas été trop
mauvaises ; car un mois après, elle allait passablement ; elle reprit
même un peu trop tôt ses occupations ordinaires, descendit au ma-
gasin, leva des poids trop lourds, et, dit-elle, se sentit *dérangée.*
Alors, la leucorrhée devint abondante : pesanteur du ventre, sensation de malaise et de défaillance dans la région hypogastrique,
nécessité de porter une ceinture, sans laquelle la marche et la station étaient absolument impossibles. Cet état durait encore à l'âge
de 30 ans, lorsque, par suite de l'impression d'un air froid et
humide, il lui survint une violente céphalalgie, et par suite des

bourdonnements d'oreilles fort incommodes ; en même temps , il se manifesta chez elle un état spasmodique, dont les paroxysmes avaient lieu surtout lorsqu'elle avait éprouvé quelque émotion un peu forte pendant la journée ; alors durant la nuit elle était prise d'une espèce de cauchemar , avec aberration d'idées ; elle éprouvait comme une sensation de gonflement et de tension abdominale avec oppression ; elle sortait de la maison et se mettait à courir sans savoir ce qu'elle faisait ni où elle allait. Revenue à elle, elle éprouvait une espèce de fourmillement à la tête , au sinciput, et une forte constriction à la gorge.

Elle était dans cet état, lorsque, à l'âge de 34 ans, elle vint prendre les eaux de Luxeuil.

L'usage des bains tempérés, des douches sur les régions lombaires et abdominales, et de l'eau de la source d'Hygie en boisson, fit cesser entièrement ou à peu près la céphalalgie, mais non les bourdonnements d'oreilles, modifia la vitalité du système abdominal au point que Madame N.... put se passer de ceinture, et diminua notablement l'écoulement leucorrhéique ; quant aux accidents de cauchemar, ils sont devenus très rares , de très fréquents qu'ils étaient auparavant.

Enfin, cette année, Madame N.... est revenue à Luxeuil prendre une nouvelle saison. L'amélioration obtenue l'année dernière se soutient et a même fait des progrès pendant le cours de l'année.

Vingt-un bains à 28° R., quinze douches, eau de la source du bain des Dames en boisson.

### 13. HÉMICRANIE ; AMORAUSE COMMENÇANTE.

Mademoiselle N...., grande, brune, à fibre sèche, âgée de 32 ans, fut réglée à 18.

A l'âge de 21 ans, elle alla habiter l'Allemagne ; là , sans autre cause appréciable que le changement de climat, elle eut une suppression qui dura quatre ans. Durant cet espace de temps, pâleur du teint, inappétence , faiblesse telle qu'elle garda le lit pendant deux mois.

A l'âge de 25 ans, retour des règles sous l'influence d'une médication énergique. — Est-ce par suite de la maladie, ou bien par les effets du traitement qui lui a été opposé, que se sont développés les phénomènes suivants : bâillements, constriction à la gorge, céphalalgie hémicranienne du côté droit, se renouvelant à intervalles plus ou moins rapprochés, quelquefois deux fois par semaine, et durant ordinairement vingt-quatre heures ; affaiblissement progressif de la vue du même côté, sans la plus légère altération organique du globe de l'œil ; constipation opiniâtre, digestions très pénibles, et parfois vomissements après l'ingestion des aliments ; nulle affection organique ; insensibilité à la pression de la région épigastrique ?

Depuis sa rentrée en France, il y a un an, la céphalalgie a diminué de fréquence et d'intensité ; tout le reste dans le *statu quo*.

Bains tièdes, eau de la source d'Hygie en boisson ; douches sur les régions lombaires et abdominales, ainsi que sur les extrémités inférieures ; lotion des yeux avec l'eau de la source des yeux.

A son départ de Luxeuil, amélioration remarquable de tous les symptômes ; la vue a acquis beaucoup de force.

### 14. BRONCHITE CHRONIQUE ; GASTRALGIE ; SUPPRESSION DE LA TRANSPIRATION.

M. N...., riche cultivateur, est âgé de 33 ans, tempérament sanguin ; excellente constitution, adonné aux boissons spiritueuses.

Depuis cinq ou six ans, petite toux le matin, qu'il appelait sa pituite, et qui avait lieu surtout à la suite d'excès de table.

A l'âge de 32 ans, impression de l'humidité en traversant un bois couvert de rosée, et aggravation de sa toux ; deux mois après, à la suite d'un souper copieux, au mois d'octobre, il court à un village voisin pour aider à éteindre un incendie, arrive mouillé de sueur, et, en cet état, reste exposé pendant quelques heures à l'action de l'eau froide ; quelques semaines plus tard, étant en voyage, il endura encore plusieurs averses de pluie. Enfin, au mois de janvier, sa toux, sous l'influence de toutes ces causes désastreuses, avait pris une extrême intensité, douleurs et tiraillements d'estomac, inappétence, dyspepsie, tension et gonflement après le repas, engourdissements, pandiculation, douleurs sourdes dans les espaces intercostaux du côté gauche, refroidissement des pieds, suppression complète de la transpiration habituelle de ces parties; les circonstances atmosphériques sont sans action sur sa maladie. Le lait, qui auparavant lui répugnait, est l'aliment qu'il aime et qui passe le mieux.

Dans sa jeunesse, et avant de tousser, M. N.... avait de temps en temps quelques atteintes de lombago.

Bains à 28° R., douches sur les extrémités inférieures; eau de la source d'Hygie en boisson, et ensuite celle du bain des Dames.

A son départ de Luxeuil, il n'existe presque plus de toux et l'appareil digestif est dans un état beaucoup plus satisfaisant.

L'amélioration s'est si bien soutenue et a fait de tels progrès, que, six mois après, M. N.... s'est marié; la sueur aux pieds était revenue; il était guéri.


15. HÉMICRANIE; OTALGIE; ODONTALGIE; GASTRALGIE.


Mademoiselle N... est âgée de 26 ans, réglée depuis l'âge de 14, apparence de tempérament lymphatique; vie calme, paisible, sans fatigue, issue de parents bien portants.

A l'âge de 20 ans, hémicranie très intense tantôt de l'un et tantôt de l'autre côté, durant trente-six heures, se manifestant tous les mois, souvent à de moindres intervalles, quelquefois à l'époque des règles, depuis quelque temps plutôt dans l'intervalle, et laissant après les paroxysmes la tête habituellement lourde.

A la même époque, ou très peu de temps après, inappétence, pesanteur à l'estomac après avoir mangé, quelquefois douleurs vives à la région épigastrique, constipation, leucorrhée, boule hystérique, bâillements fréquents, tristesse habituelle; point de trouble dans la menstruation.

Trois années plus tard, à cet état de choses vint se joindre une névralgie dentaire et une otalgie; l'odontalgie donnait lieu à des douleurs atroces qui duraient de demi-heure à une heure et devenaient ensuite plus supportables, sans cesser complétement. C'est principalement en hiver qu'elle avait lieu ; un exutoire fut établi pour combattre cette affection.

Enfin, dans le courant de l'hiver dernier, maladie aiguë, consistant en un vomissement qui a duré vingt-trois jours , alternant complétement avec l'odontalgie. Parmi les divers moyens employés, la potion de rivière et l'oxyde de bismuth ont été les plus efficaces ; influence marquée des conditions atmosphériques, refroidissement permanent des pieds depuis l'âge de 20 ans , c'est-à-dire depuis le commencement de la maladie.

Le lait et les viandes sont nuisibles ; les substances végétales sont celles qui passent le mieux ; un peu de vin trempé et le café ne nuisent pas.

Bains à 28° R. ; douches sur les extrémités inférieures ; eau de la source d'Hygie en boisson.

Au départ de Luxeuil, peu d'amélioration.

16. ENTÉRALGIE ; CYSTALGIE ; AFFECTION DES ARTICULATIONS.

Mademoiselle N...., religieuse hospitalière , est âgée de 38 ans et fut réglée à 14 ; indices extérieurs du tempérament lymphatique.

A l'âge de 20 ans, quelques douleurs se manifestèrent vers la région hypogastrique et hypocondriaque droite , d'abord très légères, augmentant pendant l'hiver, et entremêlées de quelques douleurs de colique sourdes et de courte durée.

A l'âge de 32 ans , douleurs légères , uniformément répandues sur toute l'étendue des membres , autant dans la continuité que dans leur contiguité ; ces douleurs dans les membres et dans le ventre ont persisté jusqu'à ce jour.

Au mois d'avril dernier, douleurs de ventre atroces, se portant principalement vers la vessie et produisant la dysurie et l'incontinence ; douleurs au foie, mais moins fortes qu'à la vessie ; pendant ce paroxysme, qui dura deux jours , gonflement de toutes les articulations des phalanges des mains, et cessation de ce phénomène avec la cessation du paroxysme ; alors, douleur à la partie antérieure du tibia ; le ventre, habituellement un peu sensible à la pression , le devint beaucoup plus pendant cette crise.

Aujourd'hui, la douleur des membres alterne avec celle du ventre ; l'une ou l'autre, tel est l'état habituel ; il ne se passe pas deux jours sans qu'elles aient lieu ; elles s'accompagnent de fatigues, de lassitudes, et d'une chaleur très incommode à la paume des mains.

Depuis sept ou huit ans, écoulement leucorrhéique ; excellent appétit, digestion et défécation parfaites.

Il peut n'être pas inutile de mentionner que la personne qui fait le sujet de cette observation, est la sœur de celle qui fait le sujet de l'observation précédente.

Bains à 28° R., eau du bain des Dames en boisson ; douches en arrosoir sur toute la partie antérieure du tronc, et par un seul jet sur le rachis.

Avant son départ de Luxeuil, amélioration sous tous les rapports ; diminution considérable de l'écoulement leucorrhéique et des douleurs.

### 17. OEDÈME DES EXTRÉMITÉS INFÉRIEURES.

Mademoiselle N..., femme de chambre, âgée de 31 ans, bien constituée, présentant tous les attributs du tempérament sanguin.

Depuis très longtemps, huit à dix ans, il lui était survenu à la jambe gauche un engorgement considérable, s'étendant du métatarse au mollet ; l'engorgement est rénitent, dur, sans douleur aiguë, mais manifestant par la fatigue une sensation de tension et de pesanteur, et par cela même, gênant pour la marche ; il existe même le matin, avant de sortir du lit ; mais cependant il est plus considérable le soir.

Après l'usage de douze bains, pris au bassin des Bénédictins, disparition complète de l'engorgement ; alors paraissent dans toute leur évidence, des paquets de varices à la jambe, autour des malléoles et sur le tarse.

### 18. CÉPHALALGIE, LEUCORRHÉE, HYSTÉRIE.

Mademoiselle N..., âgée de 30 ans, fille d'une mère fortement rhumatisée, présentant les caractères réunis du tempérament sanguin-lymphatique. La première menstruation s'établit difficilement à 18 ans. Depuis, il y eut dans cette fonction quelques irrégularités; ses pieds étaient constamment froids; bien jeune encore, elle éprouva des douleurs de dents et d'oreilles qui durèrent pendant deux ou trois ans, et furent combattues par la saignée et les vésicatoires; alors aussi existaient des douleurs erratiques dans les jambes, les genoux, les cuisses, alternant avec les douleurs de tête en lesquelles elles se résolvaient, et subissant l'influence des conditions atmosphériques.

Après sa première menstruation, des douleurs de tête légères, auxquelles elle était antérieurement sujette, prirent un caractère d'acuité; on y remédia par des saignées répétées jusqu'à l'abus, et calmant la céphalalgie mais ne la détruisant pas. Une saison aux eaux de Luxeuil l'améliora dans son intensité et dans sa fréquence surtout, au point qu'elle demeura deux ans sans reparaître. Mademoiselle N.... avait alors 27 ans.

Depuis cette époque, elle s'est encore manifestée, quoique à un degré beaucoup plus modéré, mais d'autres symptômes se sont développés; leucorrhée abondante, gastralgie, constipation opiniâtre, bâillements fréquents, sensation d'une boule remontant à l'épigastre, au pharynx; clou hystérique, palpitation de cœur; enfin, de temps en temps, la vue se trouble subitement, et elle reste pendant trois ou quatre minutes dans un état d'abolition complète; cet accident, que mademoiselle N... a éprouvé pour la première fois il y a trois ans, s'est répété depuis une douzaine de fois.

Bains à 26° R., eau d'Hygie en boisson, douches sur la région sacro-lombaire. A son départ, amélioration sous tous les rapports.

19. VISCÉRALGIE ; NÉVROSE DE L'APPAREIL CÉRÉBRAL.

Madame N..., âgée d'une quarantaine d'années, caractères extérieurs du tempérament sanguin, joints à une excitabilité nerveuse considérable, fut réglée à 13 ans, mariée à 31 ans et n'a jamais eu d'enfants.

A l'âge de 25 ans, à la suite d'une vive émotion, il lui survint des spasmes d'estomac, qui furent combattus par deux vomitifs ; ces médicaments donnèrent lieu à des vomissements d'une violence convulsive ; il en résulta un état permanent de malaise, tension à l'épigastre, avec bâillements et constriction spasmodique de la gorge ; les saignées locales par les sangsues contribuèrent plus que tout autre moyen au rétablissement.

A l'âge de 33 ou 34 ans, même tension vers la région épigastrique et abdominale, survenue à la suite de veilles prolongées et d'inquiétudes d'esprit. Cette fois, c'est la valériane qui en triompha.

A l'âge de 36 ou 37 ans, à la suite d'un froid aux pieds considérable, névralgie sciatique à la cuisse droite, qui dura un mois et fut guérie par l'usage des bains.

Quelque temps après, sensation de brûlure vers l'épine du dos, aux régions dorsale et lombaire, douleur au-dessus du genou et du pied droits ; impressionnabilité par l'action du froid, spasmes des muscles de la région dorsale et sterno-gastrique, boule hystérique à la gorge, fatigue musculaire.

Enfin, l'année dernière, sous l'influence combinée du froid et d'une vive émotion, état spasmodique, ayant son point de départ vers la région supubienne et s'irradiant à la fois, et sur les membres et vers l'abdomen ; hallucinations ; singulière aberration de la sensibilité, par l'effet de laquelle il semble à la malade que son nez se dilate prodigieusement et qu'il est traversé, pendant l'acte de la respiration, par une quantité d'air décuple de celle qui le traverse réellement ; stillation continuelle d'une matière aqueuse, sans aucun symptôme de phlegmasie de la pituitaire. Cet état, dont l'impression du froid avait été une des causes déterminantes, était aggravé par une basse température ; il dura trois mois pendant lesquels la malade dut garder la chambre ; l'application de la chaleur fut le moyen de guérison.

Etat actuel : Reproduction des spasmes de la région abdominale, chaque fois qu'elle étend ses bras, ou qu'elle fait tous autres efforts musculaires ; palpitations de cœur, tressaillements, dyspnée, se faisant sentir pendant le premier sommeil, sans rêve, et éveillant la malade qui se sent menacée de suffocation. A ce nouvel état, on a opposé une ceinture de flanelle et la valériane dont elle faisait encore usage à son arrivée aux eaux de Luxeuil.

Bains à 28° R., eau de la source d'Hygie en boisson ; douches chaudes sur les extrémités, douche écossaise sur le rachis.

Le traitement a été suivi d'un bon résultat. Avant son départ de Luxeuil, la malade éprouvait un grand mieux-être sous tous les rapports.

**20. PARALYSIE INCOMPLÈTE DE LA VESSIE. LÉSION DE LA MOELLE ÉPINIÈRE ; SUPPRESSION D'HÉMORRHAGIES HABITUELLES.**

Monsieur N..., prêtre, âgé de 33 ans, grand, bien constitué, tempérament éminemment sanguin, est sujet depuis son enfance à des hémorrhagies d'une fréquence et d'une abondance incroyables.

A l'âge de 31 ans, sans cause connue, ses épistaxis se sont supprimés.. Très peu de temps après, effort musculaire considérable pour lever et mettre sur ses épaules un fardeau très lourd, et, au moment même, sensation poignante vers la région hypogastrique inférieure ; le lendemain, sorte d'insensibilité de la vessie ; le jet d'urine est lancé à une bien moindre distance ; il est d'ailleurs moins plein et coule avec moins de rapidité.

Après deux ou trois mois, cet état avait subi des modifications ; l'affection présentait les caractères suivants : douleurs dans les régions supubienne et périnéale, ischurie habituelle et souvent strangurie, filet d'urine mince et en spirale, mucosités quelquefois sanguinolentes au fond du vase : on s'est assuré qu'il n'existe pas de calculs dans la vessie ; sensations douloureuses vers les aines ; l'action de rejeter le corps en arrière réveille et exaspère les douleurs.

Les applications de sangsues, qui ont été souvent réitérées, ont amené un soulagement momentané; la veine n'a pas été ouverte.

Monsieur N.... avait pris une saison de bains à 26° R., et bu de l'eau ferrugineuse sans aucune amélioration; le pouls était plein, rebondissant; je conseillai l'usage d'une seconde saison, dont l'ouverture de la veine devait être le préliminaire indispensable, et qui consisterait d'ailleurs en bains à 28° R., en douches sur les extrémités, et en arrosoir sur les vertèbres lombaires et sur l'hypogastre, et l'eau de la source du bain des Dames pour boisson.

La prescription a été exécutée, et à la fin de cette deuxième saison, il y avait une amélioration fort importante.

### 21. DOULEUR SCIATIQUE.

Monsieur le marquis de N... a 64 ans, tempérament éminemment sanguin, maigre, teint coloré, système vasculaire très développé depuis son enfance, épistaxis abondants en automne et au printemps.

Maintes fois, depuis son adolescence, il avait éprouvé à l'épaule une douleur qui avait paru et disparu, sans fixer autrement son attention.

Il y a quatre mois, après avoir été exposé à l'action du froid et de l'humidité, une légère douleur se fit sentir à la région ischiatique du côté droit; cette douleur prit peu à peu de la consistance, gagna en fréquence, en étendue, en intensité, et sévit en définitive, de la manière la plus cruelle, vers l'échancrure ischiatique à la partie supérieure externe de la jambe, à la plante du pied et à la région sacro-lombaire.

Après des alternatives de mieux et de pis, selon l'état atmosphérique, dont M. de N.... subit l'influence de la manière la plus marquée, la douleur se trouve aujourd'hui avoir perdu son caractère aigu; mais la pression sur les points signalés est toujours douloureuse, et le membre a subi un commencement d'atrophie.

Les principaux moyens opposés à cette maladie ont été les sangsues, les ventouses, les vésicatoires et la thérébentine, tant à l'intérieur qu'en liniments.

Bains à 27° R., douches; pour boisson, au début, l'eau de la source d'Hygie; plus tard, celle du bain des Dames; sur la fin, quatre bains de vapeurs.

A la fin de la saison, guérison complète.


### 22. CONGESTION CÉRÉBRALE; HÉMIPLÉGIE.

Monsieur N..., ancien notaire, âgé de 75 ans, tempérament lymphatico-sanguin, bonne constitution.

Il y a deux ans, étant à table, il fut pris subitement d'un coup de sang, avec vomissements abondants; la saignée et autres moyens auxiliaires effacèrent promptement jusqu'aux moindres traces de cet accident; pourtant, il resta sujet à des étourdissements.

La congestion cérébrale se reproduisit il y a six mois; cette fois, le malade perdit connaissance, la bouche dévia à droite, et il tomba à la renverse; à la suite de ce dernier accident, le bras et la jambe du côté gauche restèrent légèrement paralysés, et les facultés mentales, notamment la mémoire, subirent une grande altération.

Cependant l'hémiplégie diminua insensiblement, sous l'influence d'une médication appropriée et du temps; et, au premier juillet, il a pu venir à Luxeuil pour y prendre les eaux; il marche sans bâton, quoique avec difficulté; il lui est resté un engourdissement de la moitié du corps, et une altération, un affaiblissement des facultés intellectuelles. L'appareil digestif fonctionne parfaitement; constipation.

Vingt-un bains, dix douches, eau du bain des Dames en boisson.

A la fin de sa saison, marche plus facile, amélioration de l'état mental.


### 23. AFFECTION RHUMATISMALE-GOUTTEUSE DU PIED.

Monsieur N..., avocat, âgé de 40 ans, tempérament sanguin-lymphatique, ayant un oncle goutteux et des frères rhumatisés, menant une vie sobre et une conduite très réservée.

A l'âge de 21 ans, au milieu d'habitudes très sédentaires et de travaux d'esprit assidus, il fut pris d'une céphalalgie intense, qui, après avoir duré fort longtemps, et l'avoir mis pendant trois ans dans l'impossibilité de se livrer à tout travail d'esprit, alla s'affaiblissant insensiblement, et finit par disparaître tout à fait.

A peu près à la même époque, se manifesta une douleur d'estomac sourde, mais augmentant par la pression épigastrique : elle dura deux mois à l'état aigu, et, diminuant peu à peu d'intensité, cessa complétement, après avoir persisté bien moins longtemps que la céphalalgie. Un des moyens employés pour combattre et la céphalalgie et les douleurs de l'estomac, fut l'usage immodéré des pédiluves sinapisés, à la plus haute température supportable.

Vers l'âge de 28 ans, douleurs légères à la région antérieure supérieure du bras droit, de peu de durée, mais se reproduisant à des intervalles indéterminés ; quelquefois, une douleur analogue s'est fait sentir à la jambe, se manifestant principalement par la gêne qu'elle causait lorsque M. N... descendait un escalier.

Vers l'âge de 35 ans, douleur au pied droit, et, par suite, claudication pendant huit jours.

A 37 ans, nouvelle manifestation de la douleur au pied droit, n'affectant pas les doigts, se faisant sentir principalement autour des malléoles, et donnant lieu à la claudication. Dans l'espace de huit jours, la douleur a quitté le pied droit et envahi le gauche.

Un ou deux ans après, même douleur, mêmes phénomènes. Enfin, à l'âge de 40 ans, douleur au pied très obtuse pendant le repos, un peu aiguë seulement par le mouvement, un choc, etc., et, par conséquent, rendant la marche pénible et difficile ; gonflement de la face dorsale du pied autour des malléoles, et surtout des deux derniers métacarpiens.

Cet état durait depuis vingt jours, lorsque l'usage des bains, des eaux de Luxeuil en boisson, a été conseillé.

Pour compléter cette histoire, il faut ajouter que depuis deux ans il s'est manifesté, sous des influences atmosphériques, une céphalalgie qui prenait subitement, durait une quinzaine de jours, et, quoique peu intense, rendait le travail impossible ; elle sem-

blait être liée à une sorte de torticolis et de rhumatalgie de la région scapulo-humérale et des muscles intercostaux, qui, alors,
devenaient sensibles à la pression; alors aussi, il y avait quelque
fois des palpitations de cœur.

Bains à 28° R., douches prolongées jusqu'à une demi-heure;
en boisson, de quatre à dix verres d'eau de la source du bain des
Dames dans la matinée.

Après sa saison, il marchait déjà passablement; un mois après,
il était complétement guéri. — Un nouvel accès de goutte a eu
lieu deux ans plus tard.

## 24. ENTÉRALGIE.

Madame N..., âgée d'une quarantaine d'années, tempérament
lymphatico-nerveux.

### *Consultation de M. le docteur V...*

« Madame, qui me fait l'honneur de me consulter, avait toujours joui d'une bonne santé jusqu'au moment où des chagrins, il
y a quinze ou dix-huit mois, vinrent troubler l'harmonie de l'organisme.

» Cette perturbation a consisté dans Madame N... en un trouble.
fonctionnel des voies digestives; il est bon de noter en passant que
Madame était, il y a quatre ou cinq ans, sujette de temps à autre
à des flux de ventre qui ne la fatiguaient que fort peu... Depuis le
moment de la perturbation qui vient d'être signalée, Madame a
été constamment sujette à des malaises abdominaux, à un flux de
ventre le matin, à un amaigrissement progressif, à une décoloration assez sensible, à une torpeur physique inaccoutumée, à
des douleurs rénales et lombaires, et à une leucorrhée assez
abondante.

» La fatigue incessante qu'éprouve Madame N... en marchant,
ainsi que la leucorrhée, ont fait croire à une maladie de la matrice:
aussi a-t-on cherché et cherche-t-on encore à poursuivre ce genre
d'affection, qui ne paraît être qu'un épiphénomène de la maladie
principale, que je regarde comme une entéralgie, dont les effets

se réfléchissent du côté de la moelle épinière. Je ferai remarquer que je n'ai rien trouvé au col de l'utérus digne de fixer mon attention ; le corps de cet organe, un peu flasque, m'a paru incliné de droite à gauche ; et s'il existe dans ce viscère quelque chose d'anormal, c'est plutôt une disposition nerveuse catarrhale qu'une maladie essentielle. »

Bains, douches, eau de la source d'Hygie en boisson ; à son départ de Luxeuil, suppression complète de la leucorrhée ; l'entéralgie avait disparu dans ses symptômes locaux et persistait dans ses symptômes sympathiques, qui, pourtant, avaient perdu beaucoup de leur intensité.

### 25. VISCÉRALGIE ; CYSTALGIE ; UTÉRALGIE.

Madame N..., âgée de 29 ans, réglée à 15, mariée à 22, et n'ayant jamais eu d'enfant, a toujours joui d'une excellente santé ; caractères extérieurs du tempérament lymphatique, bonne conformation, fille et femme de cultivateurs aisés.

Il y a quatorze mois, elle porta sur sa tête un fardeau disproportionné à ses forces ; rentrée chez elle, congestion cérébrale, vives douleurs dans l'estomac et dans le dos ; état fébrile qui dura dix jours : sangsues à l'épigastre, bains de pieds, potion antispasmodique.

A la suite de cet état aigu, se sont successivement développés les symptômes suivants : bâillements, constriction spasmodique à la gorge, débilité musculaire, sensibilité du ventre, douleurs dans les membres, inappétence, indigestion, constipation, impossibilité de marcher, palpitations de cœur, amaigrissement, leucorrhée, *prolapsus uteri*, dysurie, sensibilité à la région utéro-cystique.

Etat présent : inappétence et constipation diminuées, la gastrodynie n'existe plus, la douleur à la région dorso-lombaire n'a pas cédé ; impossibilité de marcher, émaciation des membres supérieurs et inférieurs, leucorrhée, quoique à un moindre degré qu'auparavant ; relâchement des ligaments utérins, faiblesse des muscles des parois abdominales.

Vingt bains à 26° R., eau de la source d'Hygie, douche écossaise.

Résultat : rétablissement des fonctions de l'appareil digestif, amélioration dans l'état des forces, cessation de la leucorrhée, diminution des douleurs dorso-lombaires, *statu quo* de l'état des ligaments utérins et des parois abdominales.

Trois mois après, l'amélioration avait fait les progrès les plus satisfaisants.

## 26. ARTHRODYNIE.

Madame N..., âgée de 35 ans, réglée à 13, mariée à 23, mère de trois enfants, bonne constitution, tempérament sanguin, ne s'étant occupée que des travaux de la campagne, vivant dans l'aisance, et buvant un peu plus de vin qu'il n'est ordinaire et raisonnable aux personnes de son sexe.

A l'âge de 33 ans, au milieu des travaux de la moisson, elle fut prise, sans aucun prodrome, d'un gonflement général ; les jambes, les cuisses, les avant-bras, même la figure, se tuméfièrent simultanément sans aucune douleur ; cette tuméfaction, qui n'occupait que la continuité des membres, gagna les articulations, et ce n'est qu'alors que la douleur se mit de la partie ; la marche devint pénible, douloureuse ; pendant près d'un an, la malade dut garder un repos absolu, la tuméfaction était persistante, mais les douleurs étaient périodiques ; pendant fort longtemps il y eut un accès quotidien, prenant à onze heures du matin et s'accompagnant, outre la douleur, d'une faiblesse considérable aux genoux et aux pieds.

Peu à peu, cette périodicité disparut, la douleur et le gonflement s'affaiblirent ; et aujourd'hui, il ne reste plus qu'une tuméfaction aux mains et aux pieds, assez prononcée pour gêner les mouvements, mais, d'ailleurs, indolente et n'augmentant aucunement par la pression.

Madame N... a été sujette de tout temps à la migraine, et sa nouvelle maladie n'a rien modifié à cet égard ; elle a eu aussi dans le cours de sa vie quelques atteintes de lombago. Les circonstances atmosphériques sont sans influence. Leucorrhée assez abondante, avant et après ses règles ; elle est dans l'état le plus normal possible, sous le rapport de la circulation, de la respiration et de la digestion ; elle a de l'embonpoint et de la fraîcheur.

Vingt-un bains à 28° R., dix douches sur les mains et les pieds, six bains de vapeurs.

Après sa saison, tuméfaction des mains et des pieds diminuée ; marche plus facile ; amélioration évidente.


## 27. MYODINIE.

Monsieur N..., prêtre, âgé de 39 ans, assez bien constitué, présentant les caractères extérieurs du tempérament bilieux, sujet, depuis l'âge de 15 ans jusqu'à celui de 26, à une migraine atroce, et ayant toujours les pieds froids.

En 1829, étant encore au séminaire, il éprouvait des douleurs de ventre, moindres en été, plus vives en hiver, surtout pendant les grands froids.

En 1837, s'étant adonné à l'exercice de la pêche, il ressentit des douleurs musculaires dans les deltoïdes, s'irradiant dans les avant-bras et se faisant quelquefois sentir jusqu'aux articulations des doigts, subissant, d'une manière très marquée, l'influence des changements de température.

En 1842, point douloureux vers les muscles obliques, qui a persisté pendant dix-huit mois ; palpitations de cœur ; la diminution de douleurs dans les extrémités supérieures a coïncidé très exactement avec l'apparition de celles qui se sont fixées sur le tronc. Tout le reste à l'état normal.

Trente bains à 27° R., eau de la source d'Hygie en boisson.

J'ai vu M. N... un an après ; il était guéri.


## 28. RHUMATALGIE ARTICULAIRE ET MUSCULAIRE.

Mademoiselle N..., âgée de 34 ans, fut réglée à 17 ; sa mère est morte jeune, on ignore de quelle maladie ; sa grand'mère et son frère sont perclus par suite d'affections rhumatismales. Elle présente les caractères du tempérament lymphatico-sanguin.

A l'âge de 6 ans, elle eut la petite vérole ; à sa suite, ophthalmie avec taies à la cornée, disparaissant par intervalles, et se manifestant de nouveau sans cause occasionnelle. Le dernier retour de cette affection a eu lieu il n'y a pas bien longtemps.

A l'âge de 16 ans, elle porta une charge (un paquet d'herbes), dont le poids était disproportionné à ses forces ; immédiatement, douleur à la partie antérieure des cuisses et sur la colonne vertébrale, région dorso-lombaire.

A l'âge de 27 ans, elle prit la profession d'institutrice ; alors la douleur cessa d'être constante et ne se fit sentir que par intervalles, mais celle du dos resta permanente.

A l'âge de 28 ans, céphalalgie fréquente, et coryza pendant tout l'hiver ; lorsque les grandes chaleurs de l'été se font sentir, la céphalalgie et le coryza sont remplacés par une exspuition abondante, un crachement sans toux, qui dure jusqu'aux premiers froids ; ce crachement n'est pas continuel, il est des jours où il n'a pas lieu.

A l'âge de 33 ans, chute d'une assez grande élévation ; alors, douleurs augmentées, se disséminant jusque dans les bras, occupant les muscles et les articulations et rendant impossible une marche rapide. Les douleurs sont encore plus fortes, lorsque, après s'être arrêtée, Mademoiselle N.... veut se remettre en marche.

Digestion, respiration, circulation, menstruation, tout cela est dans l'état normal. Le lait est favorable ; la viande de cochon nuisible.

Bains à 28° R. , eau du bain des Dames en boisson, douches générales.

Résultat : amélioration manifeste.

**29. ENGORGEMENT, PROLAPSUS, ULCÉRATIONS SUPERFICIELLES DU COL DE L'UTÉRUS ; LEUCORRHÉE.**

« Madame N...., âgée d'une trentaine d'années, d'un tempérament sanguin, d'une grande susceptibilité nerveuse, ressentait, il y a trois ans, les symptômes d'une affection utérine ; douleur dans les lombes et à la région des ovaires, pesanteur à l'hypogastre, tiraillements dans les aines, chaleur en urinant, parfois leucorrhée plus ou moins rougeâtre ; douleur, chaleur, tuméfaction, rougeur, abaissement et ulcération superficielle du col utérin, etc. Les eaux de Bourbonne, employées avec beaucoup de réserve et de prudence, ont procuré une guérison plus ou moins complète.

» Depuis un an, retour de divers symptômes de l'affection utérine, qui se présente maintenant avec les caractères décrits plus haut ; en outre, le col est entr'ouvert, fort abaissé momentanément, et tend à devenir inégal et bosselé.

» Depuis plusieurs mois, le traitement se compose de bains frais de siége, injections et lavements frais, injections astringentes, demi-saignées, repos, iodure de potassium, calomel, extrait de ciguë, etc. Je n'approuve ni le repos absolu, qui a souvent l'inconvénient d'entretenir une tuméfaction chronique de la matrice et de déterminer le relâchement des ligaments, ni l'usage des préparations ferrugineuses, contre-indiquées par le tempérament de la malade et par l'acuité des symptômes. »

(Consultation de M. le docteur de B.)

Bains frais prolongés ; douches sur les reins, et en arrosoir sur l'hypogastre ; eau de la source d'Hygie en boisson.

A son départ, amélioration non équivoque.

30. GASTRO-SPLÉNALGIE.

Monsieur N.... est âgé de 47 ans, tempérament très manifestement bilieux, position sociale aisée.

Après une chute de cheval, qui occasionna la fracture d'un bras et de la mâchoire, diète et séjour au lit pendant quarante jours ; à peine en convalescence, fièvre intermittente dans un pays marécageux, et administration d'une quantité considérable de sulfate de quinine.

Après la suppression des accès, douleur sourde à la région splénique, sans engorgement ; la pression n'excitait pas de sensibilité ; inappétence, dyspepsie sans constipation, chaleur à l'estomac.

En même temps, symptômes nerveux, tels que bâillements, tristesse, morosité hypocondriaque ; il détestait d'entendre parler de maladies ; chaleur à la plante des pieds ; sensation comme celle qui serait produite par un besoin de suer ; petite moiteur lorsqu'il se mettait au lit pour obéir à cette sensation instinctive ; alternatives d'excitation nerveuse et d'affaissement, même d'engourdissement.

Tous ces symptômes ont duré deux ans, à un état pour ainsi dire aigu ; les eaux de Luxeuil, tentées il y a sept ou huit ans pour combattre cette affection, n'ont pu être continuées au delà du huitième bain, à cause de l'extrême surexcitation à laquelle leur usage donnait lieu [1].

L'état actuel se compose des mêmes symptômes, mais moins prononcés ; lenteur des fonctions digestives, surtout le soir ; décubitus sur le côté gauche impossible, irritabilité considérable ; le lait, pour lequel d'ailleurs le malade n'a jamais eu beaucoup de goût, ne passe pas bien ; le vin ne fait pas de mal.

Vingt-un bains à 26° R., eau de la source d'Hygie en boisson, six douches.

Amélioration très prononcée, sédation immense du système nerveux ; amélioration considérable des fonctions digestives.

### 31. RHUMATALGIE ARTICULAIRE.

Madame N..., âgée de 44 ans, réglée à 18, mariée à 26, tempérament lymphatico-sanguin, bonne constitution, vivant dans une honnête aisance, fut prise à l'âge de 34 ans d'une fièvre quarte qui dura quatre ans.

Un peu plus tard, il lui survint un gonflement dans toutes les articulations métacarpiennes et métatarsiennes ; ce symptôme ne fut pas de longue durée ; la douleur se déplaça et se porta sur les genoux, les reins, les hanches, les épaules et la tête ; aucune de ces parties ne devint le siége d'une fluxion matérielle appréciable ; la douleur se faisait sentir sur toutes à la fois ; elle était manifestement influencée par les conditions atmosphériques ; lorsqu'elle était à la tête, elle était atroce.

[1] Je suis convaincu qu'alors, comme aujourd'hui, l'usage des eaux de Luxeuil pouvait être fort utile à ce malade ; il est vraisemblable qu'il y aura eu à cette époque quelque condition défavorable dans leur mode d'administration, soit pour la durée du bain, soit pour sa température.

Digestion pénible, constipation, menstruation régulière.

Pendant deux ans, Madame N.... est venue prendre les eaux de Luxeuil, et chaque fois il y a eu amendement notable dans son état.

Enfin, cette année, vingt bains à 28° R., dix douches et l'eau du bain des Dames en boisson, l'ont à peu près débarrassée de la céphalalgie, qui jusque-là s'était montrée le symptôme le plus rebelle.

**32.** AFFECTION RHUMATISMALE D'UNE DES EXTRÉMITÉS SUPÉRIEURES, AVEC ATROPHIE ALTERNANT AVEC LA LÉSION DE LA RESPIRATION.

Mademoiselle N...., âgée d'une cinquantaine d'années, grande, maigre, sèche, nerveuse, n'étant plus réglée depuis deux ans, s'était fait une entorse il y a dix ans ; le pied qui l'avait subie était, à chaque changement de temps, le siége de quelques douleurs.

Au mois de décembre dernier, extension forcée d'un des tendons du poignet combattue par des cataplasmes de son et de lait, et exposition à l'impression d'un air froid et humide : sous l'influence de cette double cause, tuméfaction de la main ; la partie radiale de l'avant-bras devient douloureuse, ainsi que l'articulation de l'épaule ; influence des circonstances atmosphériques ; atrophie de la main et de l'avant-bras ; sueurs locales de ces parties ; flexion de l'avant bras sur le bras et du poignet sur l'avant-bras très gênée et bornée ; dyspnée : frictions avec le baume opodeldoch sur les divers points de l'extrémité malade ; coïncidence de l'amélioration de cette extrémité avec l'augmentation de la lésion fonctionnelle de l'appareil respiratoire, et *vice versâ*.

Vingt-cinq bains, quinze douches, eau du bain des Dames en boisson.

A la fin de la saison, diminution de l'atrophie et des sueurs locales ; beaucoup plus de latitude pour les mouvements de flexion et d'extension des articulations.

J'ai eu occasion de revoir Mademoiselle N.... cinq mois après ; il restait à peine des traces de maladie à l'extrémité supérieure.

### 33. NÉVRALGIE ARTICULAIRE, VISCÉRALE.

Monsieur N...., avocat, âgé de 37 ans, tempérament sanguin, bonne constitution.

A l'âge de 10 ans, il fut frappé par son instituteur d'un coup de poing sur l'épaule; depuis lors, cette partie a été fréquemment le siége d'une douleur qui se faisait sentir principalement par les vents nord-est, et par les temps très secs.

A l'âge de 22 ans, il eut à travailler beaucoup, tant pour passer ses examens, que dans une étude où il faisait son stage ; en même temps, il se livra à quelques excès de boisson : alors il se déclara chez lui une gastrite qui dura deux ans, et pendant la durée de laquelle la douleur de l'épaule resta silencieuse ; cette gastrite s'accompagnait d'une douleur au-dessous de la région du foie, douleur qui, pour quelques médecins, était l'indice d'une irritation des canaux biliaires; quoi qu'il en soit, elle a persisté jusqu'à ce jour, paraissant et disparaissant à des époques irrégulières.

L'hiver dernier, M. N.... s'éveilla une nuit avec une sensation de constriction au cœur et une forte dyspnée ; cet accident ne dura qu'une nuit, et ne s'est pas renouvelé depuis.

Enfin, à son arrivée à Luxeuil, cette année au mois de juillet, et avant d'avoir fait usage en aucune façon de l'eau minérale, il ressentit une douleur à la hanche du côté gauche, sourde, profonde, peu intense, ne gênant aucune fonction et sans réaction sur l'économie.

Pour la combattre, ainsi que les autres manifestations morbides qui, à diverses époques, avaient eu lieu chez lui, M. N... avait pris vingt bains de quatre heures chacun, à une température de 26 à 27° R.; en outre, il avait bu tous les jours, en moyenne, une quantité de huit à neuf verres d'eau de la source d'Hygie, lorsque une nuit, après avoir soupé avec appétit, mais sans excès, il fut pris d'une violente douleur au côté gauche, vers l'espace compris entre la crête postérieure de l'os des îles et les dernières fausses côtes, avec bâillements au début, vomissements et ensuite sueur ; sensibilité augmentant par la pression, fièvre, pouls plein et fréquent, langue couverte d'un enduit blanchâtre très épais, flatuosités.

(Diète, ventouses scarifiées, application de sangsues, cataplasmes mucilagineux et opiacés.)

Au quatrième jour, la douleur disparut complétement, d'une manière subite ; un torticolis la remplaçait ; deux jours après, le torticolis avait disparu à son tour et la douleur première avait reparu, mais moins intense qu'auparavant. Enfin, au septième jour, diminution considérable de la douleur et coïncidence de cette diminution avec la manifestation d'une autre douleur à la partie latérale moyenne de la cuisse.

Quelques jours après, M. N... partit convalescent.

### 34. NÉVRALGIE MUSCULAIRE, VISCÉRALE, ARTICULAIRE.

Mademoiselle N... est âgée d'un peu plus de 60 ans, obèse, tempérament sanguin-lymphatique, position de fortune confortable.

A la suite de la profonde émotion causée par la mort de son père, douleur violente à la nuque, contraction permanente et comme tétanique des muscles de la partie postérieure du cou. Mademoiselle N... avait alors 40 ans ; les eaux de Plombières parurent la rétablir.

Un peu plus tard, douleur dans la région lombaire et épigastrique à chaque changement de temps, impossibilité de digérer, sensation d'ardeur remontant jusqu'au pharynx, rapports acides.

Enfin, des douleurs se manifestèrent sur les extrémités inférieures, paraissant, disparaissant, affectant tantôt une articulation, tantôt une autre, quelquefois le membre droit, quelquefois le gauche, et dans quelques cas les deux à la fois.

L'hiver dernier, elles se fixèrent sur la cuisse droite, sous la forme de névralgie sciatique : depuis le commencement de l'été, elles se sont restreintes au genou, mais avec une telle intensité que la faculté de marcher, abolie pendant quelque temps, est demeurée bornée et très difficile. Point de tuméfaction ni de sensibilité à la pression.

Trente-deux bains, dix-huit douches, l'eau de la source d'Hygie à l'intérieur.

A son départ, amélioration notable dans la marche, dans la fréquence et dans l'intensité des douleurs. Pendant l'usage des eaux, l'estomac n'a pas subi ses crises ordinaires, malgré un très mauvais temps.

ULCÈRE A LA CUISSE, SUITE D'UN ABCÈS FROID.

Jean-Baptiste N..., fils du pâtre de son village, âgé de 15 ans, est petit et trapu, mais assez fort pour son âge, ne présentant aucun des symptômes indicatifs du vice scrofuleux ; ses père et mère, frères et sœurs, n'en sont point atteints.

Au mois de novembre dernier, une vive douleur se déclara au pli de l'aine du côté droit ; bientôt elle envahit la cuisse, prit de la consistance, amena la tuméfaction, donna lieu à des élancements, et après trois mois à une suppuration de la cuisse, quatre pouces au-dessus de l'articulation tibio-fémorale ; la suppuration ne dura qu'un mois, pourtant la cicatrice est déprimée.

Il existait au côté externe de la cuisse un empâtement rénitent, plus prononcé que sur les autres parties : il s'est abcédé, et, comme le premier, il a donné issue à très peu de pus, mais à un liquide un peu foncé : l'abcès coule encore quoique peu abondamment ; l'engorgement plus prononcé vers la partie inférieure est dur, rénitent : il reste fort peu de douleur, mais beaucoup de raideur dans l'articulation du genou, plus encore pour la flexion qui reste incomplète que pour l'extension. L'estomac fait mal ses fonctions ; inappétence et mauvaise digestion depuis le commencement de la maladie.

Selon le jeune malade, cette affection se serait déclarée chez lui pour s'être baigné dans des fossés et dans des flaques d'eau, dans les prés.

Vingt-un bains, quatorze douches, eau du bain des Dames en boisson.

Résultat à son départ : les fonctions de l'appareil digestif se font parfaitement ; l'engorgement de la cuisse est considérablement diminué; la suppuration de la plaie est presque nulle, et la cicatrisation bien avancée.

### RHUMATISME ARTICULAIRE; GASTRO-ENTÉRALGIE.

Monsieur N..., ex-employé des droits réunis, âgé de 63 ans, petit, maigre, constitution délicate, paraissant avoir été doué du tempérament sanguin, éprouva, à l'âge de 30 ans, une douleur rhumatismale à l'épaule gauche, assez forte pour l'empêcher de porter son bras derrière le dos. Depuis lors, cette douleur s'est fait sentir souvent avec une intensité variable; encore à présent, il la ressent quelquefois.

A l'âge de 45 ans, douleur légère, sourde, diminuant par la pression, n'ayant jamais cessé complétement depuis qu'elle s'est établie, sauf quelques rares intervalles dont un de six à huit mois de durée, toujours moindre, par les grands froids et les grandes chaleurs, que par les températures moyennes. Cette douleur consiste en une sensation de pesanteur, de cuisson; quelquefois, mais rarement d'élancement; et quand elle est très forte, elle se fait sentir aux reins et sous les seins; ordinairement, elle ne commence que trois heures après l'ingestion des aliments; rarement, mais pourtant quelquefois, immédiatement après. Elle ne se borne pas à l'estomac, elle s'étend aussi aux intestins, et lorsque, après beaucoup de peine, la digestion se fait, la douleur semble accompagner la masse alimentaire: en général, elle affecte les intestins avec beaucoup moins d'intensité, d'une manière plus supportable; le lait passe plus mal que les autres aliments; le bouillon gras passe mieux, la soupe et le pain très mal; la langue ne présente rien d'anormal: cependant, lorsque les crises sont fortes, elle blanchit légèrement. Point d'affection organique appréciable par la palpation. L'appétit ne manque pas; les aliments sont trouvés bons et ont toujours affecté l'organe du goût naturellement; le vin ne nuit pas, le pâté de lièvre, le fromage, la salade, passent assez facilement. Constipation, jamais de vomissements, amaigrissement voisin du marasme, bâillements, hoquet, éructations, constriction spasmodique du pharynx, symptômes plus rares que les autres;

les pieds constamment froids depuis que l'affection de l'estomac s'est manifestée.

Trente bains à 28° R., quinze douches, eau de la source d'Hygie pour boisson.

Résultat . amélioration notable des fonctions digestives et des symptômes nerveux concomitants.

Un an après, cette amélioration avait fait quelques progrès.

**37.** PYROSIS ; MYODINIE ; NÉVRALGIE SCIATIQUE ; ENGORGEMENT DE L'OVAIRE.

Madame N..., âgée de 34 ans, fut réglée à 14, et jouit, jusqu'à 18, d'une excellente santé ; taille moyenne, peu d'embonpoint, constitution où s'allient la force et la délicatesse ; système veineux très développé ; position sociale élevée.

A 18 ans, sous l'influence d'affections morales profondes, se développa une maladie qui fut considérée comme une gastrite, et dont le symptôme principal consistait dans la sensation d'un fer brûlant à l'estomac, dans tout l'œsophage et jusqu'au pharynx. — Cette maladie, qui avait commencé huit mois avant le mariage de Madame N..., dura encore longtemps après ; aujourd'hui même, elle en ressent encore, de temps en temps, quelques atteintes.

A l'âge de 20 ans, pendant sa première grossesse, douleur à la partie latérale droite du cou, se propageant à tout le cuir chevelu du même côté, et jusqu'à la partie humérale du muscle deltoïde ; elle s'étendait même quelquefois jusqu'au devant de la poitrine, et donna lieu à des palpitations de cœur. La manifestation de cette douleur coïncida avec une diminution considérable de l'affection de l'estomac ; les conditions atmosphériques étaient sans influence sur la production des symptômes ci-dessus.

L'accouchement fut pénible et laborieux ; le forceps dut être employé.

Une quinzaine de jours après, lorsque, pour la première fois, Madame N... voulut sortir de son lit, elle éprouva une douleur très vive, ne put s'appuyer sur sa jambe gauche, poussa un cri, et toute l'extrémité inférieure du même côté se trouva être le siége d'un engorgement lymphatique. La douleur continua de se faire sentir, alla en augmentant, prit le caractère d'une névralgie sciatique, et occasionna la claudication pendant un an ; la tuméfaction avait le caractère des engorgements lymphatiques, sans rougeur ni chaleur à la peau ; seulement, quelques varices existaient çà et là. En outre de la douleur névralgique, il y avait encore cette sensation de pesanteur et de tension qui se fait sentir dans les parties fortement engorgées ; il est digne de remarque que la douleur du cou, du cuir chevelu, du bras et de la poitrine, avait complétement cessé.

La deuxième et la troisième couche qui eut lieu à 26 ans, n'offrirent rien d'anormal ; pourtant, après cette troisième couche, lorsque les règles se rétablirent, ce fut avec assez d'abondance pour constituer une sorte d'hémorrhagie.

A 34 ans, eut lieu la dernière grossesse. Pendant sa durée, une tumeur se faisait sentir à la région de l'ovaire droit, faisant saillie, mobile, s'effaçant complétement de temps en temps. Après l'accouchement, véritable névralgie sciatique à la cuisse droite, pertes hémorrhagiques à chaque période menstruelle ; le gonflement lymphatique de la cuisse gauche persiste avec sa douleur propre, mais la douleur névralgique de la même cuisse a disparu : il en est de même de la tumeur de la région ovarique ; engorgement du col de la matrice : la saignée, les sangsues, la ciguë, même la cautérisation, furent employées contre cet engorgement que l'on considérait comme la cause de la névralgie ; injections avec des décoctions de quinquina.

Tel est l'état qui dure depuis un an, et contre lequel a été dirigée la médication minérale.

Vingt-un bains à 27° R., dix douches ; eau du bain des Dames en boisson.

Résultat : alternatives de mieux et de moins bien pendant la durée de la médication ; au départ, *statu quo ;* trois mois après, amélioration très décidée sous tous les rapports.

### 38. ÉPAISSISSEMENT DES PAROIS DE L'ESTOMAC; ENGORGEMENTS MÉSENTÉRIQUES ; AMÉNORRHÉE.

« Madame N... a été traitée pour un engorgement chronique que je considère comme occupant la région pylorique ; cette induration s'accompagnait, il y a quelques mois encore, d'un développement considérable de plusieurs ganglions mésentériques rangés en forme de chapelet, et s'étendant du pylore à la région ombilicale et au-dessous.

» Aujourd'hui, l'irradiation qui s'était faite sur le système lymphatique est détruite ou à peu près, mais le toucher fait encore apercevoir les parois intestinales épaissies, et plus rénitentes que dans l'état naturel.

» La maladie locale s'est accompagnée d'un grand état de faiblesse générale, d'une émotion profonde de la circulation, la malade se trouvant mal au moindre mouvement ; les menstrues sont supprimées depuis sept mois ; les digestions difficiles ; l'ingestion des aliments, si elle est un peu considérable, presque aussitôt suivie du malaise, d'un sentiment d'étouffement, et, peu de temps après, de vomissements de matières muqueuses, écumeuses, et même de matières alimentaires.

» Les selles, jadis fort rares, sont aujourd'hui plus faciles, circonstance qui tient autant à l'amélioration radicale du mal, qu'à la résolution des glandes mésentériques, qui semblaient envelopper quelques portions intestinales et empêcher le trajet des matières fécales.

» Telles sont les notions que je crois devoir fournir à mes confrères, pour la direction d'un traitement que la nature du mal et l'état général de la malade me paraissent devoir rendre sobre dans l'emploi des remèdes actifs.

» Le 23 mars 1845. »

*(Consultation de M. le docteur D...)*

« Je partage l'opinion de M. le docteur D.... sur le siége de la maladie de Madame la consultante. C'est une maladie des organes de la digestion, les lésions fonctionnelles ont diminué consi-

dérablement; il n'y a plus d'altération de tissu, sensible au tou·
cher; les tumeurs ressenties dans divers points de l'abdomen ne
sont autre chose que des crottins arrêtés dans quelques intestins;
peut-être existe-t-il encore quelque épaississement dans les parois
de l'estomac; cette amélioration est le résultat du régime imposé à
la malade.

» La maladie étant donc arrivée à sa période de décroissement,
que reste-t-il à faire? Aider le travail de résolution des altérations
locales, autant que possible, par le régime et par les remèdes appropriés à la susceptibilité des organes digestifs; dans ce but, je
propose : 1° de continuer le régime alimentaire tel qu'il est orga-
nisé actuellement; 2° de continuer l'usage du lait d'ânesse; 3° de
faire assez d'exercice tous les jours pour développer les forces sans
fatigue; de se promener, surtout en voiture découverte, en allant
sur les hauteurs; 4° de prendre tous les jours, ou tous les deux
jours, un lavement de lait d'ânesse froid, ou ayant la chaleur vitale; 5° de prendre tous les jours un bain entier, tiède, dans lequel on aura mis un litre de bouillon de bœuf, et alternativement,
de deux jours l'un, la décoction de deux onces de belladone et
une bouteille d'extrait de Barèges d'Anglada; 6° de boire, durant
les repas, de l'eau minérale de Chateldon, à la dose d'une à deux
cuillerées après chaque cuillerée d'aliments; 7° et plus tard, d'a·
valer une cuillerée à café de glace pilée, plusieurs fois pendant
chaque repas; 8° pendant le mois de juin ou de juillet, Madame
ira prendre les eaux de Luxeuil... Ces eaux seront administrées en
bains, en étuves, en douches sur les quatre membres, autour du
bassin et sur le rachis; quelques douches ascendantes tempérées
dans le vagin, seront renouvelées avec prudence dans le but de rétablir la menstruation; on pourra aussi essayer des douches tempérées et courtes dans le rectum, et pour fortifier l'action intestinale. Madame ne prendra pas les eaux à l'intérieur.

» Le 2 avril 1845. »       *(Consultation de M. le docteur G...)*

Ces deux consultations seront complétées par les renseignements
suivants :

Madame N..., appartenant à une classe aisée de la société, est
âgée de 30 ans, elle fut réglée à 12, mariée à 18, et est mère de

trois enfants ; elle est bien constituée, et, jusqu'à l'âge de 26 ans, a joui d'une excellente santé.

A cet âge, sans aucun prodrome et sans cause connue, elle fut prise de douleur aux deux genoux, avec tuméfaction modérée à l'un et à l'autre ; cependant il y avait raideur dans l'articulation, et la marche était pénible ; ces symptômes durèrent deux mois et furent remplacés par une violente céphalalgie. L'usage des eaux d'Aix, en Savoie, fut conseillé et pratiqué sans aucun avantage.

Bientôt, des symptômes du côté de l'estomac commencèrent à se manifester, la digestion devint difficile, puis pénible, puis souvent impossible ; enfin, à l'apogée de la maladie, il y avait des vomissements deux ou trois fois par semaine ; l'œsophage et le pharynx participèrent à l'affection de l'estomac ; constriction du pharynx, et pendant l'acte même de la déglutition, sensation pénible, accompagnant le bol alimentaire dans tout son trajet, du pharynx au cardia ; immédiatement commençait le malaise de l'estomac, qui aboutissait au vomissement. Il y avait aussi sensibilité et douleur à la pression des régions antérieures et latérales du thorax et de l'épigastre ; lorsque les vomissements étaient violents, ils donnaient lieu à des douleurs des régions lombaires ; marasme, faiblesse extrême, décoloration de la peau ; suppression des règles depuis 10 *mois* ; nulle trace d'affection organique ; langue légèrement saburrale à sa base ; le pouls, d'une ténuité incroyable, marquait 85 par minute.

Bains à 26° R., douches, eau de la source d'Hygie en boisson.

Résultat : à dater du premier bain, amélioration progressive des fonctions de l'appareil digestif ; au dixième bain, retour des règles ; au vingtième bain, alimentation suffisante, digestion passable et s'améliorant tous les jours ; le teint se colore, la langue a perdu sa pâleur et sa saburre, les forces se rétablissent *à vue d'œil*. Guérison complète.

39. NÉVRALGIE ARTICULAIRE ; LÉSION DE L'APPAREIL CÉRÉBRO-SPINAL ;
DIARRHÉE.

Monsieur N... est âgé de 45 ans, et paraît être d'un tempérament lymphatique.

A la suite d'ennuis prolongés et de contention d'esprit qui se succédèrent pendant quatre ans, il éprouva des douleurs vagues dans les articulations, qu'il considéra comme rhumatismales.

Il y a six mois, il lui survint une sorte de trouble dans les idées, le travail était pénible, la mémoire faiblissait : pesanteur de tête, vertiges, étourdissements ; sensation analogue à celle d'un bandeau sur le front : ces symptômes augmentaient notablement sous l'influence de la chaleur et après le repas.

Deux mois plus tard, à ces symptômes vint se joindre une espèce de fourmillement, puis d'engourdissement du pied gauche ; diminution de la sensibilité de l'extrémité du pied ; raideur, gêne de l'articulation du pied et de celle du genou ; le malade, autrefois bon marcheur, peut à peine marcher une heure ou deux ; la jambe et le pied droits participent à cet état, mais dans une moindre proportion ; démarche semblable à celle des personnes atteintes de myélite ; peu d'appétit, dévoiement.

Tels sont les phénomènes qui composent l'état morbide de Monsieur N... et dont les plus anciens remontent à six mois, les plus récents à quatre.

Onze bains à 28° R., neuf douches, eau d'Hygie pour boisson.

Résultat : après les premiers bains, cessation du dévoiement ; à son départ de Luxeuil, l'appétit est déjà revenu, il marche avec beaucoup plus de facilité, l'état cérébral est amélioré.


LEUCORRHÉE ; GASTRALGIE ; MÉTRORRHAGIE.

Madame N... est âgée de 30 ans, brune, grande, embonpoint modéré, forte constitution, tempérament sanguin, réglée à 18 ans, menstruation abondante, mariée à 23 ans ; elle a eu une fausse couche et une grossesse qui a parcouru toute sa durée normale.

Avant son mariage, elle a eu pendant longtemps des fleurs blanches qui plus tard avaient cessé.

A la suite d'une profonde émotion occasionnée par la mort subite de son père, il lui survint une affection de l'estomac ainsi caractérisée : inappétence, malaise à la région épigastrique, sensation pénible à l'estomac immédiatement après avoir mangé, douleur dans le ventre quoique plus légère, constipation, céphalalgie durant tout l'hiver et une partie du printemps : le lait ne passait pas mieux que des aliments plus excitants, et la gênait; menstruation hémorrhagique.

Cette affection durait depuis huit ans, lorsque Madame N... est venue aux eaux de Luxeuil.

Vingt bains, dix douches; eau savonneuse.

A son départ de Luxeuil, amélioration très prononcée de tous les symptômes; au dix-huitième bain la leucorrhée s'est déclarée.

Huit mois après, guérison complète : l'appétit est excellent, la digestion se fait parfaitement, plus de vertiges, de douleur à l'estomac, ni de céphalalgie quoiqu'on soit en plein hiver, mais la leucorrhée persiste et est très abondante.

## 41. NÉVROPATHIE; DIARRHÉE; MÉTRORRHAGIE.

Madame N..., maigre, pâle, tempérament lymphatico-nerveux, assez bien constituée d'ailleurs, appartenant à la classe des artistes, réglée à 12 ans, mariée à 23, est actuellement âgée de 27.

Après sept mois de mariage, époque jusqu'à laquelle elle avait toujours joui d'une excellente santé, elle accoucha d'un enfant mort; la version dut être faite, la manœuvre dura une heure; les souffrances furent considérables.

L'accouchement fut suivi de fièvre puerpérale qui dura cinquante jours : ce ne fut qu'après ce laps de temps que Madame N.... fit sa première sortie; ses règles reparurent et pendant un mois son état fut très satisfaisant. Mais alors, après une promenade en voiture, se manifesta la première de ses crises spasmodiques qui depuis n'ont pas cessé de reparaître, plusieurs fois dans l'année, à des intervalles inégaux ; elles consistent dans les phénomènes suivants : douleurs parfois successives, et souvent simultanées aux régions épigastrique, lombaire, sternale, dorsale ; agitation convulsive de ces parties, contraction musculaire simulant une tumeur sur divers points et principalement à l'hypogastre et à l'hypocondre droit ; d'autres fois, aplatissement du ventre comme si ses parois étaient collées contre la colonne vertébrale ; respiration précipitée, tumultueuse, inégale, entrecoupée, constriction spasmodique du larynx et du pharynx ; nausées, vomiturition. Les crises duraient ordinairement cinq ou six heures ; après leur cessation, faiblesse considérable, brisement de tous les membres, inappétence, dyspepsie, dévoiement persévérant et devenu permanent. Tout aliment est toléré avec peine et donne lieu à des douleurs aussitôt après son ingestion, sensibilité à l'épigastre et de l'abdomen telle que le poids d'un simple drap est péniblement supporté. Ces crises ne sont annoncées par aucun prodrome ; elles ont lieu sous toutes les conditions atmosphériques ; cependant les suites en sont plus pénibles par le mauvais temps. Règles bien périodiques, mais d'une abondance excessive.

Madame N.... vint aux eaux de Luxeuil en 1844 ; elle prit trente bains à 27° R., et dix-huit douches ; elle fit usage à l'intérieur de l'eau de la source d'Hygie.

Le résultat de cette première saison fut la cessation *immédiate* de la diarrhée, qui pourtant a reparu quelquefois dans le courant de l'année ; il n'y a eu qu'une crise nerveuse, au lieu de huit à dix qui avaient lieu précédemment. Madame N.... a gagné assez d'embonpoint pour ne plus devoir être classée parmi les femmes maigres.

Revenue aux mêmes eaux en 1845, dans un état bien plus satisfaisant, elle a, dès le premier jour de l'usage des moyens thermaux, vu disparaître sa diarrhée. Après un mois de séjour, elle a quitté Luxeuil dans un état de régularité parfaite de toutes les fonctions de l'appareil digestif ; son embonpoint est encore augmenté sensiblement.

42. ARTHRODYNIE ; LEUCORRHÉE ; GASTRALGIE ; NÉVRALGIE CRANIENNE, STERNO-ABDOMINALE.

Madame N...., âgée de 32 ans, tempérament sanguin, fille d'un père fortement rhumatisé, fut réglée à 18 ans, mariée à 20 et mère à 23 du seul enfant qu'elle ait eu jusqu'ici.

Il y a une quinzaine d'années, elle fut affectée, sans cause connue, d'un rhumatisme articulaire aigu, qui la retint plus d'un an dans son appartement, et six mois dans son lit ; depuis lors, souffrances, douleurs vagues et erratiques à tous les changements de temps.

Après son accouchement, modification de la vitalité de l'appareil utérin, leucorrhée abondante, embonpoint et modicité de la menstruation succédant à la maigreur du corps et à l'abondance des règles ; en outre, l'appareil digestif n'est pas resté intact ; épigastre sensible à la moindre pression ; trouble fonctionnel de l'estomac, que certaines substances alimentaires, la viande de cochon, le café, le vin, surexcitent ; sensation de tension et de gonflement ; dyspepsie, constipation, impressionnabilité considérable, propagation des douleurs au cuir chevelu, aux régions thoraciques antérieure et abdominale. — Enfin, il y a deux ans, nouvelle manifestation, mais beaucoup moins intense, de la fièvre rhumatismale sans gonflement des articulations.

Une saison prise l'année dernière, et qui a consisté en bains tempérés, en douches et en boisson d'eau d'Hygie, avait considérablement amélioré cet état, principalement sous le rapport de la gastralgie, de la leucorrhée et de la fréquence des douleurs.

Madame N.... est venue cette année prendre une nouvelle saison.

Bains à 28—29° R., douches, eau de la source d'Hygie à l'intérieur.

Résultat : la leucorrhée, qui avait reparu cet hiver, a été guérie après une quinzaine de bains ; l'amélioration de tous les symptômes a progressé rapidement.

### 43. AMYGDALITE ; APHONIE ; GASTRO-ENTÉRALGIE ; SUREXCITATION.

Monsieur N...., magistrat, est âgé d'une quarantaine d'années, bien constitué, d'une impressionnabilité nerveuse considérable, sujet à des lombago.

Lorsqu'il faisait encore partie du barreau, il était très sujet aux angines tonsillaires ; à la moindre cause, au moindre refroidissement, il en éprouvait de très intenses. Après avoir duré plusieurs années, cette disposition à l'amygdalite s'éteignit, et fut remplacée par l'aphonie. M. N.... ne pouvait plus parler haut, il ne pouvait plus projeter sa voix ; cette forme de sa maladie dura longtemps, puis s'affaiblit et finit par cesser insensiblement.

Des crampes d'estomac lui succédèrent. Elles prenaient subitement sans qu'aucun signe précurseur les annonçât ; elles donnaient lieu à une sensation pénible, pareille à celle qui résulterait du pincement de l'estomac par des pinces rougies au feu ; elles se manifestaient à des distances plus ou moins grandes de l'ingestion des aliments ; le vin et les émotions paraissaient contribuer, ainsi que les circonstances atmosphériques, à leur manifestation ; quelquefois elles ne duraient pas plus d'une demi-heure.

Après avoir duré deux ou trois ans, les crampes avaient fini par disparaître ; mais il s'était manifesté des douleurs sur toutes les régions abdominales, et principalement sur celle du côlon transverse ; appétit médiocre, céphalalgie, impatience nerveuse extrême, digestion longue et pénible.

Vingt-un bains à 27° R., dix douches, eau de la source d'Hygie en boisson.

Résultat : à son départ de Luxeuil, amélioration des fonctions de l'appareil digestif ; système nerveux plus calme ; céphalalgie moins intense.

### 44. CÉPHALALGIE ; ARTHRÓDYNIE ; MYODINIE ; ENGORGEMENT , PROLAPSUS DE L'UTÉRUS ; GASTRALGIE.

Madame N..., âgée de 30 ans, fut réglée à neuf ans et demi ; petite, très brune, bien constituée, embonpoint modéré ; elle fut mariée à 17 ans et demi.

Dès son enfance, violente et longue céphalalgie, qui l'empêchait de se livrer à l'étude.

A l'âge de 15 ans, douleur au genou qui persista assez long-temps.

Pendant sa première grossesse, pesanteur excessive dans le bas-ventre, suites de couche très longues, quoique l'accouchement n'eût pas été pénible. Déjà à cette époque, Madame N... éprouvait à la région deltoïdienne du bras droit une douleur qui dura deux ans, et dont la guérison fut obtenue avec l'usage de ce que l'on appelait alors des pagodes, sorte de bouffantes remplies de duvet, et, par conséquent, très chaudes, qu'on mettait pour soutenir les manches des robes.

Deux ans après son premier accouchement, elle eut une fausse couche à trois mois et demi d'une seconde grossesse. A la suite, maladie de l'utérus caractérisée par un engorgement considérable de cet organe, abaissement, sensation de pesanteur sur le rectum et sur le périnée ; picotements, tiraillements dans les aines, dou-leurs presque continuelles à la région lombaire, absence de leu-corrhée. Cet état fut combattu par les émissions sanguines, soit générales, soit locales (sangsues au col utérin), et par un repos de neuf mois et demi dans son lit.

Depuis l'âge de 20 ans jusqu'à ce jour, trouble fonctionnel de l'estomac, inappétence, aigreurs ; dyspepsie ; à son arrivée à Luxeuil, elle ne mange habituellement qu'un peu de lait et deux ou trois biscuits par jour ; l'abaissement de l'utérus est considé-rable ; dureté, tuméfaction indolente, pesanteur sur le rectum ; point de trouble dans ses fonctions, faiblesse générale, éma-ciation.

Madame N..., venue l'an dernier à Luxeuil, avait pris trente bains, quinze douches, et, à l'intérieur, de l'eau de la source d'Hygie. Après le sixième bain, manifestation d'un état fébrile grave, qui força d'en suspendre l'usage pendant quatre jours, et que j'attribuai à la trop faible température à laquelle je les avais administrés (26° R.); ils furent continués à 28° R.

Résultat : rétablissement des fonctions digestives, retour des forces, point de changement appréciable dans l'état de l'utérus.

Revenue cette année aux mêmes eaux, elle a pris vingt-cinq bains sans douches. L'amélioration obtenue l'an dernier, et qui s'était soutenue, a fait de nouveaux progrès; il y a exercice à peu près normal des fonctions de l'appareil digestif, diminution des symptômes de l'affection de l'utérus, et augmentation sensible d'embonpoint.

**45. HÉPATITE; ENGORGEMENT DE DIVERSES ARTICULATIONS; DIARRHÉE.**

Mademoiselle N..., âgée de 50 ans, a cessé d'être réglée à 45 ; tempérament lymphatique, position sociale aisée, fille d'un père goutteux et rhumatisé.

A l'âge de 34 ans, sans prodrome et sans cause déterminante connue, douleur au côté droit, considérée comme une hépatite peu aiguë, et traitée par les ventouses et les topiques émollients d'abord, et, plus tard, par les bains de l'Ouesche, pendant l'usage desquels l'éruption thermale, à laquelle on a donné le nom de poussée, n'eut pas lieu. Sous leur influence, la douleur du côté diminua; mais elle se porta sur l'articulation maxillo-temporale, envahit le corps de l'os maxillaire inférieur, et s'accompagna quelquefois de gonflement, mettant huit jours à arriver à son apogée, se terminant par résolution, mais avec beaucoup plus de lenteur ; cette tuméfaction concomitante de la douleur est, dans certains cas, assez intense pour que les mouvements nécessaires, non-seulement à la mastication, mais même à la formation des mots, soient impossibles ; de plus, à cette douleur, qui a persisté jusqu'à ce jour, sont venues s'en ajouter d'autres, vagues, erratiques, se faisant sentir *constamment*, tantôt sur un point, tantôt sur un autre, aux genoux, au dos, à la tête, aux épaules; les unes et les autres obéissent, d'une manière remarquable, aux influences atmosphériques, et, quoique faisant partie de l'état habituel de la malade, sévissent avec plus ou moins d'intensité, selon ces diverses influences; diarrhée qui a persisté jusqu'à ce jour.

A l'âge de 43 ans, Mademoiselle N... fut prise d'un catarrhe bronchique, avec la manifestation duquel coïncida une diminution notable de la douleur maxillaire; aujourd'hui, ces deux symptômes alternent; c'est l'hiver que se fait principalement sentir la douleur de la mâchoire, et l'été l'affection catarrhale; un exutoire au bras a été établi à cette époque.

D'ailleurs, estomac très délicat; sensation d'ardeur au larynx; goître de dimension moyenne.

Dix-neuf bains à 28° R., huit douches, eau du bain des Dames à l'intérieur.

Résultat à son départ de Luxeuil : diminution de moitié dans l'intensité de tous les symptômes; la diarrhée a cessé complétement.

Cinq mois après, Mademoiselle N... m'écrivait : « Les douleurs de la mâchoire ont presque cessé...., la souffrance que j'avais sur le devant de la poitrine et à l'estomac a disparu; les digestions ne sont plus pénibles comme elles l'étaient lors de mon départ pour vos bonnes eaux, dont je me trouve fort bien; etc., etc. »

### 46. GASTRALGIE; RHUMATISME ARTICULAIRE.

Monsieur N..., fonctionnaire de l'Université, doué d'un tempérament nerveux-sanguin, âgé de 50 ans, fut pris, il y a deux mois, d'un rhumatisme articulaire fébrile, avec éruption miliaire dans son cours; il dura un mois à l'état aigu, et pendant tout ce temps le priva de l'usage de ses membres thoraciques et pelviens.

Aujourd'hui, plus de fièvre, plus de tuméfaction, douleur aux régions lombaires et aux articulations pendant la marche.

Estomac délicat, digestions pénibles depuis quinze ans.

Vingt-un bains, douze douches, eau de la source d'Hygie à l'intérieur.

Résultat : état de bien-être et absence de toute espèce de douleur, tout le temps que le malade passe dans le bain ou sous la
douche ; la douleur revient dans la journée. Amélioration immense
dans l'état de l'estomac.

47. LEUCORRHÉE ; LÉSION DE LA SENSIBILITÉ DE LA PEAU, DE
L'APPAREIL LOCOMOTEUR ET GÉNITO-URINAIRE.

Madame N... est âgée de 54 ans, et après avoir été très abondamment réglée, a cessé de l'être depuis l'âge de 48 ans. Elle a eu
quatre enfants, est bien constituée, et, jusqu'à l'époque de son âge
critique, avait joui d'une excellente santé.

Mais alors commença une série de phénomènes qui s'est continuée jusqu'à ce jour, et dont voici les principaux : insomnie qui a
duré deux ans, sensation anormale sur divers points des téguments ; tantôt comme si un buisson d'épines était entre ses épaules, ou si on lui versait un seau d'eau sur le dos ; d'autres fois,
c'étaient des fourmillements ou bien une démangeaison à la paume
des mains, circonscrite et sans éruption , mais tellement intense
que la malade se grattait jusqu'à s'écorcher : cette démangeaison
coexistait ordinairement avec une chaleur brûlante à la plante des
pieds, se faisant sentir l'une et l'autre surtout pendant la nuit ; et
ce phénomène est d'autant plus remarquable, qu'au plus fort de
cette sensation, les pieds de la malade sont toujours froids ; myodinie et arthrodynie des doigts, des poignets, des jarrets, des mollets, des cuisses, en un mot de tout l'appareil locomoteur des extrémités ; souvent, la douleur donne lieu à la claudication, et ce
symptôme est plus intense du côté gauche que du droit ; chaleur,
prurit et cuisson de la vulve ; incontinence d'urine ; l'urine s'é-
chappe par gouttes brûlantes, et à chaque moment ; irritation à la
gorge ; bâillements fréquents ; céphalalgie très intense, prenant fréquemment et durant toute la journée ; appétit très irrégulier, quelquefois considérable , quelquefois nul pendant quatre ou cinq
jours ; dans ces cas, la privation complète d'aliments ne gênait nullement ; constipation habituelle ; déperdition des forces : l'hiver, la
malade allait mieux ; c'était par les grandes chaleurs qu'elle souf-

frait le plus ; à part cette circonstance, les changements dans l'état atmosphérique étaient sans influence. Autrefois, elle était très sujette à la leucorrhée, qui a cessé entièrement depuis l'âge critique. Ordinairement le petit lait et les bains la soulageaient, ainsi que les applications de sangsues ; la saignée réussissait moins bien.

Vingt-un bains, eau du bain des Dames en boisson.

Résultat : amélioration de tous les symptômes ; au seizième bain la leucorrhée a reparu.

### 48. SPASMES DE L'ESTOMAC.

Madame de N..., âgée d'une trentaine d'années, réglée très régulièrement, bonne constitution, susceptibilité nerveuse considérable.

A l'âge de 22 ans, après son second accouchement, à la suite d'un violent chagrin causé par la perte de son premier enfant, accidents spasmodiques ainsi caractérisés : sans signes précurseurs, état de malaise indéfinissable à la région épigastrique ; l'estomac semble être le siége d'une sensation tenant de l'émotion, de l'étouffement, et en même temps de l'engourdissement ; c'est poussé à un tel point que, lorsqu'il paraît à la malade, au milieu d'une angoisse extrême, qu'un verre d'eau sucrée ferait cesser cet état, elle n'a pas la force de le demander : cet état spasmodique se reproduit à intervalles plus ou moins rapprochés ; en certains temps plus d'une fois par semaine, en d'autres, une fois seulement tous les mois ; c'est ordinairement la nuit, lorsqu'une affection morale un peu vive a eu lieu dans la journée. — Du reste, santé parfaite sous tous les rapports.

Vingt-un bains à 27° R., dix douches, l'eau de la source d'Hygie en boisson, ont fait cesser complétement ce pénible état.

Un an s'est écoulé depuis, et il n'y a pas eu de spasmes.

### 49. DOULEURS NÉVRALGIQUES OCCUPANT DIVERS POINTS ; OEDÈME DES PIEDS, HÉMORRHOÏDES.

Madame la marquise de N... , âgée de 44 ans, encore réglée, tempérament sanguin, bonne constitution, a depuis quelques années des hémorrhoïdes internes.

Depuis longtemps, cette dame est sujette à des douleurs névralgiques siégeant ordinairement aux tempes, au sinciput, et souvent aussi à la fosse canine d'où elles s'irradient vers la paupière inférieure de l'œil gauche. Depuis très longtemps aussi (plus de quinze ans), elle est sujette à des palpitations de cœur, sans qu'il existe pourtant de lésion organique : enfin, pendant toute sa vie, elle a eu des dispositions à avoir les jambes engorgées : c'est principalement depuis son dernier accouchement, qui date de neuf ans, que cette tendance s'est réalisée, et que l'engorgement, par gradations insensibles, a pris un caractère sérieux. Maintenant, il ne se dissipe plus par le repos et par la position horizontale ; quoique moins prononcé, il existe aussi bien le matin au sortir du lit : en outre, il y a aussi des paquets de varices aux pieds et à la partie inférieure des jambes. La malade m'a fait observer que ses hémorrhoïdes devenaient quelquefois douloureuses, et que lorsque cela avait lieu, les douleurs névralgiques de la tête étaient suspendues tout le temps que duraient les douleurs hémorrhoïdales.

Vingt bains à 26—27° R., eau de la source d'Hygie en boisson.

Résultat : amélioration très prononcée sous tous les rapports et notamment sous celui de l'engorgement des jambes, qui a complétement cessé ; les varices n'ont point subi de modification.

### 50. ENTÉRALGIE ; MARASME.

Monsieur N.... a une soixantaine d'années, petit, maigre, teint coloré ; il a mené une vie très laborieuse dans le commerce.

Il y a une vingtaine d'années qu'il a éprouvé les premiers symptômes de la maladie dont il est atteint ; peu à peu, elle a fait des progrès, gagnant tous les ans quelque chose en intensité, surtout aux changements de saison; enfin, elle est arrivée au point où elle se trouve aujourd'hui, et présente les caractères suivants : douleur à la région du côlon transverse, s'irradiant quelquefois dans tout le ventre; insensibilité à la pression, inappétence, augmentation de la douleur trois ou quatre heures après l'ingestion des aliments, qui, dans les premiers moments, semble soulager le malade : nulle douleur ni tension à l'épigastre; intolérance de l'estomac pour les aliments excitants; prédilection marquée de cet organe pour les substances alimentaires adoucissantes et principalement pour le lait; constipation, douleur à la région dorso-lombaire; la palpation ne donne aucune idée de lésion organique; faiblesse et amaigrissement progressif arrivé aujourd'hui à un point voisin du marasme; nulle réaction fébrile.

Vingt-un bains à 28° R., douze douches, eau de la source d'Hygie en boisson.

Résultat : un an après, toute espèce d'aliments indistinctement passe bien; la douleur entéralgique a cessé; l'amaigrissement a beaucoup diminué. Cette amélioration, qui se soutient et progresse, a commencé immédiatement après l'usage des eaux de Luxeuil.

### 51. LEUCORRHÉE ABONDANTE; DOULEUR A LA FOSSE ILIAQUE.

Madame N.... est âgée de 35 ans, constitution affaiblie par des grossesses nombreuses et des accouchements pénibles; feux à la tête, croûtes aux narines, menstruation irrégulière.

Il y a dix ans, elle éprouva une douleur fixe correspondant à la partie moyenne de la fosse iliaque externe du côté droit; la douleur existait sans gonflement et n'était pas continuelle.

Il y a un an, cette douleur augmenta d'intensité, devint permanente et prit le caractère pulsatif; un abcès se forma, fut ouvert après un mois et demi, et se cicatrisa après trois semaines de suppuration. Depuis lors, la douleur avait continué de se faire sentir; elle était augmentée par les mouvements du tronc; la malade ne pouvait se coucher du côté droit; de plus, leucorrhée abondante.

Dix-neuf bains à 28° R., eau du bain des Dames en boisson.

Résultat : à la fin de la saison, possibilité de se coucher sur l'un et sur l'autre côté ; l'éruption de la tête et des narines n'a point disparu ; la leucorrhée a cessé presque complétement.

## 52. APOPLEXIE ; HÉMIPLÉGIE.

Mademoiselle N...., domestique, âgée de 40 ans, douée d'un tempérament lymphatico-sanguin.

Depuis longtemps, elle avait éprouvé quelques douleurs dans les articulations, trop peu intenses pour qu'elle les prît en considération.

Depuis trois ou quatre ans, penchant irrésistible au sommeil ; elle dormait même en se livrant à ses travaux habituels.

Il y a un an, pendant qu'elle avait ses règles, elle eut à subir l'impression de l'eau froide, et il y eut suppression instantanée. Quinze jours après, sans autre prodrome, elle sentit ses deux mains, mais principalement la *droite,* s'engourdir, être privées de sentiment ; et immédiatement après, elle se laissa tomber ; une congestion apoplectique était réalisée ; hémiplégie du *côté gauche,* affaiblissement notable des facultés intellectuelles, déviation de la bouche jusqu'à l'oreille droite ; ce dernier symptôme disparut après quelques jours ; quinze jours après, elle faisait déjà quelques pas ; mais le bras gauche ne reprit pas de mouvement et l'intelligence resta affaiblie.

Aujourd'hui, paralysie complète du mouvement du bras gauche, sentiment bien affaibli, contraction permanente des muscles fléchisseurs des doigts, atrophie du membre, extrémité inférieure gauche beaucoup plus faible que la droite, sentiment plus obtus, marche très pénible, état mental peu satisfaisant, appétit parfait, constipation ; tout le reste à l'état normal.

Quinze bains à 28° R., eau du bain des Dames en boisson.

Résultat : un peu de mouvement dans les doigts et de liberté dans la jambe gauche, un peu plus de force.

## 53. COLIQUES SPASMODIQUES.

Madame N.... est âgée à peu près de 40 ans, encore réglée, paraissant douée d'une bonne constitution, et appartenant à la classe aisée de la société ; elle n'a jamais eu de maladie chronique.

Il y a six mois, sans autre cause appréciable que de fréquentes émotions, occasionnées par la vivacité de quelqu'un qui lui tient de très près, elle commença à souffrir de douleurs de colique, contre lesquelles elle est venue chercher un remède aux eaux de Luxeuil. D'abord légères, elles prirent peu à peu de l'intensité, et arrivèrent au point de devenir la source d'inquiétudes sérieuses ; revenant périodiquement tous les jours, à deux ou trois heures de l'après-midi, elles n'ont rien ôté à la malade de son appétit habituel ; qu'elle ait mangé peu ou beaucoup, elles sont les mêmes ; pas de sensibilité développée par la pression ; constipation ; l'état des forces se soutient, l'embonpoint n'a pas diminué.

Quinze bains à 27—28° R., eau de la source d'Hygie en boisson.

Après avoir pris trois bains, elle a été obligée d'en interrompre l'usage à cause d'un dévoiement avec réaction fébrile, qui a duré deux jours, et a cédé à la diète et à l'eau de gomme.

Résultat : partie de Luxeuil après ses quinze bains, complétement guérie.

## 54. GASRO-ENTÉRALGIE ; UTÉRALGIE ; MÉTRITE ; ENGORGEMENT CHRONIQUE DE L'UTÉRUS.

Madame N..., âgée de 34 à 36 ans, tempérament sanguin, bien constituée, bien réglée, a joui pendant sa jeunesse d'une excellente santé.

Les deux lettres suivantes donnent une connaissance suffisante de sa maladie, par rapport à la médication par les eaux de Luxeuil, qui lui a été opposée.

« Madame N... est atteinte, depuis plusieurs années, d'une gastro-entéralgie qui a été plus intense que vous ne la verrez ; quelques anti-spasmodiques en topiques , des bains et un régime assez sévère et bien suivi , ont amendé les symptômes les plus douloureux ; mais il reste encore cette susceptibilité de toutes les voies digestives en vertu de laquelle la moindre cause d'excitation, soit physique, soit morale , ravive les premiers accidents ; l'irritation , qui s'était bornée aux voies digestives , paraît, depuis quelque temps , s'irradier du côté de l'utérus ; de là , quelques douleurs sourdes vers le bas-ventre, etc. »

Madame N... prit vingt-cinq bains à 27° R. , quinze douches et de l'eau de la source d'Hygie à l'intérieur.

Le résultat de cette médication se trouve exposé dans la lettre suivante, écrite une année après :

« Madame N..., qui va prendre sa deuxième saison , s'était fort bien trouvée de vos soins ; et les organes digestifs avaient récupéré presque toute leur énergie ; l'ensemble de l'organisme présentait aussi un état très satisfaisant, à tel point que M$^{me}$ N..., qui n'avait pas eu d'enfant de son second mariage , était devenue enceinte ; mais c'est une fausse couche qui a , pour ainsi dire , troublé cette santé plus que passable. — Vous trouverez notre intéressante malade assez bien rétablie ; et c'est pour fixer votre attention sur une lésion qui n'existait pas l'an dernier, que j'ai le plaisir de vous écrire.

» La fausse couche a été accompagnée d'une métrite aiguë avec perte rouge assez abondante , et qui se manifestait presque à des heures régulières ; une médication anti-périodique, appropriée, en a fait justice ; je n'ai point eu recours aux évacuations sanguines, craignant de débiliter l'appareil digestif ; mais il reste un engorgement de la matrice , peu sensible , il est vrai, mais pour lequel vous serez obligé d'employer quelques moyens résolutifs thermaux, et peut-être une saignée, s'il survenait une période aiguë, etc. »

Résultat : après cette seconde saison, pendant laquelle M$^{me}$ N... prit vingt bains, seize douches, et de l'eau de la source d'Hygie à l'intérieur , elle partit à peu près bien portante , devint enceinte dans l'année, accoucha heureusement et n'a pas cessé depuis de jouir d'une excellente santé.

### 55. Arthrodynie avec claudication ; aphonie.

Madame N..., petite, grasse, tempérament lymphatico-sanguin, bien constituée, âgée de 40 ans, encore bien réglée, fut mariée à 21 ans, et a déjà eu treize enfants ; vie très laborieuse.

Pendant sa deuxième grossesse, à l'âge de 22 ans et demi, après avoir couché tout un hiver dans une chambre très froide et très humide, elle fut prise de douleurs dans les genoux ; elles occupaient tantôt l'un, tantôt l'autre, quelquefois tous les deux ; elle en souffrait principalement l'hiver et surtout quand il faisait très froid ou qu'il tombait de la neige ; mais en été, les conditions atmosphériques n'exerçaient aucune influence ; d'ailleurs, les douleurs étaient très fortes, gênaient la marche et s'aggravaient à des intervalles indéterminés.

Après un accouchement qui fut très pénible, la douleur se fit sentir à la hanche droite et occasionna une claudication qui dura un an ; M^me N... ne se souvient pas si, pendant sa durée, la douleur avait quitté les genoux.

Les choses en étaient à ce point lorsque, à l'âge de 38 ans, elle fut prise, quelque temps après un accouchement, de fièvre puerpérale. A peine remise de cette maladie, elle fut dans la nécessité, un certain jour, de causer beaucoup, et il lui survint une extinction de voix ; elle ne pouvait parler qu'à voix basse, et elle éprouvait un malaise considérable, comme *la sensation d'un anéantissement* ayant son point de départ à la région inférieure thoracique moyenne ; point de lésion dans les appareils digestif ou circulatoire ; menstruation parfaite ; nulle douleur aux genoux ; telle était son état à son arrivée à Luxeuil.

Vingt-un bains à 28—30° R., quinze douches sur les extrémités inférieures et sur la région sternale, eau du bain des Cuvettes en boisson.

A son départ de Luxeuil, moins de malaise local, plus de force en général, mais toujours pas de voix.

Quatre mois après, diarrhée abondante qui dura dix jours et fut immédiatement suivie du retour de la voix.

Un an après, Madame N... revint aux eaux pour consolider sa guérison. Un jour, mais un jour seulement, elle éprouva ses anciennes douleurs de genoux qu'elle n'a plus ressenties depuis.

56. LEUCORRHÉE; MÉTRORRHAGIE; HYSTÉRIE; HYPOCONDRIE; ENGORGEMENT DU LOBE ANTÉRIEUR DU FOIE; MARASME.

Madame N..., âgée de 30 ans, réglée à 13, mariée à 22, a eu trois enfants; maigre, petite, pâle, constitution fort grêle et délicate.

Avant son mariage, douleurs spasmodiques, se reproduisant dans le ventre, très fugitives, et à cause de cela, n'excitant point son attention.

Depuis son mariage, leucorrhée assez abondante, mais cessant par intervalles; fréquemment malaise épigastrique, digestions pénibles.

Il y a deux ans, douleur vers la partie latérale moyenne du thorax, et, un peu plus tard, vers le rebord des fausses côtes. Enfin, il y a six mois, à la suite d'une vive émotion, violent accès névropathique; elle en a eu quelques autres depuis.

Aujourd'hui, douleur à la région du foie; sensibilité de cette partie à la pression, engorgement du lobe antérieur qui déborde le rebord des fausses côtes; borborygmes, coliques passagères, leucorrhée, vermination, appétit variable, digestions pénibles, constipation, sensation de picottement au gosier, susceptibilité nerveuse considérable et grande mobilité; les moindres causes la découragent et la consolent; cependant la tristesse prédomine; tendance à l'hypocondrie, accès névropathiques, menstruation surabondante, amaigrissement. Tout le reste à l'état normal.

Trente-six bains à 28° R., eau d'Hygie et du bain des Dames en boisson, douches sur la colonne vertébrale et sur les régions thoracique et abdominale.

Résultat : cessation de la leucorrhée, digestion parfaite, amendement considérable des autres symptômes, tel était son état à son départ de Luxeuil.

Cinq mois plus tard, le mieux avait encore progressé.

### 57. TORTICOLIS; BRONCHITE; APHONIE; TROUBLE DE L'AUDITION; LEUCORRHÉE SANGUINOLENTE.

Madame N.... est âgée de 50 ans, grande, maigre, très brune, très impressionnable; réglée depuis l'âge de 12 ans.

Dans tout le cours de sa vie, elle a été sujette à des torticolis, à des catarrhes bronchiques, à des enrouements.

Il y a dix ans, elle eut un point de côté qui persista longtemps, même après la guérison de la pleurésie pendant laquelle il s'était développé, et dura plus d'une année. Elle a été sujette à des démangeaisons sur la poitrine et entre les épaules. Depuis plusieurs mois, ces démangeaisons ont cessé; presque toujours aussi, elle a eu un peu d'écoulement leucorrhéique.

L'appareil digestif est en bon état, sauf un phénomène assez singulier, celui d'un bourdonnement d'oreilles, qui ne cesse que quand la digestion est faite et qui commence immédiatement après le repas; constipation.

Enfin, depuis la cessation de ses règles, qui a eu lieu il y a deux ans, la leucorrhée est devenue plus abondante et sanguinolente; rien d'anormal dans l'organe utérin; pouls naturel, état des forces convenable.

Vingt-un bains à 27° R., eau de la source d'Hygie en boisson.

Résultat : au bout de douze jours, cessation complète de leucorrhée, bourdonnements d'oreilles considérablement diminués, amélioration de tout l'ensemble des symptômes.

### 58. DOULEUR AU PIED, A L'ÉPAULE; NÉVRALGIE HÉMICRANIENNE ET FACIALE ALTERNANT AVEC LA GASTRALGIE; SUREXCITATION NERVEUSE.

Madame N.... a 33 ans, fut réglée à 14, mariée à 20, et eut quatre grossesses en cinq ans; tempérament nerveux-sanguin, bonne constitution, position sociale élevée.

Dans sa jeunesse, elle éprouva une douleur à un pied, et longtemps après, une douleur à l'épaule qui dura une quinzaine de jours, sans l'empêcher de se servir de son bras; elle était très sujette à la céphalalgie et avait l'estomac délicat; dans son enfance, elle avait eu la fièvre muqueuse, et à l'âge de 15 ans, une suppression qui dura un an.

A part ces affections, elle a joui d'une bonne santé, quoique sujette à des surexcitations nerveuses.

Il y a quinze mois, elle fut prise, sans cause appréciable, d'une névralgie atroce, fixée sur l'un ou l'autre hémicrâne alternativement; après avoir horriblement souffert pendant quinze jours, elle alla trouver un dentiste qui lui persuada que deux dents à extraire étaient la cause de ses douleurs; l'une fut extraite en effet; l'autre se brisa dans l'alvéole; on tenta vainement d'arracher les racines. Les douleurs de tête n'en furent que plus violentes; c'était, dit M<sup>me</sup> N...., « à courir les champs. » L'estomac participa à la souffrance; l'appétit se perdit complétement; d'ailleurs, aussitôt que la moindre quantité d'aliments était ingérée, ils étaient rejetés par le vomissement. Enfin, peu à peu, ces douleurs se calmèrent, mais la surexcitation nerveuse qui existait déjà n'en fut que plus prononcée.

Aujourd'hui, il existe depuis trois mois suppression ou grossesse; les caractères du phénomène présentent beaucoup d'ambiguité; la névralgie a les mêmes allures que celles décrites ci-dessus; elle alterne avec le malaise indéfinissable à la région épigastrique et aux hypocondres; tristesse, morosité, découragement, lassitude; bientôt la névralgie faciale apparaît, et dès lors, plus de phénomènes gastralgiques. D'ailleurs, la langue ne présente rien d'anormal; le pouls est régulier sous tous les rapports, nul autre trouble fonctionnel.

Vingt-cinq bains à 26° R., eau de la source d'Hygie en boisson.

Résultat : amélioration sous tous les rapports; la gastralgie et la névralgie hémicranienne ont considérablement diminué d'intensité; l'état moral est plus satisfaisant; la menstruation ne s'est pas rétablie.

59. DOULEURS ERRATIQUES; AMÉNORRHÉE; GASTRALGIE; APHONIE;
SUREXCITATION NERVEUSE.

Mademoiselle N...., âgée de 23 ans, tempérament lymphatico-sanguin, petite, mais bien constituée, ayant joui pendant son enfance d'une excellente santé, douée par la nature d'une très belle voix qu'elle a beaucoup cultivée.

A l'âge de 21 ans, irritation au larynx et extinction de voix complète qui dura huit jours : depuis ce temps, impossibilité absolue de chanter.

Il y a sept mois, suppression; depuis longtemps déjà, elle éprouvait des symptômes de pyrosis; elle a eu aussi à diverses fois, mais d'une manière passagère, des douleurs erratiques dans les articulations; leur peu de durée, ainsi que leur peu d'intensité, les faisaient considérer comme insignifiantes. Enfin, depuis lors, agacement du système nerveux, impressionnabilité extrême, tremblement nerveux à la moindre application.

Trente-six bains à 27-28° R., eau ferrugineuse en boisson, et, après le quinzième jour, eau du bain des Dames, douches à 34° sur les extrémités pelviennes d'abord, et ensuite sur la région supubienne et sacro-lombaire.

Résultat : au vingt-deuxième bain, rétablissement de la menstruation; et, quelques jours plus tard, M^lle N... avait recouvré sa belle voix; les étrangers qui fréquentaient le salon en admirèrent la pureté et l'étendue, ainsi que le talent musical très distingué qui la dirigeait.


60. CÉPHALALGIE; LEUCORRHÉE; NÉVRALGIE STERNO-ÉPIGASTRIQUE.

Mademoiselle N..., maigre, élancée, teint coloré, cheveux noirs, réunissant les attributs du tempérament sanguin à ceux du tempérament nerveux, assez bien constituée, ayant dans le caractère une grande vivacité, tempérée par une tout aussi grande résignation; âgée de 31 ans et se livrant à l'éducation. Elle fut réglée à l'âge de 15 à 16 an

Sous l'influence d'une vie triste et sédentaire, il lui survint des douleurs de tête sourdes, mais constantes. A 21 ans, fièvre muqueuse, à la suite de laquelle les douleurs de tête diminuèrent beaucoup ; cette diminution fut suivie de leucorrhée ; enfin, il y a un an, manifestation d'un nouveau symptôme consistant en une sensation extrêmement pénible à la région thoracique antérieure, depuis l'épigastre jusqu'à l'extrémité supérieure du sternum ; point de toux, ni de dyspnée, ni de palpitation ; le stéthoscope ne fournit aucun signe d'état pathologique.

Mademoiselle N... a toujours été réglée fort irrégulièrement ; tous les deux mois, six semaines, trois mois, etc.; elle a même éprouvé, à l'âge de 27 ans, une suppression qui a duré six mois, et qui n'a pas cessé sans les secours de l'art.

La maladie dont les principaux symptômes viennent d'être retracés doit vraisemblablement son origine à des chagrins et des ennuis profonds qu'a eu à subir M^{lle} N.

Vingt-un bains à 27-28° R., dix douches, eau de la source d'Hygie en boisson.

Résultat : amélioration générale, cessation de la leucorrhée, menstruation au trente-deuxième jour.

### 61. MYODINIE ; GASTRALGIE.

Monsieur N..., âgé de 52 ans, tempérament sanguin, bonne constitution.

A l'âge de 22 ans, après avoir passé l'hiver dans un logement humide et froid, myodinie et arthrodynie qui, sans l'empêcher d'aller, donnaient lieu à la claudication.

Quelque temps après la guérison de cette claudication, sous l'influence d'une hygiène alimentaire peu convenable, tant pour la nature des aliments que pour la régularité de l'alimentation, se manifesta une sensibilité douloureuse à l'épigastre ; le gilet et le pantalon exerçaient une constriction gênante : cela dura un an, avec des intervalles de mieux et de moins bien.

Enfin, après des affections morales graves, à la douleur épigastrique vint se joindre le trouble fonctionnel de l'estomac ; la digestion était très longue et très pénible : il fallait vingt-quatre heures pour qu'elle fût parfaite ; alors le besoin de manger se faisait sentir vivement, et, lorsqu'il était satisfait, était suivi d'une nouvelle indigestion ; constipation.

De temps en temps, vomissements sans efforts, comme spontanés, que l'action de fumer et l'usage de la bière provoquent très souvent.

Depuis la première manifestation des douleurs à l'estomac, celles qui frappaient les membres et les articulations n'ont plus lieu que passagèrement ; la langue est très légèrement saburrale le matin, un peu pointillée, s'étalant peu, et rouge à sa pointe plus que ne le comporte l'état normal. — Le vin irrite, donne de la soif ; les aliments excitants sont nuisibles ; le lait, que M. N... n'aime pas, passe beaucoup mieux.

Trente bains à 28° R., vingt douches, eau de la source d'Hygie à l'intérieur.

Résultat : avant son départ de Luxeuil, retour complet à l'état normal.

### 62. PALPITATIONS DE CŒUR ; BLENNORRHÉE.

Monsieur N..., âgé de 21 ans, tempérament éminemment sanguin, fils d'un père fortement rhumatisé, position sociale confortable.

Dès sa plus tendre enfance, affection du foie qui faillit l'enlever.

Vers l'âge de 14 ou 15 ans, chute sur un genou, et, depuis, sensibilité plus grande de cette partie, surtout au retour du printemps.

A l'âge de 18 ans, palpitations de cœur se manifestant fréquemment, surtout par une marche un peu rapide, en montant un escalier, et *imprimis per coïtum*. — Enfin, il y a six mois, blennorrhagie qui a duré six semaines, et a été traitée par le poivre cubèbe, le copahu et les injections de nitrate d'argent ; la blennorrhagie n'a nullement modifié son état antérieur ; elle a été suivie d'une espèce de suintement chronique qui dure encore, avec douleur en urinant ; la valse, la danse, le chant, sont nuisibles ; le cœur, hors le temps des palpitations, ne donne point de bruit anormal.

Vingt-deux bains à 26° R., seize douches, eau de la source d'Hygie en boisson.

Résultat : cessation de la sensation de douleur qui avait lieu en urinant ; diminution des palpitations.

## 63. SUPPRESSION D'ENGELURES ; AMÉNORRHÉE ; TUMEUR AU-DESSOUS DE L'ÉPIGASTRE ; TROUBLE DE LA DIGESTION.

Mademoiselle N.... fut réglée à 13 ans ; maigre, frêle, très brune, très impressionnable, à imagination vive, fille et nièce d'hommes de lettres fort distingués ; elle avait toujours joui, jusqu'à l'âge de 19 ans, d'une assez bonne santé, malgré la délicatesse de sa constitution et une susceptibilité d'estomac un peu anormale.

Sujette aux engelures à un degré peu ordinaire, elle passait quelquefois l'hiver sur un fauteuil, condamnée par cette infirmité à un repos absolu.

Fatiguée d'un tel état de choses, se reproduisant tous les ans une partie de l'hiver, elle fit usage de je ne sais quel onguent, dont le résultat fut la suppression de ses engelures. Bientôt après, aménorrhée.

Au mois de mai suivant, elle vint aux eaux de Luxeuil. Voici son état : Aménorrhée depuis le commencement de novembre ; décoloration de la face, faiblesse extrême, palpitation presque continuelle, syncope au moindre mouvement ; dyspepsie ; crampes d'estomac, quelques heures après l'ingestion des aliments ; le salé, les légumes secs, les choux, les aliments venteux, la gênent ; le lait passe mieux que tout autre chose ; constipation.

Tumeur diffuse, large, faisant saillie sous les parois abdominales, située au-dessous de l'épigastre, dure, immobile, indolente, transversale. Cette tumeur s'est manifestée aussitôt après la suppression, et n'est arrivée qu'insensiblement au point où elle est aujourd'hui ; céphalalgie continue, point de bruit anormal.

Mademoiselle prit trente-six bains à 26—27° R., et but de l'eau du bain des Dames; douches sur les extrémités inférieures.

Il y eut, après cette première saison, une amélioration évidente, portant principalement sur l'état des forces, sur la diminution de la tumeur et des lésions des fonctions digestives.

Au mois de février suivant, retour des règles après quinze mois de suppression. — Au mois de mai, nouvelle saison aux eaux de Luxeuil, et même médication.

Résultat : rétablissement progressif; les engelures reparurent l'hiver suivant.

Six années se sont écoulées depuis, et M^{lle} N.... jouit de toute la santé que comportent son âge et sa constitution.

### 64. INDIGESTION.

Madame N..., âgée d'à peu près 55 ans, brune, d'un embonpoint modéré, sans signe caractéristique d'un tempérament exclusif.

« .... Par suite de fatigues physiques et d'irrégularité dans ses repas, les fonctions digestives de M^{me} N.... ont, depuis plusieurs mois, subi une altération assez notable; un malaise épigastrique, des indigestions assez fréquentes, une défécation pénible, en sont les principales manifestations; il s'y joint parfois de la dysurie, sans que l'appareil urinaire soit affecté essentiellement, mais seulement par sympathie; il arrive, parfois aussi, que l'irritation s'étend jusqu'à l'arrière-gorge; il y a alors, le matin, quelques crachats muqueux, légèrement striés, d'une teinte rouille; ces derniers symptômes préoccupent fortement la malade et sont cependant sans importance.

» Madame N.... vient d'essuyer une fièvre scarlatine assez intense, qui a suivi une marche régulière, et dont la période de desquammation s'achève. Le système cutané est donc très susceptible et il y a lieu d'aller très doucement au début de la médication thermale, soit pour la durée du bain et sa température, soit pour la nature des eaux. »

(Consultation de M. N...)

Vingt-cinq bains, dix douches sur les extrémités inférieures, eau de la source d'Hygie en boisson.

Résultat : guérison complète.

### 65. REFROIDISSEMENT DES EXTRÉMITÉS ; GASTRALGIE ; LEUCORRHÉE.

Madame N... est âgée de 52 ans, petite, blonde, embonpoint modéré, imagination vive, appartenant à une des classes aisées de la société, bonne constitution.

« ... Cette dame présente le type d'un état névropathique de l'appareil digestif, surtout de l'estomac ; ainsi, les digestions sont presque toujours laborieuses, la défécation presque jamais naturelle ; et, à la moindre fatigue physique ou morale, il y a crampes d'estomac, avec douleur et exspuition de matières aqueuses ; ces accidents sont accompagnés de leucorrhée, mais seulement dans le cas de fatigue plus forte ; elle éprouve un symptôme fort ennuyeux et presque continuel, même dans le temps des plus grandes chaleurs, c'est un froid intense aux extrémités inférieures. »

(Consultation de M. N.)

Trente bains à 26° R., eau ferrugineuse en boisson, douches sur les extrémités inférieures.

Résultat : amélioration assez prononcée au départ de Luxeuil, et qui, un an après, avait assez progressé pour pouvoir être prise pour une guérison.

### 66. NÉVRALGIE RHUMATISMALE SE PORTANT ALTERNATIVEMENT DE L'ÉPAULE DROITE A L'OEIL DU MÊME CÔTÉ ET VICE VERSA.

« Une demoiselle âgée d'environ 50 ans, est atteinte d'un rhumatisme vague qui se fixe sur l'épaule droite et sur l'œil du même côté ; il passe alternativement de l'épaule à l'œil, et de l'œil à l'épaule ; l'œil s'enflamme lors de la présence du rhumatisme, et reprend son état normal lorsque celui-ci s'est reporté sur l'épaule ; on pratique des saignées, soit générales, soit locales, surtout lors de l'inflammation de l'œil ; mais, quoiqu'un mieux-être en soit la suite, ces saignées ne peuvent être continuées à cause de la crispation dans les doigts, des mouvements de torsion des membres qu'en éprouve cette malade ; elle s'y refuse absolument : on a recours infructueusement aux bains domestiques ; elle va prendre des bains et des douches aux eaux minérales de Luxeuil : alors la scène change ; un grand soulagement se manifeste ; l'état de souffrance presque permanente a cessé, elle ne ressent plus aucune douleur à l'œil : seulement, dans les variations de température, les membres sont encore atteints de douleurs vagues. Elle retourne aux eaux les années suivantes, plutôt, dit-elle, pour les remercier que pour en obtenir du soulagement ; elle ne souffre plus.

» C'était en 1826. Depuis cette époque, plus de douleur à l'œil ; rarement quelques douleurs vagues et très supportables dans les membres ; il est probable que sans le secours des eaux, la malade eût été privée de l'œil droit et peut-être de l'usage des membres, tant le rhumatisme avait de fréquence et d'intensité. »

*(Observation communiquée par M. le docteur Truchot.)*

### 67. LÉSION DE L'APPAREIL CÉRÉBRO-SPINAL ; RAMOLLISSEMENT.

Une jeune institutrice est affectée de douleurs de tête très vives, de douleurs à la nuque avec engourdissement des jambes, des bras, des doigts, au point de ne pouvoir placer des épingles. Trébuchant souvent dans la marche, elle se fait une entorse au pied ; la paralysie survient aux extrémités inférieures, et cette malheureuse reste au lit dix-huit mois sans aucun mouvement des extrémités.

On la conduit à Luxeuil ; les douches et les bains très chauds lui furent administrés sans aucune amélioration ; et après deux saisons, elle revint chez elle à peu près dans le même état que lorsqu'elle en était partie.

Deuxième année. — L'année suivante, elle retourna à Luxeuil ; instruit sans doute par l'insuccès de l'année précédente, le médecin lui a fait prendre les douches et les bains presque froids ; après le trente-huitième bain, elle sent ses forces revenir dans les jambes. Encouragée par ce léger succès, elle prend une troisième saison, pendant laquelle elle peut faire quelques pas dans sa chambre, au moyen de béquilles, et même elle put en faire le tour ; elle continua à gagner, et à la fin de cette saison elle est allée deux fois seule aux bains, aidée seulement de ses béquilles.

De retour chez elle, elle abuse de ses forces en mangeant un peu trop ; elle les perd de nouveau, éprouve des évanouissements ; une saignée devient nécessaire ; vers le mois de mai la main droite était presque paralysée, un fourmillement s'y faisait ressentir.

Troisième année, — Elle va prendre les eaux de Luxeuil, pour la troisième fois, éprouve de légères attaques d'apoplexie ; une saignée, aidée de l'application des ventouses sur la partie cervicale de l'épine, met fin à ces redoutables accidents ; elle prend alors les douches presque froides, et récupère le mouvement du bras presque paralysé. Une deuxième saison rend aux jambes leur mouvement, au point qu'elle pouvait aller au bain avec le seul secours de sa béquille.

Huit jours après son retour de Luxeuil, elle va à Bourbonne-les-Bains, y prend seulement trois bains après lesquels elle est atteinte d'étourdissements, et forcée de garder le lit ; elle revient chez elle où elle reste deux mois pouvant marcher à l'aide de ses béquilles.

Quatrième année. — Elle retourne à Luxeuil la quatrième année. Après quinze bains presque froids, elle sent revenir ses forces, et ses douleurs se dissiper ; elle quitte ses crosses et peut marcher à l'aide d'un seul bâton.

Cinquième année. — La cinquième année, elle prend des douches presque froides, les pieds plongés dans l'eau chaude.

Sixième année. — La sixième année, elle va à Bourbonne où elle prend les bains presque froids et les douches chaudes ; des maux de tète ont été la suite de ce traitement.

Septième année. — Elle retourne à Luxeuil où elle prend les bains presque froids, et les douches alternativement chaudes et froides ; après quoi, son état s'est tellement amélioré qu'elle a récupéré toutes ses forces, n'éprouvant que quelques légers maux de tète qui cèdent aux saignées.

Depuis environ quatre ans, elle est employée comme femme de chambre, et suffit parfaitement à en remplir les devoirs, n'éprou-

vant d'autre dérangement dans sa santé que les légères céphalalgies
dont on vient de parler.

*(Observation communiquée par M. le docteur Truchot.)*

### 68. MYÉLITE LOMBAIRE, RHUMATISMALE.

Dans le courant du mois de mars 1833, un jeune homme de
12 ans est atteint de douleurs vives dans la colonne épinière, partie lombaire ; ces douleurs sont telles qu'on ne peut imprimer à ce
malade le moindre mouvement sans lui faire pousser des cris per-
çants ; elles s'accompagnent d'engourdissement des jambes, de difficulté d'uriner, de tension du ventre, de selles rares, d'une grande
fréquence du pouls ; bientôt les jambes deviennent immobiles, les
douleurs des vertèbres lombaires prennent une nouvelle intensité,
et font craindre, réunies à l'immobilité des jambes, l'inflammation
de la moelle épinière dans sa partie lombaire.

Ces symptômes sont combattus par les saignées et les bains domestiques ; les mouvements qu'on était obligé d'imprimer à ce
jeune malade lui faisant redouter les bains , on le glisse sur un ma-
telas de paille , et on le porte ainsi dans le bain ; il y éprouve un
grand soulagement, y reste longtemps et redemande ce moyen
avec empressement.

Le trochanter du côté droit s'affecte, devient douloureux et
s'enflamme avec tuméfaction ; les douleurs de dos diminuent, le
bain procure un peu de mouvement dans les pieds ; mais ce bien-
être est de peu de durée ; car, à la fin de mars, les extrémités inférieures sont toujours immobiles.

En avril, la fièvre existe encore ; elle est plus marquée le soir,
l'appétit est néanmoins revenu , les genoux sont affectés, le rhumatisme ne les occupe pas longtemps, le malade étend un peu les
jambes, il est très maigre.

Le 30 avril, les douleurs se manifestent dans l'articulation iléo-
fémorale du côté gauche ; dans le courant de mai , le rhumatisme
passe du dos aux genoux et des genoux au dos ; le pouls reste fréquent ; les douleurs diminuent ; on peut faire sortir le malade et le
porter au soleil.

Le 19 mai, il paraît moins maigre; mais la raideur des genoux et de l'articulation iléo-fémorale persiste, avec immobilité des extrémités inférieures.

Il reste assis, et ne peut changer de place qu'en appuyant ses mains à terre et en transportant son corps au moyen des muscles grand-pectoraux et grand-dorsaux.

Sur la fin de juin, on le conduit aux eaux de Luxeuil; après plusieurs bains, les extrémités inférieures reprennent un peu de mouvement; il peut se tenir droit à l'aide de crosses, et même s'appuyer un peu sur ses jambes; il continue les bains et les douches, et chaque jour le mieux-être s'augmente; il quitte ses béquilles et marche seul à la fin de la saison; les forces reviennent de plus en plus, et, après quelques mois, il est aussi fort et aussi agile qu'aucun enfant de son âge; sa santé s'est parfaitement soutenue, et jusqu'ici, douze ans après ce redoutable rhumatisme, il n'en a éprouvé aucun ressentiment. »

(Observation communiquée par M. le docteur Truchot.)

69. Vice d'innervation de l'appareil musculaire.

..... Monsieur N.... est doué d'un tempérament éminemment nerveux; depuis plusieurs mois, il est en proie à une irritation chronique des voies digestives, qui le plonge dans un état de marasme prononcé.

L'entérite chronique se complique évidemment, chez M. N...., d'une sorte de rhumatisme nerveux qui le rend très susceptible, de telle sorte que les variations dans la température ont une fort grande influence sur sa santé.

Les digestions se font avec grande peine, et sont presque toujours accompagnées de coliques, tantôt avec diarrhée, tantôt au contraire avec constipation; la digestion des liquides est presque impossible, de quelque nature qu'ils soient.

J'ai pensé que vos eaux thermales, prises soit en bains, soit en boisson, soit en douches ascendantes, pourraient contribuer puissamment à améliorer les fonctions digestives; mais il est bien évident, d'après les symptômes énumérés ci-dessus, qu'elles doivent être employées avec les plus grandes précautions, vu la constitu_tion de l'état du malade. »                    *(Consultation de M. le docteur B.)*

Complément de cette consultation :

Monsieur N...., avocat, dans une belle position de fortune, est âgé de trente et quelques années, grand, maigre, très brun, imagination vive, esprit cultivé, sensibilité exquise, ayant le goût des arts et s'y livrant sans ménagement, instrumentiste d'une force remarquable.

Sa maladie, dont les premiers symptômes remontent à une date assez reculée, et que M. N.... attribue à un genre de vie trop sédentaire, est constituée par une lésion purement vitale, dont l'appareil musculaire est le siége principal; l'exploration la plus attentive et la plus minutieuse ne fournit aucun indice de lésion organique ; les muscles servant à la locomotion, aussi bien que ceux qui entrent dans la structure des viscères creux où s'opère la digestion, sont vicieusement énervés ; de là cette fatigue qu'occasionne la marche surtout après le repas ; de là encore cette paresse ou cette accélération des mouvements péristaltiques, ainsi que les douleurs de colique qui les accompagnent ; de là enfin, la difficulté, non-seulement de la digestion, mais même des aliments surtout liquides, cette sorte de dysphagie poussée si loin, que le malade ne peut avaler plus d'une gorgée de liquide à la fois. La langue ne présente ni rougeur ni saburre ; l'appétit est médiocre, rien d'anormal dans l'état de la respiration, circulation satisfaisante, faiblesse et émaciation extrêmes, tristesse, inquiétude d'esprit, préoccupation de sa maladie, régime de vie substantiel.

Bains, douches, eau de la source d'Hygie en boisson.

Résultat : après un mois de cette médication, le malade avait récupéré une partie de ses forces ; il pouvait boire à la fois un demi-verre de liquide, et il dînait à table d'hôte.

De retour dans ses foyers, l'amélioration se soutint et progressa tellement que, revenu aux mêmes eaux l'année suivante, il buvait, mangeait et digérait comme tout le monde, et faisait le charme du salon par les agréments de son esprit et les sons délicieux qu'il tirait de son instrument.

## 70. NÉVROPATHIE; GASTRALGIE AVEC RÉACTION SUR LA CIRCULATION.

.... « Madame N..., âgée de 42 ans, bien réglée, tempérament lymphatico-nerveux, est sujette, depuis huit ans, à des crises d'irritation d'estomac avec des accidents névropathiques; ces crises revenaient, les premières années, deux ou trois fois par an; depuis deux ans, elles reviennent presque tous les deux mois; elles consistent en une douleur profonde partant de l'hypocondre gauche, et se propageant du même côté dans la poitrine et dans le ventre, avec une sensation et une espèce de bruit particuliers; il survint des éructations très abondantes, puis des soulèvements d'estomac et des vomissements glaireux, quelquefois bilieux, et rarement des substances ingérées. D'ordinaire, il y a beaucoup de fièvre pendant plusieurs jours; des douleurs le long de l'épine, dans le ventre, à la tête, dans les membres; de la chaleur, quelquefois des sueurs, rarement du dévoiement. — Ces crises s'arrêtent dix, douze ou vingt-quatre heures, et reprennent ainsi plusieurs fois. Il arrive aussi qu'un fort accès de fièvre reparaisse plusieurs fois de suite, à la même heure; les crises d'estomac suivent quelquefois cette marche : le sulfate de quinine fait alors très bien.

» Les moyens employés avec le plus de succès sont les saignées du bras, les sangsues au creux de l'estomac, les bains, les demi-bains, les lavements, la glace, et, en leur temps, les sinapismes et les vésicatoires, ceux-ci promenés sur le ventre.

» On a aussi employé, avec des succès variables, les ventouses scarifiées, surtout le long de l'épine; les calmants, qui ont rarement bien fait, et l'huile de ricin à petite dose.

» La constitution irritable de la malade, sa sensibilité et l'état de névrose presque habituel de l'estomac, réclament, surtout au commencement de la médication thermale qu'elle va suivre aux eaux de Luxeuil, une attention particulière et des soins de la part du médecin, etc.... »          *(Consultation de M. le docteur N...)*

M^me N... prit vingt-huit bains à 26° R. et quinze douches; elle fit usage, en boisson, de l'eau de la source d'Hygie.

Résultat : J'ai vu M^me N… un an après ; à cette époque, il y avait six mois qu'elle n'avait pas eu de crises, et la dernière qu'elle avait subie avait été la moins intense de toutes celles qu'elle avait éprouvées jusqu'à ce jour.

**71.** NÉVRALGIE RHUMATISMALE ; LÉSION DE L'APPAREIL GÉNITO-URINAIRE ; PARALYSIE HYSTÉRIQUE.

Madame la comtesse de N…, d'un tempérament lymphatique-nerveux, fut prise, il y a sept ou huit ans, d'une douleur assez intense à l'une des extrémités inférieures ; cette douleur, que je penserais avoir été de nature rhumatique-névralgique , fit conduire Madame aux eaux d'Aix en Savoie.

L'administration de ce moyen thermal en douches fit disparaître cette douleur ; mais la métastase s'opéra sur le système nerveux de tout l'appareil génito-urinaire, et même sur les nerfs de la vie animale circonvoisine.

Madame fut prise alors de douleurs utérines, d'envies plus fréquentes d'uriner, et d'une impossibilité de marcher simulant la paralysie.

C'est dans cet état que Madame fut dirigée sur Nice, afin d'y passer la mauvaise saison ; mais ce climat, si favorable dans beaucoup de cas, n'eut aucun effet sur l'état pénible de Madame. L'impossibilité de marcher persévéra ; à chaque époque menstruelle, il y avait des crises extrêmement violentes, que l'on était presque toujours forcé de combattre par la saignée, tous les antispasmodiques ayant échoué.

Après quelques années de séjour à Nice , Madame se rendit à ****, où je fus appelé à lui donner des soins ; je la trouvai au lit, en proie à tous les symptômes d'une crise hystérique compliquée de mouvements tumultueux du cœur, de suffocation, d'agitation des membres supérieurs, et aussi de chaleurs intolérables dans le ventre , etc.

Je crus alors devoir pratiquer une forte saignée, qui fit cesser les crises *au bout de vingt-quatre heures* ; pendant les deux époques, je mis en usage toute la série des calmants antispasmodiques , tels que la valériane, la belladone, le cyanure de potassium, l'eau de laurier-cerise, etc.; la mauvaise saison ne permettant pas l'usage continu des grands bains, j'eus ainsi plusieurs orages à essuyer, et plusieurs saignées furent pratiquées; mais, familiarisé avec ces crises, je crus devoir leur laisser parcourir leurs périodes, et je m'abstins des évacuations sanguines, moyen auquel je répugnais, sachant que, dans les maladies nerveuses, elles prédisposent aux rechutes, en combattant seulement les accidents.

C'est ainsi que nous traversâmes la mauvaise saison, et, qu'arrivés au printemps, je crus devoir tenter de nouveau quelques moyens antispasmodiques, afin de prévenir les orages terribles qui accompagnaient chaque époque menstruelle : tous, y compris la quinine et ses préparations, échouèrent; le musc seul nous donna des résultats qui débarrassèrent Madame de ses craintes pour une maladie de cœur.

Je fis alors prendre tous les jours un grand bain jusqu'à la ceinture; et, dans le bain, la malade se faisait des injections au moyen d'une seringue *ad hoc*; et, avant chaque époque, elle faisait usage, pendant sept à huit jours, de suppositoires de beurre de cacao, dans lesquels on incorporait deux grains de musc.

Sous l'influence de ces moyens, les crises sont devenues plus faibles, plus éloignées, et ont fini par disparaître; les douleurs abdominales ont presque cessé, et Madame a pu faire quelques pas à l'aide de béquilles; l'amélioration a fait quelques progrès l'année dernière, et, cette année, elle (la malade) peut marcher avec une canne et même monter quelques degrés; les crises n'ont pas reparu depuis six à sept mois.

Il y a quelques jours que l'ancienne douleur s'est fait sentir à la jambe, mais elle a été de peu de durée, et elle a cessé sous l'influence de frictions huileuses calmantes.

Ayant égard à l'amélioration obtenue, à l'état de célibat dans lequel Madame a toujours vécu, à l'âge critique auquel elle touche, j'ai pensé devoir combattre les restes de l'innervation viciée des plexus utérins et même des nerfs de la vie animale qui vont se distribuer aux extrémités inférieures, en opérant une dérivation sur tout le système cutané; c'est dans cette vue, que j'ai conseillé l'usage d'un traitement par les eaux thermales de Luxeuil. » *(Consultation de M. N.)*

Voici le complément de cet historique :

Madame de N.... a 44 ans, taille moyenne, très brune, embonpoint médiocre, facultés intellectuelles moins développées qu'on ne pourrait le penser d'après sa position sociale ; préoccupée exclusivement de sa maladie et de tout ce qui y a trait, sa vie a été exempte des orages que suscitent les passions.

Bâillements fréquents, constriction hystérique à la gorge, menstruation régulière, mais moins abondante depuis quelques années, toujours précédée, accompagnée ou suivie d'une surexcitation nerveuse considérable ; pendant sa durée, oppression, spasmes de l'appareil respiratoire, irrégularité des mouvements du cœur, sensation de tension et de gonflement hypogastrique, envies fréquentes d'uriner ; souvent, accès névropathiques d'une intensité effrayante, quoique variables aux diverses époques ; leucorrhée.

Immobilité complète des extrémités inférieures ; la malade ne peut faire le moindre mouvement ; on la porte de l'établissement thermal à son logement, et là, une servante robuste la prend dans ses bras et la monte à son appartement au premier.

Appétit médiocre, digestions lentes, rendues moins pénibles par l'usage d'aliments très légers, du laitage, etc. ; constipation.

Tel était son état à son arrivée aux eaux de Luxeuil. — Tout autre moyen thérapeutique fut supprimé pendant la durée du traitement thermal, qui fut de quarante jours, et consista en trente-six bains à 27° R., quinze douches, et l'eau de la source d'Hygie en boisson.

A l'approche de son époque menstruelle, M$^{me}$ de N.... eut un accès névropathique d'une violence peu ordinaire, qui se prolongea pendant six heures, présenta le rare symptôme de la cynanthropie bien caractérisée, et céda à l'assa-fetida.

A son départ de Luxeuil, après un séjour de six semaines, amélioration immense sous tous les rapports ; la malade fait à pied, quoique lentement, le trajet qui sépare l'établissement thermal de la maison où elle a son logement, et qui en est distante d'une centaine de mètres.

Six mois après, ayant eu occasion de faire à M^me la comtesse.... une visite chez elle, elle me reconduisit jusqu'au haut de l'escalier, sans aucun appui, marchant comme elle ne l'avait jamais fait depuis huit ans.

Enfin, Madame revînt trois années de suite passer une saison aux eaux de Luxeuil; pendant la dernière, elle marchait assez bien, sans qu'on pût cependant la dire ingambe, pour suffire aux nécessités de la vie; elle se mêlait même aux parties de plaisir, etc.

### 72. MYÉLITE; MÉNINGITE RACHIDIENNE.

Madame N...., femme de cultivateur aisé, est âgée de 32 ans, tempérament sanguin, bonne constitution, menstruation normale.

A l'âge de 30 ans, au mois de février, sa sœur et son beau-frère moururent à vingt-quatre heures d'intervalle l'un de l'autre; en outre, elle porta un enfant dans ses bras à une distance de plus de cinq kilomètres, se fatigua en chemin et eut froid outre mesure : ensuite de toutes ces circonstances, arrivée chez elle, elle fut obligée de se coucher; elle s'était sentie, disait-elle, piquée à l'estomac; fièvre, vomissements, douleurs dans le ventre; ses règles parurent et l'empêchèrent de mettre vingt sangsues qui lui avaient été prescrites.

Après quelques jours, la réaction fébrile avait cessé, mais non la maladie; pendant cinq ou six mois, douleurs erratiques, appétit factice, constipation, faiblesse musculaire; enfin, progressivement la maladie arriva au point où elle est aujourd'hui. Douleurs sur tous les points de la colonne vertébrale à la moindre pression, principalement aux vertèbres dorsales; endolorissement de tous les muscles du corps, impossibilité de faire le moindre mouvement sans exciter de la sensibilité et quelquefois des douleurs aiguës, ainsi celui de tourner la tête, de porter les bras en arrière, de fléchir le tronc, de ramasser quelque chose qui est à terre, donne lieu à des douleurs déchirantes dans les divers muscles chargés de l'exécuter; les muscles de la partie postérieure du tronc souffrent également; ceux de la partie antérieure font éprouver la sensation de cordes tendues.

Il y a huit à dix mois, par les suggestions d'une sage-femme, qui prenait les mouvements spasmodiques pour une maladie de l'utérus, M^me N.... se fit mettre un pessaire qu'elle a gardé quatre mois ; pendant tout ce temps, écoulement d'une matière sanguinolente semblable à de la lavure de chairs, écoulement qui n'avait pas lieu avant l'introduction du pessaire ; après son enlèvement, plus de sang ni de douleurs utérines, mais constatation d'un polype utérin.

Respiration et digestion en très bon état, constipation, quatre-vingt-dix pulsations par minute, menstruation parfaite.

Seize bains à 28° R., eau du bain des Dames en boisson.

Résultat, peu marqué à son départ. Une quinzaine de jours après, plus de facilité dans les mouvements, moins de douleur ; trois mois après, amélioration évidente.

**73.** NÉVRALGIE ARTICULAIRE, TEMPORALE ; CÉPHALALGIE ; PALPITATIONS DE COEUR ; LEUCORRHÉE ; ENGORGEMENT DU COL DE L'UTÉRUS ; RELACHEMENT DE SES LIGAMENTS ; GASTRALGIE ; NÉVRALGIE SCIATIQUE AVEC ATROPHIE ; PNEUMATALGIE.

Madame N.... est âgée de 32 ans, et fut réglée à 15 ; elle a constamment demeuré dans une habitation humide (un moulin). Déjà à l'époque de sa première menstruation, elle éprouvait de la raideur dans les poignets, comme un léger endolorissement auquel, à cet âge, on prête peu d'attention ; en outre, elle était très sujette à la céphalalgie ; la douleur occupait ordinairement la tempe droite.

Mariée à 22 ans, elle devint enceinte tout aussitôt ; et déjà pendant sa grossesse se manifestaient des palpitations de cœur, contre lesquelles la digitale a été longtemps administrée.

Au septième mois de sa grossesse, elle eut une fausse couche assez pénible, à la suite de laquelle eurent lieu l'engorgement du col de l'utérus, le relâchement des ligaments et la leucorrhée. Un traitement par des eaux minérales naturelles fut opposé à cette affection, et, en apparence du moins, en triompha ; la céphalalgie avait déjà considérablement diminué, lorsque eurent lieu les acci deuts consécutifs de cette fausse couche.

Quelques années après, il se manifesta une lésion de l'appareil digestif caractérisée par un trouble fonctionnel, anorexie, dyspepsie, constipation; elle dura plusieurs mois. Après la guérison de cette lésion survint une douleur dans la cuisse, la hanche, le genou, l'articulation et la plante du pied, ayant son siége à la partie externe, augmentant la nuit, et par les changements de temps, sans tuméfaction ni aucun changement de couleur, ni sensibilité à la pression; elle dura dix-huit mois, et passa du membre gauche, sur lequel elle était primitivement fixée, au membre droit, occupant les mêmes points et présentant les mêmes caractères. En outre, par suite de cette affection, ce dernier membre est frappé d'un commencement d'atrophie; les muscles sont plus que flasques, le tissu cellulaire moins rempli qu'à l'extrémité gauche. — Enfin, depuis environ un mois, à la suite d'une vive émotion, toux nerveuse, sans lésion pulmonaire, avec expectoration peu abondante de quelques mucosités; appétit très restreint; le lait et les autres aliments doux passent bien, le vin occasionne de la chaleur après son ingestion dans l'estomac; pouls à l'état normal.

Dix-neuf bains à 28 R., dix douches, quatre bains de vapeur, eau de la source d'Hygie en boisson.

Résultat : à son départ de Luxeuil, il n'existe d'autre amélioration que celle de la lésion de l'appareil digestif; la leucorrhée a aussi diminué considérablement.

**74. MYODINIE; TORTICOLIS; ODONTALGIE; ÉRUPTION CUTANÉE; HÉPATITE; NÉVRALGIE SCIATIQUE; LEUCORRHÉE; LOMBAGO.**

Madame N... est âgée de 40 ans, grande, belle femme, bien constituée, tempérament sanguin, fut réglée à 14 ans et mariée à 27, position sociale aisée.

Dès l'âge de 18 ans, après un bain frais pris pendant qu'elle avait ses règles, elle éprouva au tiers inférieur et à la partie externe de la cuisse, une sorte d'endolorissement très circonscrit, ne dépassant pas un rayon de deux ou trois pouces.

A l'âge de 25 ans, douleur à la hanche droite, se manifestant en tout temps de l'année, mais principalement au mois de mai;

la hanche gauche devenait aussi quelquefois le siége de la douleur, mais elle était moins fortement affectée : en outre, depuis l'âge de 18 ans, elle était très sujette aux torticolis, aux fluxions sur les mâchoires, aux odontalgies : ces derniers accidents se sont répétés tant de fois que Madame N... a perdu le plus grand nombre de ses dents.

A l'âge de 30 ans, à la suite d'une fausse couche, éruption de petits boutons, avec démangeaison qui se transforma en taches hépatiques. Quelque temps après, douleur à la région du foie augmentant par la pression, et remontant jusqu'à l'épaule : après avoir duré une année, elle s'amenda, sans disparaître entièrement; il s'y joignit une autre douleur sur le trajet du nerf sciatique , descendant jusqu'au genou gauche. Enfin cette année, la douleur s'est continuée jusqu'au pied, et a affecté en outre le membre droit; la douleur se manifeste quelquefois à la hanche, mais le plus souvent au genou.

Depuis sa fausse couche, leucorrhée, tiraillements dans le ventre, douleur dans les aines se prolongeant à la partie interne des cuisses.

Enfin, à 38 ans, à tous les symptômes énumérés se joignirent des douleurs de lombago, alternant encore aujourd'hui avec celles de la sciatique, subissant d'une manière évidente l'influence des conditions atmosphériques, et ne laissant pas un seul jour à Madame N... une complète liberté de locomotion ; une demi-heure de marche est son *nec plus ultra.*

Les appareils de la respiration, de la circulation et de la digestion paraissent n'avoir subi aucune atteinte.

Quarante bains à 26—27° R., de trois ou quatre heures de durée ; vingt-trois douches ; eau du bain des Dames en boisson.

Résultat : au vingtième bain, les symptômes divers qui composent cette affection étaient améliorés de moitié. Madame N... faisait, sans se fatiguer, des courses considérables.

A son départ de Luxeuil , cette amélioration semblait avoir fait un pas rétrograde.

**75. RHUMATISME ARTICULAIRE ; ÉRUPTION DARTREUSE AVEC ÉCOU-
LEMENT ABONDANT ; CONGESTION CÉRÉBRALE.**

Monsieur N..., âgé de 62 ans, maigre, sec, teint coloré ; bonne constitution.

Depuis longtemps, douleurs rhumatismales vagues dans les articulations ; un peu plus tard, affection dartreuse aux jambes avec écoulement abondant de matière séro-purulente : cette affection dura trois ans.

A l'âge de 58 ans, névralgie sciatique qui fut guérie après l'usage des eaux et d'une pommade faite avec le beurre et le genièvre : nouvelle manifestation des douleurs.

Enfin, il y a un an, à la suite de profondes émotions, cessation complète de douleurs de toute espèce : mais à la place, vertiges, étourdissements, sensation d'un bandeau sur le front et autour de la tête ; tel est encore son état aujourd'hui. Bon appétit, pouls médiocrement élevé.

Médication : sous l'influence de huit bains, pris en s'immergeant dans l'eau minérale jusqu'au menton, à 30° R., dans une salle remplie de vapeur, à la suite desquels il prenait un pédiluve à une température élevée, vertiges prolongés, étourdissements après le bain, plus intenses que par le passé, nausées. — La température du bain est ramenée à 26—27° R.; les bains de pieds sont pris tièdes, dans une salle moins chaude, l'immersion n'a lieu que jusqu'à l'épigastre ; établissement d'un cautère à la cuisse.

Ces modifications dans le mode d'administration ont été suivies des meilleurs effets : plus de vertiges, plus de céphalalgie ; le cautère suppure bien.

Vingt-un bains, eau d'Hygie en boisson.


**76. HYPOCONDRIE.**

Madame N... est âgée de 44 ans, petite, un peu maigre, mais bien constituée, tempérament nerveux, née dans une position sociale agréable, réglée à 11 ans, mariée à 18; elle a eu neuf enfants, tous aujourd'hui vivants, et quatre ou cinq fausses couches.

A l'âge de 22 ans, pendant sa deuxième grossesse, elle éprouva
les premiers accidents d'une affection , qui depuis s'est manifestée
à trois différentes reprises , caractérisée par les phénomènes suivants : inquiétudes, agitations continuelles, tressaillements convulsifs au moindre bruit, et souvent sans cause provocatrice ;
préoccupation monomaniaque relativement à l'état de son ouïe
qui, dit-elle, est considérablement affaiblie ; crainte, que rien ne
justifie, de devenir sourde ; indifférence pour les personnes et les
choses qu'auparavant elle affectionnait le plus ; idées, tentatives de
suicide ; pouls vif et un peu plus fréquent que dans l'état naturel ;
sensation de constriction au gosier ; la nuit, décubitus sur le dos,
et aggravation de tous ces symptômes.

Ces phénomènes se sont développés sans qu'il y eût dans la position de M$^{me}$ N.... aucune de ces grandes causes de chagrin qui
peuvent troubler la raison ; mais il est à remarquer que des affections analogues à celles de Madame ont été observées sur quelques autres membres de cette famille.

La fin de la grossesse amena la solution de cette affection ; à l'âge
de 35 ans, nouvel accès, encore pendant un état de grossesse, et
même terminaison.

A l'âge de 42 ans, après une abondante métrorrhagie , ces phénomènes se manifestèrent encore ; après avoir persisté pendant un
an, ils trouvèrent leur solution dans l'usage des eaux de Luxeuil ;
enfin , à l'âge de 44 ans , nouvelle hémorrhagie et reproduction,
pour la quatrième fois, de cette vésanie.

L'utérus, exploré à diverses reprises, n'a jamais présenté de lésion ; les fonctions des organes de la digestion se sont toujours
exercées avec la plus parfaite régularité.

Trente-six bains à 26 —28° R., douches sur les extrémités, eau
de la source d'Hygie.

Résultat : à son départ de Luxeuil , le trouble de l'intelligence
avait considérablement diminué.

Un an après, absence complète de toute manifestation morbide.

## 77. AMÉNORRHÉE.

Mademoiselle N..., domestique, âgée de 24 ans, de taille et d'embonpoint moyens, teint coloré, bien constituée, présente les attributs du tempérament sanguin.

Réglée à 18 ans, elle a subi, à diverses époques, des irrégularités de menstruation ; il y a eu une suppression à l'âge de 20 ans, qui a duré un an ; celle qu'elle éprouve en ce moment, et pour la guérison de laquelle elle vient réclamer le secours des eaux, dure depuis quatre mois.

A chaque suppression, les symptômes concomitants ont été les mêmes que ceux dont elle se plaint aujourd'hui ; ils consistent en dyspnée, oppression, palpitations de cœur ; l'exercice, la marche même la plus modérée, donnent lieu à des étouffements, à la céphalalgie ; elle ne peut se coucher que sur le côté droit ; inappétence, digestion longue et pénible, surtout quand elle a pris des aliments excitants ; le lait est ce qui passe le mieux. Lassitudes dans les membres, surtout dans les genoux ; œdème des pieds. — Toutes les autres fonctions s'exercent à l'état normal.

Dix-huit bains, eau du bain des Cuvettes en boisson.

Résultat : rétablissement de la menstruation, quinze jours après son départ de Luxeuil.

Le cœur et le poumon n'ont jamais donné au stéthoscope aucun signe de lésion organique ; la suppression des menstrues ne pouvait être attribuée à aucune cause appréciable.

## 78. RÉTROCESSION D'UNE DARTRE ; TROUBLE FONCTIONNEL DE LA CIRCULATION ET DE LA RESPIRATION.

Monsieur N..., cultivateur aisé, né de parents sains, est âgé de 30 ans ; constitution robuste, ardent au travail, prêt à subir, dit-il, quelle opération que ce soit, pour être débarrassé de sa maladie.

Dans son enfance, il fut sujet aux convulsions.

A l'âge de 17 ans, éruption dartreuse à la région tibiale antérieure de la jambe gauche, large comme la main et qui dura six mois.

A 18 ans, la dartre avait disparu complétement ; alors, sensation douloureuse, légère, à la région sternale-moyenne ; un peu plus tard, elle s'étend aux parois latérales de la poitrine ; le malade néglige ces symptômes et ne leur oppose aucun traitement, quoiqu'ils ne cèdent jamais entièrement, malgré quelques améliorations passagères.

Vers l'âge de 24 à 25 ans, la mort de sa mère lui fit éprouver une forte secousse morale, et sa maladie fit un pas en avant ; les douleurs de la région thoracique prirent de l'intensité ; palpitations de cœur, oppression, toux, expectoration assez abondante le matin et le soir, mais difficile ; crachats sanguinolents, amenés tantôt par les efforts de la toux, et tantôt comme spontanément ; céphalalgie, congestion cérébrale et vertiges à la suite de ces efforts ; état des forces complet, mais impossibilité de les exercer longtemps sans provoquer des accidents.

Tel est encore aujourd'hui l'état de ce malade, sauf les crachats sanguinolents, qui se reproduisent moins souvent.

L'appétit est très bon, la digestion parfaite ; un peu de vin n'est pas nuisible ; le cœur ne donne point de bruit anormal, ni le poumon d'indices de tuberculè.

Vingt-un bains à 28-30° R., eau du bain des Dames en boisson, douches sur les extrémités inférieures.

Résultat : amélioration notable, même avant la fin de la saison.

Six mois plus tard : l'amélioration se soutient ; depuis quatre mois, il n'y a plus de crachements de sang.

### 79. DYSPNÉE ; SUREXCITATION NERVEUSE ; HYPOCONDRIE, PRURIT DE LA VULVE ET DES GRANDES LÈVRES.

Madame N... est âgée de 37 ans ; caractères extérieurs du tempérament lymphatique réunis à une excitabilité nerveuse considérable ; prédisposition existant dès l'enfance à un embarras des organes de la respiration.

Un peu plus tard , affection dartreuse sur les extrémités ; établissement d'un exutoire au bras ; plus tard encore, longue contention d'esprit , nécessitée par la gestion d'un commerce important ; chagrins profonds, provenant de la perte de son mari ; et , de là , exaltation et mise en jeu de la disposition névropathique, à laquelle des grossesses et des accouchements pénibles avaient imprimé une direction vers les plexus abdominaux.

L'hiver dernier, perte de l'unique enfant qui lui restait, et, dès lors, douleurs dans le ventre rendant la marche fort difficile ; fatigue au moindre mouvement ; tension de l'abdomen au point de ne pouvoir supporter le contact de la robe ; ennui , tristesse, morosité , inégalité d'humeur, paroxysmes de cet état de souffrance, tantôt irréguliers et revenant sans cause appréciable , d'autres fois réguliers, revenant à l'époque de ses règles.

De temps en temps aussi , et sans cause connue, accès de dyspnée durant plus ou moins, sans lésion du cœur , se terminant rarement avant douze heures de temps , et rarement aussi se prolongeant au delà de vingt-quatre. Vives démangeaisons à la vulve et aux grandes lèvres , se reproduisant à divers intervalles et sans aucune éruption apparente.

Trente bains, quinze douches, eau du bain des Dames en boisson.

Résultat : amélioration manifeste sous tous les rapports.

**80.** CÉPHALALGIE ; LÉSION DE L'UTÉRUS ; RACHIALGIE LOMBO-ABDOMINALE.

Madame N..., âgée d'une cinquantaine d'années, tempérament sanguin , appartenant à une famille dont quelques membres sont affectés de goutte, belle position sociale , a été toute sa vie sujette à la céphalalgie ; à une certaine époque, elle en eut un accès qui dura trois mois et la fit souffrir cruellement. Elle a éprouvé aussi quelques douleurs dans les membres , mais trop légères et trop fugaces pour avoir appelé son attention.

Vers l'âge de 30 ans , trouvant que ses règles n'étaient pas assez abondantes, elle prit des breuvages dans lesquels entraient des substances fortement emménagogues ; à la suite, il se déclara une lésion de l'utérus, que les hommes de l'art rapportaient à l'usage de ces substances, et qui consistait en un engorgement et des ulcérations fort douloureuses : cette affection, dont le traitement dura neuf mois, et fut dirigé par les premiers médecins de Paris, nécessita l'ouverture de la veine cinquante-trois fois, et l'application de neuf cents sangsues! Depuis sa manifestation, la céphalalgie avait considérablement diminué de fréquence et d'intensité.

Trois ou quatre années après sa guérison, il survint des douleurs dans le ventre, et surtout à la région lombaire et dans les membres inférieurs : elles étaient si intenses, que, pendant longtemps, tout mouvement était impossible ; la douleur du ventre consistait en un état de tension et de malaise pénible, mais supportable ; quant à celle qui se faisait sentir à la région des lombes et aux articulations des membres inférieurs, le moindre mouvement la rendait intolérable. Les eaux de Plombières furent conseillées, et leur usage contribua à la guérison.

Enfin, il y a huit mois, la douleur a reparu, mais affectant un siége différent : c'est maintenant sur la plante des pieds, et d'autres fois à sa face dorsale, qu'elle se manifeste : la sensation qu'elle fait éprouver est quelquefois celle d'un déchirement ; le plus souvent, elle est analogue à celle qui résulterait du pincement de la peau par le bec d'un canard ; quelquefois aussi, au lieu d'une douleur, c'est un engourdissement qui affecte tout le pied jusqu'à son articulation avec la jambe ; enfin, il arrive aussi, mais rarement, que le gros doigt ou l'index de la main deviennent le siége d'une sensation douloureuse.

Depuis son affection de l'utérus, les mamelons du sein sont devenus rouges et sensibles.

La douleur des pieds est continuelle, avec des redoublements d'intensité variables et inexplicables, la nuit comme le jour, et sans être nullement asservie aux conditions atmosphériques ; froid glacial aux extrémités ; disposition au dévoiement existant toujours et se réalisant souvent.

Vingt bains à 28° R., douze douches, eau d'Hygie en boisson.

Résultat : plus de dévoiement, plus d'engourdissement ; tendance de la douleur des pieds à se déplacer.

81. MYÉLITE ; GASTRO-ENTÉRITE ; ENCÉPHALITE CHRONIQUE; HYSTÉRIE.

Mademoiselle N... est âgée de 27 ans, petite, blonde, pâle, méditative, aimant la solitude, impressionnable à l'excès, réunissant les caractères physiques du tempérament lymphatique à la profonde sensibilité qui est le principal attribut du tempérament nerveux. Elle fut réglée à 17 ans; en tout temps elle a été sujette au refroidissement des extrémités inférieures, notamment des pieds et des genoux.

A l'âge de 15 à 16 ans, elle fut affectée d'une maladie que les hommes de l'art, appelés à lui donner des soins, regardèrent comme une myélite, et dont les principaux symptômes furent les suivants : au début, rires sardoniques, céphalalgie atroce, perte de la sensibilité et de la contractilité du bras gauche; cette affection avait été précédée de douleurs de tête sourdes, pendant plus de six mois ; elle fut traitée par les évacuations sanguines répétées, et par le moxa sur la colonne vertébrale, à la région dorsale.

Après une année de traitement, Mademoiselle était à peu près guérie.

Trois années après, elle fut affectée d'une maladie de l'estomac et du ventre, dont les principaux phénomènes étaient des douleurs énormes et des vomissements opiniâtres, qui durèrent deux mois ; inappétence et dyspepsie complète, constipation. Il arriva quelquefois, au fort de cette maladie, que les yeux s'obscurcissaient, la malade n'y voyait plus; l'administration du mercure parut être le moyen le plus profitable.

Postérieurement et pendant deux années consécutives, M\ue N.... vint prendre les eaux à Luxeuil, et cette manifestation morbide, qui avait eu lieu sur l'appareil digestif, disparut complétement.

Aujourd'hui, pesanteur de tête, difficulté de tenir les paupières ouvertes, tendance au sommeil, et surcroît de fatigue après avoir dormi; intolérance des yeux pour la lumière, des oreilles pour le son; le bruit et l'éclat du jour la fatiguent également; la pupille, un peu contractée, se dilate sous un léger frottement ; quand la malade veut lire, elle voit les objets doubles ; sensation anormale sur toute la surface du côté gauche du nez, comme si on l'effleurait du conctact d'un corps étranger ; douleur sourde, mais fixe, à la région occipitale.

Dans le courant de l'hiver dernier, il y a eu quelques accès de névropathie ; et toujours, dans les diverses formes de cette maladie, bâillements fréquents, et constriction spasmodique à la gorge.

L'appareil digestif est dans l'état le plus satisfaisant ; menstruation parfaite ; rien d'anormal dans l'appareil locomoteur.

Vingt-un bains à 26—27° R., douches sur les extrémités inférieures ; quelques verres d'eau de la source d'Hygie.

Résultat : à son départ de Luxeuil, aucune amélioration.

### 82. IRRITATION CÉRÉBRO-SPINALE.

Monsieur l'abbé N..., prêtre, âgé de 26 ans, grand, embonpoint modéré, tempérament nerveux, avait toujours joui d'une excellente santé jusqu'à l'âge de 15 à 16 ans. A cette époque, douleur dans les deux genoux, se faisant sentir principalement pendant la marche, accompagnée d'une légère tuméfaction ; cette douleur dura six semaines.

A l'âge de 23 ans, sous l'influence d'un travail forcé et des longues insomnies auxquelles il donnait lieu, légère céphalalgie à laquelle M. N... n'attacha d'abord aucune importance, et qui ne l'empêcha pas de travailler, mais qui arriva, en peu de temps (en moins d'un mois), à un degré de gravité qui se traduisit par les symptômes suivants : douleur de tête à l'occiput ; raideur du cuir chevelu de cette partie, et du sinciput ; douleur sus-orbitaire provoquée par la lecture et amenant la tuméfaction de la peau du front ; même douleur aux régions mastoïdiennes par l'effet du bruit ; sensibilité constante de cette partie et de la racine du nez. Après les fatigues d'esprit, sortes d'élevures du cuir chevelu, l'occupant presque en totalité et se terminant toujours par résolution ; sensibilité constante des tendons qui ont leur attache à l'occiput, et de l'articulation de la mâchoire inférieure. Cette douleur présente de l'intermittence et subit de grandes variations dans son étendue ; tantôt elle occupe toute la tête , et tantôt on en couvrirait le siége avec une pièce de cinq francs ; alors, la compression la fait cesser instantanément et complétement ; intolérance du son et de la lumière, sommeil difficile ; le moment où le malade va s'endormir, est celui où il souffre le plus ; le matin, après le sommeil, il est beaucoup mieux. — Pupille un peu plus dilatée que dans l'état normal. — De temps à autre, élancements passagers dans un des points des membres thoraciques ou pelviens, ou de la périphérie thoracique, mais surtout aux bras et aux épaules, dans le mouvement de porter le corps en avant ; douleur à la région sternale et dorsale ; sensibilité à la pression de ces mêmes régions. — Augmentation de la maladie, sous l'influence de certaines circonstances atmosphériques , ou bien quand le malade veut fixer un objet , et l'examiner attentivement pendant une minute seulement. — La neige, les objets éclatants , la blancheur des routes , fatiguent singulièrement la vision.

Monsieur l'abbé a pris une première saison aux eaux de Bains, de vingt-cinq bains et quinze douches.

Et à celles de Luxeuil, une seconde saison qui a consisté en vingt-six bains à 26—27° R., et douze douches.

Résultat : une aussi puissante médication n'a modifié en rien cet état morbide.

### 83. ARTHRODYNIE ; MYODINIE ; ÉRUPTION RÉPERCUTÉE ; ENTÉRITE ; ÉRUPTION MILIAIRE ; DYSSENTERIE.

M. N...., âgé de 40 ans, brun, maigre, taille moyenne, signes extérieurs du tempérament bilieux , fils de pauvres cultivateurs, né et élevé à la campagne, ayant travaillé fort jeune.

A l'âge de 12 ans, à la suite de l'impression du froid, souvent répétée, il lui survint dans les deux genoux une douleur sans tuméfaction , qui le rendit perclus des membres inférieurs pendant dix-huit mois. Depuis, fréquentes atteintes de lombago.

A l'âge de 39 ans, se trouvant en garnison dans les Pyrénées-Orientales, il supprima brusquement une maladie psorique , qui durait depuis trois mois, par des frictions avec une pommade dans laquelle entraient le soufre et le laurier-rose ; quelque temps après, il eut recours au remède dit *anti-glaireux* de Guillié, pour combattre des douleurs d'estomac. De l'usage de cette drogue, il résulta une irritation du tube intestinal, caractérisée par des évacuations de matières glaireuses, qui dura trois mois et fut remplacée par une éruption cutanée miliaire traitée et guérie en un mois par des bains de vapeurs.

C'est quelque temps après la disparition de cette éruption que survint la dyssenterie dont les conséquences durent encore.

Etat actuel : douleurs lombaires, tranchées, ténesme, flatuosités, borborygmes, appétit surexcité, digestions laborieuses. Du sang pur précède encore quelquefois la sortie de matières excrémentielles toujours enveloppées de mucosités rougeâtres ; apyrexie ; les forces se sont conservées en assez bon état ; la langue humide, couverte à sa base d'une légère couche d'enduit d'un blanc sâle ; la palpation développe une sensibilité assez prononcée vers la région du côlon, sans pouvoir faire constater de lésion organique.

Médication. Douze bains à 26—27° R. avaient modéré les douleurs et diminué les fréquences des évacuations ; l'eau de la source d'Hygie était employée à l'intérieur concurremment avec les bains. Le malade alla passer trois ou quatre jours dans son village et revint continuer et achever sa saison ; mais il remplaça l'usage de l'eau d'Hygie à l'intérieur par celle du bain des Dames, et éleva la température de ses bains à 30—32° R.

La douleur et la fréquence des selles augmentèrent aussitôt ; la faiblesse s'ajouta aux autres symptômes, il partit de Luxeuil plus mal qu'il n'était quand il y arriva.

Un mois après, hydropisie ascite ; trois mois après, mort.

### 84. TREMBLEMENT DES MEMBRES.

Mademoiselle N... religieuse hospitalière âgée de 50 ans, tempérament lymphatique, a commencé à être réglée à 14 ans et l'est encore assez régulièrement.

Il y a trois ans, sans cause prochaine ni éloignée appréciable, elle éprouva, en montant un escalier, une faiblesse subite telle qu'elle crut qu'elle allait se laisser tomber : cependant, elle fit un effort pour se redresser et évita la chute ; mais depuis ce moment, elle éprouva de la raideur dans les membres, et un tremblement continuel et involontaire. Ces symptômes légers dans le principe, augmentèrent peu à peu d'intensité et constituent aujourd'hui un état très pénible. Il a été digne de remarque que l'augmentation des symptômes a eu lieu principalement aux époques menstruelles avec lesquelles elle a coïncidé. Elle a lieu aussi après le travail et la contention d'esprit : il s'est joint à cet état un peu de douleur, ressentie principalement vers l'articulation des poignets, et sur laquelle les époques de froid rigoureux ou de chaleur excessive ont une influence marquée ; enfin, depuis quelque temps, état d'inquiétude générale, besoin de se mouvoir qui ne permet pas à la malade de se tenir en place.

Mademoiselle N... a toujours eu une vie douce, calme, exempte de passions et de fatigues corporelles.

Vingt-un bains à 28° R., eau du bain des Dames en boisson ; douches sur les extrémités inférieures et sur l'axe spinal.

Résultat nul.

85. HALLUCINATIONS PÉRIODIQUES ; DOULEUR ET AFFAIBLISSEMENT DE LA MOITIÉ DROITE DU CORPS, DIFFICULTÉ DE LA PAROLE ; DIMINUTION DES FACULTÉS INTELLECTUELLES ; RAMOLLISSEMENT DU TISSU CÉRÉBRO-SPINAL.

Monsieur N.., âgé de 54 ans, doué d'un tempérament sanguin et d'une très forte constitution. Depuis l'âge de 18 ans, sa vie a été traversée par les événements qui affectent le plus profondément l'esprit et le cœur.

A l'âge de 34 ans, après une secousse morale des plus violentes, hallucination quotidienne à retour périodique : tous les jours à midi, il lui semblait avoir autour de la tête un cercle de fer aussi grand que la ville de.... Ce cercle allait constamment se rétrécissant, et il arrivait un moment où il se rompait subitement ; alors, l'hallucination avait pris fin ; mais le malade était baigné de sueur, et dans une prostration de forces extrême : ces paroxysmes duraient une heure tous les jours , et se répétèrent pendant trois mois.

A l'âge de 48 ans, douleur au gros orteil du pied droit, n'occupant qu'un point restreint , comme si on le perçait avec une vrille ; peu à peu , la douleur gagna le pied , la jambe , la cuisse et toute l'extrémité pelvienne ; la faiblesse l'accompagnait et suivait le même développement. — Un peu plus tard , les mêmes phénomènes se sont manifestés dans le membre thoracique du même côté ; en outre, la parole est devenue difficile , la prononciation embarrassée ; à chaque moment, le malade fait des efforts d'exspuition comme si la gêne qu'il éprouve tenait à des mucosités qu'il cherche à rejeter. Pesanteur de tête, vertiges , léger trouble dans les idées.

Fonctions digestives à l'état normal, pouls médiocrement plein, 78 pulsations.

Les émissions sanguines, par l'application des sangsues, ont été employées à profusion dans le traitement de cette maladie. Enfin, le malade est allé d'abord aux eaux de Vichy, ensuite à celles de Bourbonne, enfin à celles de Luxeuil.

Vingt-huit bains à 26° R., douches sur les extrémités inférieures ; eau d'Hygie en boisson.

Résultat : aucun changement appréciable.

### 86. GASTRALGIE.

Madame N... est âgée de 26 ans , fut réglée à 16 , mariée à 18 et devint enceinte à 20 ans ; petite, embonpoint très modéré, paraissant douée du tempérament lymphatico-sanguin , menstruée irrégulièrement.

Pendant son enfance , croûtes laiteuses , qui se prolongèrent fort longtemps ; à sa première grossesse , ennuis multipliés et fatigues excessives ; douleurs d'estomac qui n'apportaient aucun trouble dans ses fonctions ; après l'accouchement, les douleurs d'estomac subsistèrent, mais devinrent discontinues ; des intervalles de bien-être assez considérables avaient lieu ; toutefois, elle souffrait beaucoup plus quand elle était enceinte ; elle l'a été quatre fois.

Il y a environ six mois, cette affection eut un accroissement, tant pour sa fréquence que pour sa durée ; l'appétit se maintint, mais la digestion devint très pénible. Faiblesse musculaire très prononcée.

Mais en outre de ces manifestations morbides portant sur l'appareil digestif, il existe aussi un trouble fonctionnel des organes de la respiration. En effet, depuis son adolescence, Madame N... est sujette à des spasmes de la respiration, revenant à des intervalles inégaux, et avec une intensité inégale, sans cause hygiéni_ que appréciable et sans rapport avec les conditions atmosphériques ; souvent ce n'est qu'un peu de gêne dans la respiration ; d'autres fois la dyspnée est très forte ; du reste, la lésion n'est que fonctionnelle, et rien d'anormal n'existe dans le poumon ni le cœur.

Bains à 26° R. — Au deuxième bain, léger accès de la névrose pulmonaire ; cessation de la douleur d'estomac, digestion de moitié plus facile. Au quatrième bain, accès d'asthme suffoquant ; dyspnée complète. La digitale et la belladone triomphèrent aisément de cet accès. Mais la malade effrayée ne voulut pas continuer l'usage des eaux et partit de Luxeuil.

### 87. PNEUMONIE CHRONIQUE ; TUBERCULISATION.

Monsieur N...., grand, maigre, sec, ayant mené une vie laborieuse et pénible, est âgé de 54 ans.

Il fut pris, il y a un an, d'une maladie aiguë, caractérisée par un point de côté, vis-à-vis la partie moyenne des fausses côtes du côté droit. Il y avait fièvre violente, douleur intense remontant jusques entre les épaules, toux et paroxysmes nocturnes, qui consistaient en un engourdissement des membres, sans douleur, suivi de chaleur et d'une assez abondante moiteur qui en marquait la fin.

Aujourd'hui l'état aigu a disparu ; cependant, il y a toujours accélération du pouls (90 pulsations), toux à la moindre impression de froid, sans expectoration ; enfin, persistance de la douleur, quoique avec moins d'intensité. Amaigrissement considérable survenu graduellement, et faisant tous les jours des progrès.

M. N... attribue sa maladie aux froids intenses et continus auxquels il a été exposé. Il observe que la sueur aux pieds très abondante, qu'il éprouvait auparavant, a cessé depuis sa maladie. Il a craché du sang pour la première fois il y a quinze jours, en descendant d'un bateau à vapeur.

Médication : quatre bains à 27° R., de trois quarts d'heure de durée, ont été suivis d'une nouvelle hémoptysie.

J'ai cru devoir lui conseiller d'en discontinuer l'usage.

### 88. HÉMORRHOÏDES ; TUBERCULISATION PULMONAIRE.

Madame N.... est âgée de 23 ans ; elle fut réglée à 15 et mariée à 17 ; elle a eu trois enfants. Constitution frêle, délicate, teint pâle, peu d'embonpoint.

Pendant sa deuxième grossesse, hémorrhoïdes fort douloureuses et donnant lieu, chaque fois qu'elle allait à la selle, à un écoulement de sang assez considérable. Elles ont flué ainsi trois mois, après lesquels elles ont été supprimées par des bains de vapeurs locaux composés de substances médicinales. — Pendant sa troisième grossesse, dès le troisième mois, toux très fatigante, qui donna lieu à des craintes d'avortement ; un mois ou deux avant l'accouchement, cessation de la toux ; reprise un mois après l'accouchement, c'est-à-dire il y a aujourd'hui deux mois ; exutoire au bras.

Aujourd'hui, aménorrhée depuis l'accouchement, faiblesse très grande, douleurs lombaires, insomnie qui dure depuis la toux survenue pendant sa grossesse, diarrhée ancienne, décoloration de la face, pouls médiocrement élevé (110 pulsations), respiration assez facile, toux fréquente, continue, avec expectoration abondante, râle caverneux sur un point, muqueux sur d'autres, oppression au moindre mouvement, appétit modéré.

Un bain d'une demi-heure, pris auprès de son lit, à 26° R., a tellement aggravé tous les symptômes, notamment l'adynamie, qu'il a été impossible de continuer cette médication. M^me N.... est partie de Luxeuil dans l'état le plus fâcheux.

### 89. ATROPHIE ET RAMOLLISSEMENT DES MUSCLES.

....: « Sous l'influence de différentes causes occasionnelles d'extension forcée des ligaments des articulations des extrémités inférieures, il est survenu dans l'ensemble de tous ces ligaments des articulations soit supérieures, soit inférieures, une exaltation de sensibilité de ces tissus, qui s'est transmise aux corps musculaires des membres, qui, au moindre effort, deviennent douloureux et incapables d'aucune fonction.

Dans cet état, il y a appauvrissement de nutrition des muscles, et tous les phénomènes caractéristiques d'un rhumatisme nerveux qui met obstacle à la force et aux mouvements. » *(Consultation de M. le docteur....)*

*Notice complémentaire.*

Mademoiselle N.... a 32 ans, taille moyenne, blonde, grasse, chairs molles et flasques, tempérament éminemment lymphatique; à peine peut-on sentir quelques faisceaux musculaires dans les membres thoraciques et surtout dans les pelviens, dont la gracilité n'est pas en rapport avec l'état d'embonpoint des autres parties du corps; excitabilité nerveuse et susceptibilité morale considérables, caractère difficile. Langue habituellement recouverte à la base et sur les côtés d'un léger enduit blanc jaunâtre, haleine forte, digestions lentes et pénibles, alternatives constantes de constipation et d'un dévoiement qui devient incompressible. — Nul obstacle à la pénétration de l'air dans les poumons, circulation languissante, sauf quelques mouvements de réaction fébrile auxquels donnent lieu d'assez fréquentes indigestions; le pouls, normal dans son rhythme, est faible et petit; froid constant aux extrémités. — Faiblesse considérable des mouvements musculaires; elle est telle, pour les extrémités supérieures, que M^{lle} N.... a appris à écrire de la main gauche, afin de pouvoir soulager la droite qui se trouve fatiguée après avoir écrit seulement une demi-page; et quant aux extrémités inférieures, il y a impossibilité absolue de marcher; faire dix pas, appuyée sur une béquille d'un côté et sur un bras robuste de l'autre, la fatigue outre mesure; assise, elle n'éprouve point de douleur, et la pression, sur quelque point des membres qu'elle s'exerce, n'occasionne aucune sensation pénible.

Tel est l'état dont le point de départ fut, il y a quinze ans, la distension, par le fait d'une chute, de l'articulation tibio-tarsienne. Lorsque, presque au début de sa maladie, M<sup>lle</sup> N..., après un repos de quelques semaines, se crut guérie de son entorse et commença à marcher, elle faisait porter le poids du corps sur le membre qui n'avait point subi d'accident : par ce surcroît d'action et par la fatigue qui en résulta, ce membre devint malade à son tour, et enfin, insensiblement, par des progrès lents et successifs, mais incessants, la maladie arriva à ce summum d'intensité où elle est aujourd'hui, et où elle se maintient depuis cinq ans.

En 1844, M<sup>lle</sup> N... prit aux eaux de Luxeuil une saison et demie à 28-30° R., dix-huit douches, et fit usage en boisson de l'eau du bain des Dames.

Le résultat de cette médication était à peu près nul à son départ des eaux; mais les effets consécutifs donnèrent de grandes espérances; car, l'hiver suivant, Mademoiselle pouvait seule, appuyée seulement sur une béquille, faire jusqu'à trois mille pas par jour, et même monter du rez-de-chaussée au premier étage... Malheureusement, la mort de son père, survenue au mois de mars, donna lieu à une secousse morale dont le contre-coup sur son organisation lui fit perdre tout ce qu'elle avait gagné.

Revenue aux eaux de Luxeuil en 1845, elle a eu à subir une série de contrariétés qui ont dû agiter singulièrement un moral aussi impressionnable, et qui s'opposeront vraisemblablement à tout bon effet d'une médication qui a besoin de la tranquillité d'esprit autant que du repos du corps.

Elle est partie après sa saison, à peu près dans le même état qu'elle était arrivée.

**90.** GOUTTE; GASTRALGIE TRAITÉE PAR LA STRYCHNINE; TOUX NERVEUSE; TIC DOULOUREUX; NÉVRALGIE DE DIVERSES RÉGIONS.

Monsieur N..., tempérament lymphatico-sanguin, est âgé de 52 ans.

A diverses reprises et sous l'influence d'un régime défectueux, il avait éprouvé des douleurs d'estomac.

Il y a huit ans, il eut un accès de goutte ou quelque chose qui fut pris pour tel, et qui dura une quinzaine de jours. Enfin, il y a un an, son mal d'estomac avait repris de l'intensité, et c'est pour combattre cette affection qu'on eut recours à un traitement énergique, dont la strychnine était l'élément principal.

L'affection de l'estomac consistait en une difficulté de digérer et une sensation de malaise qui commençait trois ou quatre heures après l'ingestion des aliments. En même temps, il y avait dévoiement, non pas continuel, mais au moins très fréquent. Cet état existait chronique et sans réaction fébrile. Il y avait lassitude, faiblesse, amaigrissement, sensation de malaise douloureux dans les avant-bras et les jambes après le repas ; nulle sensibilité à la pression dans la région épigastrique.

Après l'usage de la médication énergique mentionnée ci-dessus, l'état de l'estomac ne fut pas amélioré ; il survint une toux sèche, continuelle, très fatigante, sans expectoration. Elle durait depuis un mois, lorsqu'il se manifesta à la tempe gauche une douleur qu'on crut occasionnée par les efforts de la toux. Peu à peu la toux se calma et cessa entièrement ; mais la douleur de la tempe ne fit qu'augmenter, et, après la cessation de la toux, se trouva portée à son summum d'intensité ; elle était continuelle, déchirante ; elle passa d'une tempe à l'autre, affecta les régions occipitale et sincipitale, rendant les parties qui en étaient le siége très sensibles au toucher ; en même temps, insomnie, agitation, crampes dans les jambes, et principalement aux articulations de la jambe avec le pied ; la névralgie dura plus de deux mois ; ces symptômes s'étaient surajoutés à ceux de la lésion de l'appareil digestif qui persistaient toujours, et qui, aujourd'hui, sont la cause à laquelle nous devons la présence de M. N... aux eaux de Luxeuil.

Etat actuel : pâleur de la face ; fatigue des avant-bras et des jambes pendant le travail de la digestion, faiblesse considérable, insomnie, et, quand il y a un peu de sommeil, crampes dans les extrémités qui le troublent ; tristesse, morosité ; appétit satisfaisant ; langue humide, couverte d'un léger enduit blanchâtre et s'étalant bien, dyspepsie, dévoiement tous les deux ou trois jours; rien d'anormal appréciable à la palpation.

Quarante bains à 28—29° R., vingt douches sur le rachis et les extrémités; eau du bain des Dames en boisson, alternativement avec celle de la source d'Hygie.

Résultat : à son départ de Luxeuil, cessation complète des crampes, de l'insomnie et du dévoiement; digestions passables, un peu de gaieté; moins, beaucoup moins de fatigue dans les membres.

Cette amélioration fut passagère; un moment enrayée, la maladie fit bientôt de nouveaux progrès, et la mort arriva cinq mois après l'usage des eaux.

### 91. NÉVROSE DE L'APPAREIL DIGESTIF.

.... « J'ai l'honneur de confier à vos soins éclairés et respectueux un de mes clients, à la santé duquel je porte le plus vif intérêt; il vous donnera lui-même les détails les plus circonstanciés sur son état; je me bornerai, quant à moi, à vous faire connaître, en peu de mots, mon opinion sur la nature de la maladie chronique dont il est affecté.

» Le tube digestif et les premières voies sont évidemment le siége de la maladie. Une observation attentive des manifestations morbides, la palpation et la percussion répétées avec le plus grand soin, m'ont fait rejeter toute idée de lésion organique, soit du foie, soit de l'estomac, soit des intestins; la pâleur habituelle de la langue, le peu de sensibilité de l'épigastre, etc., ne permettent pas de croire à une gastrite, maladie qui, je crois, est infiniment plus rare que ne le pensent les sectateurs de l'école dite physiologique.

» En procédant ainsi par élimination, on est logiquement conduit à ranger la maladie de M. N... dans la classe des *névroses* du tube digestif. — Cette névrose est surtout caractérisée par le besoin, ou plutôt par la nécessité de rejeter périodiquement, par le vomissement, une matière en grande partie liquide, dont la quantité peut être évaluée quelquefois à plusieurs litres. — J'ai observé et analysé, à plusieurs reprises, la matière des vomissements; elle contient, en proportions variables, des aliments qui ont déjà subi un degré très avancé de chylification, un liquide filant qui a tous les caractères de la mucosité ; sa réaction est acide, ce qui fait présumer qu'elle contient peut-être une certaine quantité de suc gastrique. M. N... est habituellement constipé ; il a observé souvent, sur le trajet du gros intestin et surtout du côlon transverse, des tumeurs indolentes, qui soulèvent les parois abdominales, et qui sont dues évidemment à des contractions musculaires spasmodiques de cette portion du tube digestif ; j'ai eu plusieurs fois l'occasion d'observer ces contractions dont il n'est fait mention dans aucun des traités spéciaux sur les affections des voies digestives.

« Je pense donc que M. N.... est affecté d'une névrose gastro-intestinale ; que, chez lui, il y a plutôt inertie, atonie de la muqueuse digestive, qu'irritation de cette membrane ; qu'en même temps le mouvement péristaltique de l'estomac et des intestins, est moindre qu'à l'état normal ; qu'il y aurait même tendance à la production du mouvement contraire, ce qui expliquerait, suivant moi, les vomissements, la rareté des selles, l'accumulation des mucosités sécrétées par l'estomac et le commencement de l'intestin, mucosités qui séjournent dans les premières voies au lieu d'être poussées vers les gros intestins, etc. »          *(Consultation de M. le docteur P. B.)*

*Complément de cette consultation.*

Monsieur N..., homme de bureau, est âgé de 48 ans, sec, très brun, paraissant bien constitué.

Vers l'âge de 25 ans, à la suite de jeûnes rigoureux, douleur à l'estomac, vomissements fréquents de matières aqueuses, rapports acides ; inappétence, constipation ; soulagement par l'usage d'aliments adoucissants. Cet état, qui se renouvelait tous les printemps et cessait ensuite après deux ou trois mois de durée, a persisté jusqu'à l'âge de 32 ans ; à cette époque, les vomissements ont cessé ; il leur a succédé un état permanent d'indigestion intestinale ; point de douleur après l'ingestion des aliments ; mais quatre, six ou huit heures après, tuméfaction progressive de l'abdomen à la région hypogastrique ; bruit de clapotement par les secousses imprimées à cette région ; état de gêne et de malaise qui devenaient insupportables, lorsque cette tuméfaction était arrivée à son apogée ;

et alors, ou bien M. N.... confiait son état à la nature, et, dans ce cas, inappétence complète, souffrances se prolongeant indéfiniment ; ou bien il sollicitait le vomissement, en portant ses doigts dans le gosier, et il y avait régurgitation d'un liquide abondant, caractérisé dans la consultation ci-dessus ; lorsque, nonobstant le gonflement du ventre, M. N... s'efforçait de manger, la digestion ne se faisait pas, et le vomissement, soit spontané, soit sollicité plus tard, amenait la sortie non-seulement du liquide qui formait la tuméfaction abdominale, mais encore des matières alimentaires en état de macération. — Après le vomissement, le ventre s'affaissait et ne présentait plus cette saillie anormale qui, au premier coup d'œil, pouvait être prise pour l'effet d'une hydropisie ascite ; alors, le malade mangeait avec plaisir et éprouvait ce bien-être indéfinissable de l'homme qui se porte bien, jusqu'à ce qu'une nouvelle tuméfaction le rejetât de nouveau dans les pénibles réalités de la maladie. — Il y avait ordinairement constipation ; cependant, de temps en temps, il y avait aussi défécations spontanées, de quelques matières excrémentielles dures, ramassées en boulettes et peu abondantes ; il est bon de noter que la quantité des matières vomies dépassait de beaucoup celle qui avait été ingérée dans l'estomac ; pâleur de la langue, respiration et circulation normales ; l'abdomen, palpé avec soin dans l'état de vacuité, ne présente point de lésion organique ; mais il existe à la surface de la peau de l'abdomen, même après le vomissement, une dilatation variqueuse des vaisseaux.

Tel est l'état qui a commencé à l'âge de 32 ans, et qui, après quelques intervalles de répit, a persisté jusqu'à ce jour. Aujourd'hui, il y a quinze mois qu'il dure sans interruption.

Dans le principe, M. N... a mené une vie très active ; maintenant, c'est tout le contraire.

Toute espèce de médication a été essayée, et, il faut bien le dire, en pure perte. — Quinze bains à 28-30° R., un litre d'eau de la source du bain des Dames en boisson ; quinze douches, de demi-heure chacune, à 34° R.

Résultat : à peu près nul à son départ. — Nul encore un an après.

### 92. SQUIRRHE DE LA LANGUE.

Monsieur N..., du canton de Berne, âgé de 70 ans, taille moyenne, petit, trapu, vigoureux, tempérament sanguin, excellente constitution, né de parents robustes, ayant mené une vie active, mais dans l'aisance, exempte d'abus et d'excès de toute espèce.

Sans cause appréciable, il fut pris, dans le courant de l'hiver, de douleurs aux dents, aux gencives, et surtout à la langue : quelques élancements se manifestèrent aussi, et une sensation de tiraillement dans le cou, les oreilles et les mâchoires : tout cela était très supportable, et ne se manifestait qu'à de rares intervalles, sauf la sensibilité de la langue, qui était permanente, et ne lui permettait de manger que des aliments bien cuits.

Habitué depuis douze ans à aller passer une saison aux eaux, il partit pour Baden-Baden, où il arriva dans les premiers jours de juin ; le voyage avait déjà aggravé son mal ; il s'exaspéra encore durant son séjour, pendant lequel il prit douze bains.

Enfin, il quitta Baden, et arriva à Luxeuil le 4 juillet ; voici en quel état, constaté par un minutieux examen :

Endurcissement de la langue vers les bords, à sa partie moyenne, occupant un espace, en longueur, d'un peu plus d'un pouce, en largeur, depuis le bord jusqu'à la ligne médiane, et la totalité de son épaisseur ; aux extrémités des points endurcis, tuméfaction assez considérable ; au point central, dépression, comme s'il y avait été fait une échancrure par l'effet d'une espèce de racornissement ; injection anormale des veines qui rampent à la surface inférieure de la langue ; coloration plus foncée dans sa totalité, gonflement des tissus sublinguaux du côté gauche ; élancements dans le cou, les oreilles et les mâchoires, très aigus, mais passagers, se répétant une trentaine de fois par jour ; douleurs continuelles à la langue, excessives, produisant la sensation qui résulterait si on en coupait des morceaux avec un rasoir, ou si on la transperçait avec des aiguilles incandescentes ; énorme difficulté pour la mastication ; bon appétit ; insomnies occasionnées par la douleur; réaction de l'appareil de la circulation; pouls fort, plein, et marquant 80 pulsations. Coloration de la face plus prononcée que dans l'état normal.

L'ensemble de ces phénomènes ne permettait pas de méconnaître la nature de cette affection : c'était un squirrhe.

Un cautère fut établi au bras gauche; application de vingt sangsues au cou, depuis le dessous du menton jusqu'à l'apophyse mastoïde. Traitement interne, dont la ciguë était la base; gargarismes belladonisés, régime approprié, etc. Il fut bien expressément recommandé au malade de s'abstenir de l'usage des eaux minérales, sous quelque forme que ce fût.

Une partie seulement de ces conseils fut suivie; le malade prit des bains et but de l'eau.

L'affection fit des progrès rapides; l'ulcération, avec toutes ses conséquences, hémorrhagies fréquentes et abondantes, suppuration fétide et ichoreuse, cachexie cancéreuse, etc., ne tarda pas à s'établir.

Trois mois après, la mort mit un terme à ses souffrances.


93. HÉPATITE ; PALPITATIONS DE COEUR ; DIARRHÉE; MALADIE DE LA PEAU.

Madame N... est âgée de 35 ans, grande, embonpoint modéré, teint blafard, lèvre supérieure épaisse, chairs molles et flasques, position sociale au-dessus de l'aisance, susceptibilité nerveuse très développée; elle fut réglée à 14 ans, mariée à 27, et a eu deux enfants.

A l'âge de 25 ans, ennuis profonds et prolongés, à la suite desquels eut lieu une affection morbide considérée par les hommes de l'art qui lui donnèrent des soins, comme une hépatite, qui nécessita un long traitement, persista plus d'un an, et parut céder à l'usage des eaux minérales de Bains.

A peine les symptômes d'hépatite étaient-ils dissipés, que des palpitations de cœur leur succédèrent : elles durèrent quatre mois, et furent guéries par des pilules dans lesquelles entrait la digitale.

Cette manifestation fut bientôt remplacée par une nouvelle forme de diarrhée, qui dura fort longtemps.

Enfin, à l'âge de 32 ans, apparut une éruption dartreuse affectant les oreilles, le cou, le front, les tempes à la naissance des cheveux, et les épaules ; sur cette dernière région, ainsi qu'au visage, elle affectait la forme pustuleuse ; aux oreilles et aux tempes, la forme furfuracée.

Un régime convenable et une pommade mercurielle avaient atténué cette éruption sans la guérir.

Enfin, depuis un an, elle avait repris une nouvelle et fâcheuse intensité. En outre, malaise, digestions pénibles ; tendance au dévoiement par l'usage du lait. Le vin et un régime tonique paraissent aider à la digestion.

Vingt-un bains à 26—28° R., eau du bain des Dames en boisson.

Résultat : à son départ de Luxeuil, amélioration remarquable, digestion parfaite ; à peine s'il reste des traces d'éruption.

Quatre mois plus tard, l'amélioration se soutenait et avait même progressé.

### 94. FISTULE URINAIRE.

Monsieur N...., étudiant, est âgé de 19 ans, bonne constitution, tempérament sanguin.

A l'âge de 16 à 17 ans, après avoir été exposé à l'action d'un froid prolongé, dans un établissement d'éducation où il faisait ses études, il fut pris de douleurs intenses à la région hypogastrique ; elles n'étaient pas continuelles, laissaient même entre leurs divers retours des intervalles assez considérables, et se faisaient sentir notamment par les temps froids et pluvieux. Alors envie d'uriner se reproduisant à chaque instant, émission de quelques gouttes d'une urine brûlante, sensation de pesanteur au fondement, comme lorsque existe le besoin d'aller à la selle ; contraction des sphincters très pénible, et néanmoins à chaque moment involontairement sollicitée ; point d'altération dans les fonctions des reins ni dans les qualités apparentes de l'urine.

Les hommes de l'art, à qui M. N.... demanda des conseils, crurent à l'existence d'un calcul dans la vessie ; détrompés par le cathétérisme, ils se bornèrent à prescrire un régime émollient.

Plus d'un an s'était écoulé après la manifestation des premières douleurs, et avec des alternatives de calme et de souffrance, lorsqu'après une de ces périodes, pendant laquelle la douleur avait été très intense et avait même pris le caractère lancinant, un abcès s'ouvrit à la partie inférieure interne de la fesse, à un pouce et demi du raphé. Trois mois après, la plaie était encore à se fermer ; elle donnait une petite quantité de matière présentant les caractères de la sérosité autant que ceux du pus ; et le petit point par lequel elle s'échappait ne se cicatrisait point, malgré les lotions *saturnines et les onguents de toute façon.*

Il se présenta à ma visite ; je n'eus pas de peine à diagnostiquer une fistule urinaire ; il passait par l'ouverture fistuleuse autant d'urine que par le canal de l'urètre ; l'écoulement n'avait lieu que pendant qu'il urinait. — C'était au mois de février : caleçon de flanelle, ouverture d'un cautère à la cuisse, prescriptions hygiéniques, traitement par les eaux quand viendrait le mois de juillet.

Au mois de juillet, rien n'était changé. Le malade se soumit à la médication minérale par la boisson, telle que la pratiquaient les anciens, c'est-à-dire le premier jour, quatre verres d'eau à un quart d'heure d'intervalle l'un de l'autre ; le deuxième jour, cinq verres ; le troisième jour, six verres, et ainsi de suite en augmentant d'un verre tous les jours jusqu'au quinzième jour, et diminuant ensuite de deux verres par jour jusqu'au vingt-unième jour ; l'eau était prise à la source du bain des Dames et bue immédiatement.

Résultat : à la fin de la saison, amélioration évidente ; il passe beaucoup moins d'urine par la fistule.

Quatre mois après, j'eus occasion de revoir ce malade ; il y avait quinze jours qu'il n'était pas sorti une goutte d'urine par l'ouverture fistuleuse. Cependant le point de l'ulcération extérieure n'était pas encore cicatrisé.

95. Lésion de l'appareil cérébro-spinal.

Madame N…, âgée de 46 ans, encore très régulièrement menstruée, tempérament lymphatico-sanguin, appartenant aux classes
élevées de la société, s'est trouvée depuis longtemps sous le poids
d'affections morales profondes.

Depuis plusieurs années, elle éprouvait de la fatigue dans les
membres et une céphalalgie continuelle. Elle attribuait ces phénomènes à une lésion névropathique, et y faisait peu d'attention ;
cependant la maladie ayant pris de la consistance, elle réclama les
secours de l'art, et la symptomatologie suivante fut établie.

Fatigue musculaire considérable, tant aux extrémités supérieures qu'aux inférieures, ressenties tout aussi bien le matin lorsque la malade sort du lit, que dans le courant de la journée, quand
un exercice un peu long pourrait la motiver. Il s'y joint aussi une
sensation de douleur aux mêmes endroits. Ces deux phénomènes
(fatigue et douleur) s'étendent aux régions lombaire et cervicale
inférieure, ainsi qu'aux parois de la cavité abdominale. — Céphalalgie à peu près constante, mais variable dans son intensité et
dans le siége qu'elle occupe ; insomnie presque périodique, c'est-à-
dire que la malade, se couchant habituellement de neuf à dix
heures du soir, dort d'un bon sommeil jusque vers les deux
heures du matin ; mais dès lors, elle ne peut plus se rendormir,
tant à cause des pensées qui la préoccupent que de la douleur et de
la fatigue musculaires déjà signalées, et auxquelles se joint encore
un état général de malaise, d'inquiétude et d'agitation. En passant
la main sur divers points du cuir chevelu, on ne rencontre point
d'endroit douloureux ; il n'en est pas de même de la colonne vertébrale. Une légère pression détermine de la douleur vers les dernières vertèbres cervicales et les premières lombaires. — Surexcitation de la vue et de l'ouïe, intolérance du bruit et de la lumière,
paupières pesantes et pénibles à tenir ouvertes, pupille plus dilatée que dans l'état normal, yeux larmoyants. — Respiration parfaite ; cependant, les mouvements musculaires, d'inspiration surtout, ont besoin d'un certain effort pour être poussés un peu

loin. — Digestion irrégulière, l'appétit ordinairement bon et même assez impérieux ; parfois, trois ou quatre heures après le repas , malaise à l'estomac, pesanteur, tension. Parfois aussi , il existe des tiraillements ; mais ce symptôme est attribué par la malade à un écoulement leucorrhéique, qui n'a cependant ni permanence ni intensité. Quoique la malade soit assez souvent obligée de recourir aux lavements , elle n'est pas habituellement constipée. — Pouls vif, ne s'écartant point des conditions normales sous le rapport de la fréquence et de la plénitude. Etat névropathique général , propension à pleurer. Bâillements, constriction spasmodique à la gorge.

La maladie de M<sup>me</sup> N...., surtout en tant que considérée sous le rapport de la céphalalgie et des lésions de l'appareil locomoteur, subit manifestement l'influence des conditions atmosphériques. — L'expérience lui a prouvé que les aliments doux et légers lui faisaient du bien. Elle croit avoir remarqué que lorsqu'elle a pris du lait, du sirop d'orgeat, elle est plus calme la nuit, moins agitée. Elle est mieux l'été que l'hiver ; elle est d'ailleurs très sujette au froid des pieds.

Vingt-cinq bains à 28—30° R., quinze douches , eau d'Hygie pour boisson.

Résultat : à son départ de Luxeuil, rétablissement complet des fonctions digestives. Légère amélioration sous les autres rapports.

Un an après , amoindrissement tel de toutes les manifestations décrites ci-dessus , que la maladie peut être considérée comme touchant à la guérison.

96. AFFECTION DARTREUSE ; BLENNORRHAGIE ; RÉTENTION D'URINE ; INCONTINENCE.

Monsieur N.... est âgé de 55 ans, doué d'une fort bonne constitution , et d'un tempérament lymphatique bien prononcé.

A l'âge de 17 ans, gonorrhée qui persista jusqu'à l'âge de 28 ans. A cette époque, qui fut celle de son mariage, l'écoulement tachait encore le linge.

Dans le principe, emploi de tous les moyens antigonorrhéiques connus, même des frictions mercurielles. — Vers l'âge de 27 à

28 ans, injections avec le sulfate de zinc à dose quelquefois décuple et poussées jusque dans la vessie. Jusqu'à cette époque, écoulement gonorrhéique et amincissement du filet d'urine qui ne sort qu'en spirale, mais point de rétention.

Soldat dès l'âge de 22 jusqu'à celui de 24, il s'était exposé à de nouvelles infections, et des résultats avaient eu lieu ; mais il était difficile de savoir s'ils étaient le produit d'une maladie nouvelle, ou bien une recrudescence de l'ancienne.

Vers l'âge de 32 ans, rétention d'urine ; à celui de 36, incontinence, l'écoulement gonorrhéique persistant toujours, mucosités quelquefois sanguinolentes au fond du vase. Alors, nécessité d'une vie très sobre, impossibilité d'uriner autrement que debout ; les moindres excès punis par de vives douleurs et par une incontinence devenant plus permanentes.

Etat actuel : rétention permanente, émission de l'urine constante, goutte à goutte, par regorgement, douleurs considérables, irritation périnéale, envies constantes d'uriner, pesanteur dans la région rénale, écoulement gonorrhéique, fatigue musculaire des membres inférieurs. Toutes les autres fonctions à l'état normal.

Il n'est peut-être pas inutile de dire qu'à l'âge de 40 ans, il s'était manifesté une éruption dartreuse à la jambe gauche (région tibiale antérieure), qui subit divers déplacements et occupa successivement différentes régions, entre autres le creux poplité, la région humérale, latérale du cou, et lombaire.

Bains à 28° R., eau de la source d'Hygie en boisson (un litre dans la matinée), douches sur la région sacro-lombaire, supubienne et périnéale.

Monsieur N... avait pris quatorze bains et deux douches, lorsque, un matin, ayant essayé d'uriner, il y eut suppression totale de l'écoulement qui avait lieu goutte à goutte, et, immédiatement, il se produisit la sensation d'un corps qui traverserait le canal de l'urètre et le gonflerait en le parcourant ; et, tout à coup, le jet de l'urine fut lancé à deux mètres de distance, encore en spirale, mais avec un diamètre normal ; écoulement d'un demi-litre d'urine en un clin d'œil. Depuis lors, l'écoulement de l'urine a lieu comme dans l'état normal, sans incontinence ni rétention ; cependant, elle coule toujours en spirale. — Seize mois se sont passés depuis cette époque, et, sauf cette modification du jet, tout autre indice de manifestation morbide a disparu complétement. — Dix-huit mois après, la guérison se soutient.

97. NÉVRALGIE DE DIVERSES RÉGIONS; GASTRALGIE; AMAIGRISSEMENT.

Madame N..., âgée de 28 ans, tempérament lymphatico-sanguin, fille d'une mère goutteuse et arrière-petite-fille d'une grand'mère percluse de rhumatisme, réglée à 14 ans, mariée à 18, a eu trois enfants, et a nourri les deux premiers. Elle a un frère rhumatisé.

Parfaitement portante jusqu'à sa première grossesse, elle commença alors à souffrir d'une odontalgie assez grave pour exiger l'avulsion d'une dent.

Mais, après son accouchement, l'odontalgie reparut, plusieurs dents s'altérèrent et la névralgie s'étendit au cuir chevelu.

Enfin, ayant perdu son enfant à l'âge de 10 mois, et se trouvant quelques jours après sous un courant d'air, elle eut froid à la tête. Alors et depuis elle éprouva une sensation comme celle qui dériverait de l'application d'une plaque sur la région temporale; la céphalalgie prit de la consistance, devint presque permanente et se montra à un tel point d'intensité qu'elle était insupportable. — Comme elle avait toujours son point de départ vers les dents, six furent arrachées et trouvées cariées. La névralgie maxillo-crânienne ne cessa pas pour cela; il s'y joignit un coryza qui alterna dans la suite avec elle.

Pendant une aussi longue période de souffrances, il se fit une détérioration de l'état général. M^{me} N... devint faible, souffrit de douleurs lombaires, de tiraillements d'estomac, fut atteinte de leucorrhée et maigrit considérablement.

Pendant sa dernière grossesse, ses douleurs avaient disparu, mais revinrent et durent encore aujourd'hui.

Arrivée à Luxeuil dans l'état qui vient d'être décrit, la malade se fit arracher quelques chicots sous l'influence de l'éthérisation, et suivit ensuite la médication minérale suivante :

Vingt-quatre bains à 26° R., dix-sept douches. Eau de la source d'Hygie en boisson.

Résultat : à son départ, faiblesse résultant de l'action des eaux; plus de douleurs.

### 98. MALADIE DE L'UTÉRUS.

Madame N... est âgée de 32 ans ; elle fut réglée à 16 et mariée à 30. Bonne constitution, sensibilité excessive. A part une douleur rhumatismale à un bras, pendant qu'elle était encore en pension, qui dura peu de temps, et disparut pour ne plus se manifester jusqu'ici, sa santé a été assez bonne pendant sa jeunesse.

.... « Madame se recommande à vous pour l'usage des eaux de Luxeuil, qu'elle va prendre dans l'état que voici : A la suite d'un accouchement assez heureux, il y a environ dix-huit mois, cette jeune dame est restée souffrante des reins, du ventre, des cuisses, etc., surtout du côté gauche, avec des pertes rouges fréquentes et irrégulières, maigrissant, très faible, etc.; enfin, elle consentit à se laisser toucher ; et, depuis six à sept mois, nous avons pu constater un gonflement dur du col de la matrice, surtout à gauche, avec une échancrure pouvant loger l'extrémité du doigt. Le repos, quelques bains simples, des injections de ciguë plusieurs fois dans la journée, et le matin et le soir une autre injection avec une solution alcoolique de sublimé, des frictions avec une pommade d'iodure de plomb aux reins, au haut des cuisses et sur le bas-ventre, sont les remèdes que nous avons mis en usage. Pensez-vous, cher confrère, aujourd'hui, qu'il ne reste plus qu'une légère induration des lèvres du col, un peu de gonflement, peu de douleur, plus de chaleur, les règles bien rétablies....., que les eaux de Luxeuil lui soient convenables ? »

*( Consultation de M. le docteur G. )*

### Complément.

L'accouchement de Madame a été très heureux, mais la fièvre de lait a manqué, et la sécrétion laiteuse ne s'est pas faite ; il a donc fallu mettre son enfant en nourrice, quinze jours après l'accouchement. Douée d'une exquise sensibilité, Madame a éprouvé à la vue de la nourrice qui venait prendre son enfant, une émotion profonde, et une métrorrhagie a eu lieu, qui depuis s'est renouvelée à divers intervalles ; d'ailleurs, pendant le temps qui s'est écoulé depuis l'accouchement jusqu'à cette hémorrhagie, les forces ne revenaient pas ; elle ne pouvait se tenir debout, manquait d'appétit, était évidemment dans un état anormal.

Aujourd'hui, douleur à la région hypogastrique gauche, vive, circonscrite, n'occupant qu'un point très limité, se reproduisant par intervalles plus ou moins éloignés, ne durant quelquefois que quelques quarts d'heure, et d'autres fois tout le jour. Autre douleur permanente, diffuse, occupant le bas-ventre, les reins, peu intense, sous forme de malaise. — Sensation d'engourdissement des membres pelviens, surtout le gauche, très fatigante et presque constante. Inappétence, maigreur, fatigue, impossibilité de faire le moindre exercice.—Circulation, respiration à l'état normal.

Vingt-un bains à 26—27° R. au bain gradué.

Résultat : un mois après le départ de M^me N... de Luxeuil, je recevais la lettre suivante : « Monsieur, votre prédiction est accomplie, je suis guérie. Depuis mon retour de Luxeuil, je n'ai ressenti ni douleur, ni fatigue, ni malaise ; mon appétit se soutient, et mes forces reviennent chaque jour. Si j'ai tant tardé à vous donner cette bonne nouvelle, qui, je le sens d'avance, sera accueillie avec intérêt, c'était afin que vous pussiez apprécier d'une manière positive le résultat des eaux, et que vous décidiez s'il serait nécessaire de prendre encore une demi-saison, etc. »

### 99. TUMEUR BLANCHE DU GENOU, PAR CAUSE TRAUMATIQUE.

Pierre N..., âgé de 18 ans, bon tempérament, issu de parents sains, reçut, il y a quelques années, un coup de boule de quilles au genou, au-dessous de la rotule, assez violent pour le faire tomber ; cependant, après cinq minutes, il se releva sans l'aide de personne, marcha, et les jours suivants continua ses travaux.

Un mois après, la douleur étant devenue plus vive, et un peu de tuméfaction s'y étant ajoutée, il réclama les soins d'un médecin.

et en obtint une guérison à peu près complète ; cependant, il restait un peu de claudication.

Il y a trois ans, il fit une chute qui devint la cause d'une recrudescence. Dès lors, il cessa ses travaux, se fit appliquer des sangsues, des cataplasmes, fit usage de liniments, etc. Malgré l'emploi de ces moyens, la maladie persista et s'aggrava jusqu'au point de présenter l'état suivant actuel :

Articulation fémoro-tibiale tuméfiée, dure, sans douleur ; les condyles et la rotule ne laissent point de saillie entre eux ; ankylose incomplète, peu de mouvement. Atrophie de la cuisse ; jambe dans la demi-flexion.

Dix-sept bains à 30° R., dix douches sur l'articulation malade.

Résultat : amélioration ; mouvements beaucoup plus étendus.

### 100. RHUMATISME ARTICULAIRE ET MUSCULAIRE.

Nadame N..., âgée de 54 ans, réglée à 15, mariée à 35, a eu cinq enfants. Ses couches ont été heureuses. Cependant, les suites de la première ont été suivies d'abcès au sein et ensuite de douleurs lombaires qui ont occasionné une déviation de la colonne vertébrale.

Depuis lors, elle avait toujours joui d'une bonne santé jusqu'à l'âge de 45 ans. Alors, elle commença à éprouver dans les extrémités supérieures des douleurs légères, très fugitives, se reproduisant plusieurs fois le jour, et auxquelles elle faisait peu d'attention, parce qu'elles ne l'empêchaient pas de se livrer à ses travaux. Elles ont continué depuis cette époque. M^{me} N... n'a cessé d'être réglée qu'à l'âge de 53 ans.

L'année dernière, vers la Toussaint, rhumatisme articulaire et musculaire aigu, qui a débuté par la main droite et a frappé successivement le bras du même côté, la hanche, l'extrémité inférieure, la nuque, l'extrémité supérieure, l'extrémité inférieure. Il y avait, dans les diverses articulations compromises, rougeur, douleur, tuméfaction ; immobilité absolue des membres pendant six semaines. Enfin, peu à peu, la locomotion est revenue, incomplète cependant.

Etat actuel : douleur à l'épaule gauche et aux deux genoux; léger empâtement, fatigue musculaire et augmentation des douleurs par l'exercice. Tout le reste à l'état normal.

La malade attribue la cause de sa maladie à l'humidité de son habitation, située sur une rivière.

Dix-neuf bains à 28° R., eau du bain des Dames en boisson.

Résultat : guérison complète.


### 101. INSUFFISANCE DE MENSTRUATION.

Mademoiselle N..., âgée de 18 ans, bonne constitution, tempérament lymphatico-sanguin, fille d'une mère rhumatisée, fut réglée à 16 ans.

A la suite d'une chute faite il y a un an, trouble de la digestion ; l'appétit continue à être bon, mais aussitôt après avoir mangé, oppression, malaise, étouffement, faiblesses ; lassitude dans les membres ; constipation ; palpitations de cœur, bruit de soufflet dans cet organe et dans les carotides ; menstruation insuffisante.

Neuf bains à 28° R., eau ferrugineuse en boisson.

Résultat : guérison.


### 102. BRONCHITE CHRONIQUE.

Madame N...., âgée de 38 ans, douée d'un tempérament sanguin, née d'un père sain et d'une mère morte d'une affection cancéreuse, fut réglée assez tard, se maria à 21 ans, et a eu six enfants.

Il y a une quinzaine d'années qu'elle fut atteinte de la fièvre typhoïde. Depuis lors, douleurs et affections diverses, vagues, erratiques, se portant principalement vers la tête, la poitrine, le ventre. Elle s'enrhume facilement, est très sujette au coryza et au catarrhe pulmonaire. Ces diverses affections alternent entre elles.

Il y a un an, à la suite d'un érysipèle phlegmoneux à la tête, menace de couperose, injection subite des capillaires de la face aux moindres émotions.

Etat actuel : toux catarrhale avec expectoration persistant depuis l'hiver. Nez d'une coloration plus foncée que dans l'état normal; toute la face est, elle aussi, plus injectée. — Endolorissement des organes abdominaux.

Vingt bains dans un des cabinets du bain gradué.

Résultat : guérison du catarrhe au quinzième jour. Tout le reste va beaucoup mieux.

### 103. GASTRALGIE.

Madame N..., âgée d'une cinquantaine d'années, mariée et n'ayant jamais eu d'enfant, tempérament lymphatico-nerveux, constitution athlétique, position sociale très heureuse, est sujette depuis fort longtemps à des manifestations diverses, qui ont été considérées comme dépendant d'un état hystérique, et suscitées par des affections morales. L'usage des diverses eaux minérales lui a été prescrit en différents temps.

Arrivée à Luxeuil au commencement de juillet, elle présente les symptômes suivants : appétit modéré, et cependant répugnance pour les aliments, digestions pénibles; les aliments ne pouvant franchir l'isthme du gosier spasmodiquement contracté. A jeûn ou après avoir mangé, spasmes d'estomac, crampes douloureuses, oppression, tiraillements. — Perte des forces, amaigrissement par défaut d'alimentation, tristesse, ennui, morosité.

Vingt bains au bain des Fleurs; eau d'Hygie en boisson.

Résultat : à son départ, appétit excellent, nulle répugnance pour les aliments, digestion parfaite, retour des forces, gaieté folle.

### 104. ENDOLORISSEMENT ET RAMOLLISSEMENT DES MUSCLES.

Charlotte N...., âgée de 18 ans, bien réglée depuis celui de 16, belle constitution, embonpoint modéré, fraîche, tempérament lymphatico-sanguin, fille de cultivateurs bien portants, ayant mené une vie douce, et exempte jusque-là de passions, ayant toujours habité, et habitant encore, un rez-de-chaussée fort humide.

A l'âge de 14 ans, douleur à l'épigastre, oppression, impossibilité de se serrer avec son corset; les fonctions digestives restant d'ailleurs dans toute leur intégrité. Cet état se prolongea pendant un mois.

A l'âge de 15 ans, nouvelle manifestation de la douleur épigastrique, à laquelle se joignit la céphalalgie, de la fatigue entre les épaules et une faiblesse musculaire générale.

Enfin, à l'âge de 17 ans, à tous ces symptômes sont venus se joindre l'endolorissement de tous les points de l'appareil musculaire et cutané, sans en excepter le cuir chevelu et les téguments du visage, l'inappétence, la répugnance pour les aliments gras, un goût très prononcé pour le lait, des bâillements, quelques accès de constriction de la gorge, fréquentes palpitations de cœur. Pendant la durée de la menstruation, qui est à l'état normal, faiblesse considérable. — Nul autre trouble fonctionnel que celui des voies digestives.

Vingt-un bains aux Bénédictins, eau d'Hygie en boisson.

Résultat : point d'amélioration autre que celle des voies digestives qui ne laissent rien à désirer.

105. AFFAIBLISSEMENT DE LA MOITIÉ DU CORPS ; CHORÉE ; AMÉNORRHÉE.

J. N..., âgée de 23 ans, fut réglée à 18 ; tempérament lymphatico-sanguin, assez bonne constitution, née de parents bien portants.

N.... est fille de service, et placée depuis bien longtemps dans des conditions hygiéniques peu favorables ; entre autres, on peut citer celle de coucher dans une chambre très humide et très froide, depuis deux ans, et dans un lit adossé à une muraille d'où suintait une humidité continuelle. La fraîcheur ressentie pendant la nuit était telle, qu'elle avait beaucoup de peine à se réchauffer pendant le jour. Elle grelottait continuellement.

Il y a sept mois que, sortie de condition, elle rentra chez elle et ne s'occupa plus qu'à filer. Mais alors, la moitié gauche du corps fut affectée d'un état de refroidissement qui ne cessait plus : faiblesse considérable : la main laisse échapper ce qu'elle tient, la jambe ne peut soutenir le poids du corps ; crampes douloureuses sur le côté malade, ayant lieu tous les jours, durant quelquefois trois quarts d'heure; commencement d'atrophie. — Vertiges, ano-rexie, diarrhée.

Etat actuel : les accidents primitifs subsistent; de plus, insom-nie, céphalalgie, point douloureux aux régions intercostales, dor-sales, lombaires, danse de saint With légère, mais évidente; amé-norrhée depuis deux mois.

Trente bains, quinze douches.

Résultat : retour des règles après le vingtième bain ; cessation de la danse saint With ; retour des forces et de la nutrition dans la moitié du corps affectée. Fonctions de l'appareil digestif par-faites.

#### 106. NÉVRALGIE DE DIVERSES RÉGIONS ; LEUCORRHÉE DEPUIS LA PREMIÈRE MENSTRUATION ; VOMISSEMENTS SPASMODIQUES.

Madame N... est âgée de 30 ans, fut réglée à 15, est mariée, mère de deux enfants dont le dernier a 8 ans. Tempérament lym-phatico-nerveux, excellente constitution; fille d'une mère forte-ment rhumatisée, ayant marché aux crosses pendant dix-huit mois, atteinte de leucorrhée d'une manière permanente depuis sa première menstruation : brune, dodue, impressionnabilité exces-sive.

A la première apparition des règles, a commencé la série des nombreuses manifestations qui ont composé son état pathologique : ainsi, douleurs dans les extrémités inférieures depuis le pied jus-qu'au genou, profondes, faisant éprouver la sensation d'un pince-ment; lorsqu'elle étendait la jambe sur la cuisse, craquement à l'articulation du genou ; souvent aussi, crampes aux mollets ; en même temps, douleur à la région sacro-lombaire. Douleur aux extrémités supérieures, aux articulations des doigts, aux avant-bras, aux poignets, à la région vertébrale inter-scapulaire. Les conditions atmosphériques n'influent en rien sur la fréquence ou l'intensité des douleurs : elles reviennent de temps en temps, sans mettre jamais plus d'un mois d'intervalle entre leurs diverses apparitions, et redoublent quand elles existent, ou se manifestent, quand elles n'existent pas, invariablement à l'époque des règles.

Il y a sept mois, sous l'influence d'une grande émotion, douleurs violentes à l'estomac, suivies de vomissements de matières liquides, peu abondantes; et en même temps, déjections alvines de matières mucoso-sanguinolentes et verdâtres. Depuis lors, les vomissements, les selles et les douleurs qui les accompagnent ont persisté. Avant le repas, après, pendant les intervalles, il ne se passe point de jour où ces phénomènes n'aient lieu. A leur suite, prostration, sueurs froides, frissons dans les membres thoraciques. Tout le reste à l'état normal. L'exploration la plus attentive n'a pu faire reconnaître aucune lésion organique.

Vingt bains dans le bassin des Bénédictins à 28° R., eau de la source d'Hygie en boisson.

Résultat : dès le premier jour de cette médication, plus de vomissements, selles naturelles : aucune sorte de douleur. Guérison parfaite au départ.

## 107. AFFECTION RHUMATISMALE DE DIVERSES ARTICULATIONS.

Marie N... est âgée de 70 ans. Elle a été réglée à 15 ans, et n'a cessé de l'être qu'à 50. Par son genre de vie, elle a été obligée de descendre fréquemment à la cave.

Elle a été très sujette à l'odontalgie, et, en diverses reprises, elle a fait opérer l'arrachement de toutes ses dents.

A l'âge de 55 ans, douleurs dans les diverses articulations des extrémités inférieures, jambes, pieds, genoux, hanches. Un peu plus tard, les extrémités supérieures furent également affectées, principalement l'épaule gauche, mais sans tuméfaction.

A l'âge de 58 ans, il se manifesta une toux catarrhale qui dure encore. Aggravation de toutes ces manifestations morbides par certaines circonstances atmosphériques.

Il y a quelques mois, Marie N... fit une chute sur l'épaule; une douleur très aiguë en fut la suite. Encore aujourd'hui, les mouvements sont très gênés et très limités : il lui est impossible de faire les mouvements nécessaires pour se coiffer toute seule. Léger empâtement.

Trente bains à 28 —30° R., eau de la source du bain des Dames en boisson. Douches sur l'épaule.

Résultat : à son départ de Luxeuil, amélioration considérable. Elle peut se coiffer seule. La toux a diminué des trois-quarts. Plus d'empâtement.

### 108. CATARRHE BRONCHIQUE.

Madame N... petite, brune, maigre, assez bonne constitution, d'ailleurs âgée de 74 ans, position sociale aisée, fut atteinte, il y a trente ans, de douleurs dans les articulations, vagues, erratiques, ne s'accompagnant d'aucune tuméfaction, durant plus ou moins longtemps, souvent quelques heures seulement, d'autres fois des semaines, paraissant à des intervalles variables, sans cause appréciable, et subissant manifestement l'influence des conditions atmosphériques.

Peu après, se manifestèrent des symptômes de catarrhe bronchique, avec irritation à la région sternale, toux, expectoration de mucosités.

Un peu plus tard eut lieu un écoulement leucorrhéique qui dura plusieurs années.

Enfin, depuis l'âge de 60 ans, les douleurs articulaires sont devenues plus rares, mais beaucoup plus intenses. Lorsqu'elles ont lieu, elles sont comparables, pour la violence, aux douleurs névralgiques les plus aiguës.

Depuis longtemps, l'appareil digestif n'exerce ses fonctions qu'avec fatigue et lenteur : nulle lésion organique.

Des manifestations diverses ont été combattues à plusieurs époques par des moyens appropriés. Un cautère fut établi il y a quinze ans, entretenu pendant sept à huit ans, supprimé ensuite. La malade a fait usage, à plusieurs reprises, des eaux du Mont-Dore.

Pouls fort, plein, un peu fréquent ; respiration gênée par la marche et le mouvement ; point de bruit anormal, expectoration assez facile, sans être très abondante.

Vingt-cinq bains à 28° R., dans les cabinets du bain gradué; pour boisson, de l'eau d'Hygie coupée avec celle du bain des Dames.

Résultat : à son départ de Luxeuil, amélioration immense sous tous les rapports.

Un an après, l'amélioration se soutient. Le catarrhe chronique est terminé.

**109. NÉVRALGIE SCIATIQUE; DOULEURS ERRATIQUES; GASTRO-ENTÉRALGIE; HYPOCONDRIE; LEUCORRHÉE.**

Madame N..., âgée de 55 ans, réglée à 15, mariée à 19, a eu seize enfants. Petite, brune, embonpoint médiocre, bonne constitution, exempte de vice héréditaire.

Une douleur sciatique se déclara à la cuisse droite, pendant sa première grossesse, assez forte pour occasionner la claudication, cessa après l'accouchement, mais se répéta, quoique avec moins d'intensité, à quelques autres grossesses.

A divers intervalles, douleurs erratiques sur diverses parties des membres, notamment au bras droit. Cette douleur, développée sous l'influence de l'impression du froid sur cette région, y persista avec plus d'intensité.

Enfin, à la suite de soucis prolongés, malaise épigastrique, sensation de chaleur dans les entrailles, souffrance indéfinissable dans la cavité abdominale, surtout aux approches des selles. Lorsqu'elle est constipée, la malade va beaucoup mieux; quand elle ne l'est pas et qu'elle va à la selle tous les jours, le malaise est beaucoup plus considérable. Réaction de cet état sur le cerveau; alors, tristesse, abattement, morosité, fatigue d'esprit, pensées lugubres. D'ailleurs, bon appétit et bonne digestion. Tel est encore aujourd'hui son état.

Vingt-un bains au bain gradué (26° R.), deux douches.

Résultat : pendant les quinze premiers bains, amélioration notable. — Au seizième bain, apparition de la leucorrhée. Au dix-neuvième, diminution de la leucorrhée et manifestation de la névralgie sciatique. Au vingt-unième bain, amendement de ce dernier symptôme. Sous tous les autres rapports, la malade va très bien.

### 110. Vertiges ; diarrhée.

Madame N... est âgée de 56 ans, elle a cessé d'être réglée à l'âge de 45. Forte constitution, tempérament sanguin.

Depuis quelques années, vertiges, pesanteur de tête, notamment pendant la digestion.

Depuis plus de six mois, diarrhée sans douleur. L'appétit est très bon et, peut-être, trop amplement satisfait. Usage du vin pur en plus grande quantité qu'il ne convient.

Madame N... ne paraît être sous l'influence d'aucun vice ou diathèse morbide.

Vingt-un bains à 27° R., eau d'Hygie en boisson. Régime plus convenable.

Résultat : à son départ de Luxeuil, plus de vertiges ni de diarrhée.

### 111. Gastralgie ; amaigrissement progressif.

Madame N..., petite, brune, issue de parents sains, assez bien constituée, réglée à 15 ans, mariée à 21, enceinte quatre mois après ; âgée de 28 ans.

Parfaitement bien portante, grosse, grasse et fraîche, jusqu'à sa grossesse ; accouchement facile, suites heureuses.

Six mois après l'accouchement, malaise général, et principalement de l'estomac ; faiblesse de cet organe, digestions lentes, inappétence, amaigrissement progressif.

Depuis, des douleurs se sont manifestées dans les extrémités, revenant à des intervalles variables, mais surtout à la saison du printemps ; menstruation moins abondante et irrégulière. Des crampes d'estomac se sont manifestées, revenant très fréquemment, souvent tous les deux jours, s'accompagnant de vomissements horriblement douloureux et laissant après elles un malaise indéfinissable. Ces crampes se sont fait sentir pour la première fois il y a

à peu près trois mois, en ont duré deux, et n'ont cédé qu'à un régime approprié et à des topiques antispasmodiques. Hernie ombilicale, contenue par un bandage. — L'état actuel comme ci-dessus,
moins les crampes.

Vngt-un bains , quatre douches.

Résultat : retour de l'appétit et de l'embonpoint. Plus de douleurs.

### 112. PROLAPSUS UTERI.

Madame N... est âgée de 24 ans, réglée à 16, mariée à 17, elle
n'a eu son premier enfant qu'à 23 ans. Grande, bien constituée,
tempérament lymphatico-sanguin, elle avait joui, jusque-là, d'une
excellente santé.

« .... Madame N... a eu, en novembre dernier, une couche laborieuse que j'ai faite moi-même. Pendant la gestation, il existait
déjà un engorgement marqué du vagin, près du col de la vessie ;
cet engorgement s'est accru à la suite de l'accouchement, et de
manière à gêner un peu les fonctions de la vessie. — J'ai remarqué, en même temps, un prolapsus de l'utérus au second degré.
Le traitement prescrit a déjà modifié avantageusement cet état, et,
aujourd'hui, le toucher fait reconnaître un prolapsus au premier
degré. » *(Consultation de M. le docteur P...)*

Pour compléter ces renseignements, il faut énumérer les phénomènes suivants : appétit peu prononcé, tiraillements d'estomac,
lassitudes musculaires considérables, fatigue à la moindre marche
et presque impossibilité de se livrer à aucun exercice.

Madame N... a eu, à différentes fois, des abcès sous l'aisselle ;
tout le reste à l'état normal.

Vingt-un bains à 26° R., quatorze douches, à 30° R., sur les
extrémités inférieures, sur la région sacro-lombaire et sus-pubienne
latérale ; eau d'Hygie en boisson.

Résultat : à son départ de Luxeuil, M^me N.... se dit guérie.
Elle a un appétit excellent, digère bien, danse et valse toute la
soirée sans ressentir la moindre fatigue. — Je n'ai pas constaté son
état par le toucher.

### 113. PHTHISIE PULMONAIRE.

Mademoiselle N..., âgée de 25 ans, réglée à 17, petite-fille d'un grand'père paternel asthmatique, brodeuse de profession, bien constituée, taille moyenne, fut prise, il y a six ans, d'un catarrhe pulmonaire intense, qui dura trois mois, fit craindre la phthisie pulmonaire, et fut combattu par la saignée, les ventouses et les vésicatoires. Peu à peu, hémoptysie peu abondante, se renouvelant fréquemment.

A l'âge de 23 ans, abondante hémoptysie, qui s'est renouvelée trois fois en huit jours. Deux mois après, nouvelle hémoptysie très abondante.

Etat actuel : amaigrissement progressif, arrivé aujourd'hui à un état voisin du marasme. Points de côté fréquents et occupant des siéges variables; toux continuelle, hémoptysie de temps en temps. Une caverne à la base du poumon droit; tubercules sur divers points. — Respiration très gênée, au point de l'empêcher de parler et de marcher. — Pouls à 120. — Aménorrhée depuis onze mois. — Inappétence complète. Le vin, la viande de cochon, la pâtisserie, ne peuvent être digérés. Constipation. Refroidissement constant des pieds.

Trente bains à 27° R., eau d'Hygie en boisson.

Résultat : mort un mois et demi après.

### 114. MYODINIE DELTOÏDIENNE, LOMBAIRE, CYSTIQUE. LÉSION DES APPAREILS DIGESTIF ET CÉRÉBRAL.

Monsieur N..., ancien employé des finances, âgé de 67 ans, ayant exercé son état dans le service actif, et résidé pendant quatre ans dans un pays humide et marécageux (la Hollande), tempérament lymphatico-sanguin, était affecté, depuis une dixaine d'années, d'une douleur permanente au bras droit, à la région du deltoïde. A force de frictions avec des liniments de toute espèce, il vint à bout de s'en débarrasser.

Elle fut remplacée par un lombago qui dura six semaines.

Après la cessation de cette dernière manifestation, il se produisit, à plusieurs reprises, quelques symptômes du côté de l'appareil urinaire, tels que : envies fréquentes d'uriner, émission d'une petite quantité d'urine à la fois, douleurs vives immédiatement après qu'il avait uriné, sensation d'ardeur à la région suspubienne. — Ces symptômes ne prirent point de consistance, et aucun traitement spécial ne fut dirigé contre eux.

Enfin, depuis trois ans, les appareils digestif et cérébral sont devenus le siége de la maladie.

Appareil digestif : lenteur des digestions, constipation, flatuosités ; point de sensibilité à l'épigastre, ni sur aucun point des régions abdominales ; rien d'anormal dans l'état de la langue ; point d'indice de lésion organique.

Appareil cérébral : étourdissements, vertiges fréquents, coups de sang, sans production d'accidents paralytiques ; intolérance du bruit et du mouvement, fatigue par la lecture et la conversation ; besoin du calme et de la tranquillité de l'esprit.

Il existe une coïncidence frappante et constante entre ces manifestations morbides, de telle sorte que les symptômes du côté de l'appareil cérébral sont d'autant plus prononcés, que ceux de l'appareil digestif ont plus d'intensité ; il semble même au malade que c'est sur ce dernier appareil qu'existe le point de départ des divers accidents, comme si le trouble cérébral n'était qu'une sympathie ou une réaction de celui de l'appareil digestif.

Vingt-un bains d'une heure à 26° R., au Grand-Bain. Immersion jusqu'à l'épigastre, pédiluves tièdes et sinapisés au sortir du bain ; eau d'Hygie en boisson.

Résultat : immense amélioration de tous les symptômes avant son départ de Luxeuil.

Une année après, il ne reste presque plus de trace des graves manifestations qui avaient altéré si profondément sa santé et menacé ses jours.

## 115. IRRITATION GASTRO-PULMONAIRE ; NÉVRALGIE SCIATIQUE.

La sœur N... est âgée de 36 ans, grande, brune, maigre, tempérament nerveux-sanguin, bien constituée, fut réglée à 14 ans, est exempte de vice héréditaire.

Jusqu'à l'âge de 18 ans, elle avait joui d'une excellente santé : mais alors, à la suite de fatigues excessives qu'elle éprouva dans une maison où elle était entrée pour se vouer à l'instruction, elle fut atteinte d'une irritation gastro-pulmonaire caractérisée par la toux, l'expectoration de mucosités, la dyspnée, les palpitations de cœur, et par l'inappétence, la lenteur et la difficulté des digestions.

Cet état a persisté jusqu'à ce jour, avec des alternatives de mieux et de pis, sans déranger nullement la menstruation. Il a été combattu par des moyens divers, entre autres les exutoires, la saignée, les sangsues, le régime, etc. Un cautère fut ouvert à l'âge de 24 ans, et maintenu jusqu'à ce jour.

Il y a un an, après un voyage pendant lequel elle fût exposée à l'impression d'un air vif, il se déclara une névralgie sciatique. Divers moyens rationnels, surtout les bains domestiques, furent employés contre cette affection, avec un insuccès complet : de telle sorte qu'aujourd'hui la marche est fort difficile, la station debout pénible ; la hanche, le genou, le pied douloureux et engourdis ; la cuisse et la jambe gauche sensiblement atrophiées. Menstruation parfaite. — Les appareils respiratoire et digestif dans l'état ci-dessus mentionné.

Vingt-cinq bains à 27° R., dans les cabinets du Grand-Bain. Quinze douches. Eau de la source d'Hygie en boisson.

Résultat : l'amélioration est telle à son départ de Luxeuil, qu'elle peut être considérée comme une guérison.

Un an après, le mieux s'est continué.


## 116. TUMEUR SQUIRRHEUSE.

Jean N..., cultivateur aisé, est âgé de 34 ans, brun, peu chargé d'embonpoint, bonne constitution, marié et n'ayant point eu d'enfants ; fils d'une mère morte jeune d'une affection cancéreuse de l'utérus.

Depuis une dixaine d'années, N... éprouvait, de temps en temps, à l'épaule droite, une douleur peu intense, mais cependant positive et remarquable. Son peu de fréquence et d'intensité l'avait dispensé de tenter quoi que ce soit pour s'en débarrasser.

A l'âge de 32 ans, il éprouva pour la première fois , sans aucune cause déterminante appréciable, une sensation vague de gêne et de tension dans le testicule gauche, mais sans élancement et sans augmentation de volume. Quelque temps après, on put apercevoir un peu de tuméfaction. Enfin, six mois après, elle était assez considérable pour que le testicule égalât le volume d'un œuf d'oie, et qu'après son extirpation il pesât à peu près un quart de kilogramme. La douleur était devenue presque continuelle et avait pris le caractère lancinant. L'extirpation eut lieu neuf mois après la manifestation morbide de sarcocèle : depuis ce moment jusqu'à celui de l'opération, l'ancienne et primitive douleur à l'épaule ne s'était plus fait sentir.

Trois semaines après l'opération, qui fut convenablement exécutée, des douleurs vagues, mais excessivement intenses, se manifestèrent sur divers points des régions abdominales, et principalement aux régions sacro-lombaire et iliaque ; et peu de temps après apparut une tumeur dure, indolente au toucher, peu mobile, située sous le muscle droit du côté gauche. Aujourd'hui, un an après son apparition , la tumeur, avec les caractères mentionnés , très faciles à constater, présente des dimensions qu'on peut évaluer à quatre pouces dans sa longueur et deux et demi dans sa largeur. Elle est selon la direction du muscle droit au-dessous duquel elle est située, à la hauteur de l'ombilic, et paraît lui être adhérente : la pression ne donne lieu au développement d'aucune sensation douloureuse , mais assez ordinairement à un déplacement de gaz dans les anses intestinales voisines ; elle est dure, présente des bosselures, et n'est le siége d'aucun élancement.

L'état général est équivoque. Les fonctions digestives se font dans toute leur intégrité ; le pouls marque 66, et présente les autres caractères de l'état normal ; mais le teint présente quelque chose de cette nuance qui caractérise la cachexie, et la douleur sacro-lombaire qui se manifeste de temps en temps réagit à la fois et sur la tumeur qui devient sensible au toucher, et sur le pouls qui devient fébrile et s'élève à 120.

Vingt-un bains à 26° R., d'une heure les premiers jours, et plus tard d'une heure et demie; eau d'Hygie en boisson; deux douches en arrosoir.

Pendant le cours du traitement, la douleur sacro-lombaire s'est manifestée à trois reprises, et a duré une fois vingt-quatre heures, avec une très grande intensité. Cette douleur s'est toujours montrée plus intense pendant la nuit, et a coïncidé avec les dépressions du baromètre.

Résultat : à son départ de Luxeuil, il semble qu'il y ait un peu moins de dureté dans la tumeur. L'état des forces, qui d'ailleurs était satisfaisant, paraît aussi avoir gagné quelque chose.

Un mois et demi après, mort.

### 117. PROLAPSUS UTERI.

Madame N... est âgée de 40 ans, tempérament sanguin-lymphatique, réglée à 18 ans, mariée à 30, a eu trois enfants, après des accouchements faciles. Bonne constitution, position de fortune aisée.

Il y a trois ans, pendant sa dernière grossesse, distension du ventre plus qu'ordinaire et très fatigante; impossibilité de marcher ou de se tenir debout pendant quelque temps; sensation de pesanteur vers le coccix; constipation.

L'accouchement eut lieu sans peine et sans aucune suite anormale; mais les symptômes qui viennent d'être énumérés persistèrent.

Aujourd'hui, ils sont encore les mêmes. En outre, tiraillements dans la région inguinale, fatigue musculaire des extrémités inférieures, douleurs sourdes mais continuelles des lombes, nécessité d'une ceinture hypogastrique sans laquelle la station et la marche sont tout à fait impossibles; nulle douleur lorsque la malade est couchée; lorsqu'elle est debout, il lui semble que la matrice pèse sur le coccix et descend vers le périnée.

Nulle lésion fonctionnelle dans l'appareil utérin. Le toucher fait constater l'état suivant : prolapsus de l'utérus à un degré modéré ; antéversion de cet organe : le col très dilaté ; quelques granulations autour ; point de sensibilité.

Bains à 26—27° R., eau du bain des Dames en boisson.

Le premier jour de l'usage des eaux, absence complète d'urines. Le second jour, une pincée de nitrate de potasse dans chaque verre d'eau du bain des Dames. Quatre verres ainsi pris donnent lieu à une mixtion abondante et libre. Au cinquième bain, cessation des douleurs lombaires ; moins de pression, amélioration sous tous les autres rapports. Au vingt-unième bain, guérison.

Voilà des faits précis fournis par l'observation sur l'emploi des eaux minérales de Luxeuil appliquées au traitement des maladies chroniques : ils ont été recueillis dans la pensée de constater et de mettre en évidence la puissance thérapeutique de ces eaux.

Pour tout médecin dégagé de préjugés et sans parti pris sur cette question, leur puissance ne saurait être mieux établie ; dans le plus grand nombre des cas relatés, nulle médication connue ne pouvait faire espérer, et surtout en aussi peu de temps, des résultats pareils à ceux qui ont été obtenus. Les affections auxquelles la médication minérale a été appliquée étaient anciennes, et par cela même graves, puisqu'elles s'étaient montrées réfractaires à la force médicatrice de la nature et aux ressources de l'art ; et il a suffi de quelques semaines pour que, sous l'influence du nouvel agent, les modifications les plus avantageuses se soient opérées dans l'économie.

Il y a lieu, sans contredit, d'attribuer une certaine part dans ces résultats aux circonstances étrangères ; car la médication par les eaux est puissamment secondée par elles ; le changement d'air, un autre genre de vie, des distractions nombreuses, l'éloignement momentané des affaires et le repos qu'il permet, lui prêtent un utile concours, et lui donnent le caractère d'une médication composée ; mais en quoi cette considération infirmerait-elle la faculté curative qui appartient en propre à l'élément minéral ? N'existe-t-elle pas pour toutes les médications possibles ? Il n'y a point de praticien qui néglige, dans le traitement des maladies aiguës, de faire concourir les moyens hygiéniques avec l'usage des émétiques, de la saignée, des révulsifs, des antispasmodiques, qui sont le pivot sur lequel roule le traitement ; et cependant il n'est venu à la pensée de qui que ce soit de dépouiller ces agents héroïques de la part d'action qu'ils ont exercée, pour l'attribuer tout entière à leurs auxiliaires ; il doit en être de même des circonstances accessoires concourant avec l'élément minéral dans le traitement des maladies chroniques ; elles aident, elles contribuent au succès, elles ne le font pas.

En recueillant ces faits, j'ai encore eu un autre but, celui de fournir des matériaux à l'histoire générale des maladies chroniques ; dans cette pensée, je n'ai pas cru devoir restreindre mes observations dans les détails actuels. Si les renseignements commémoratifs sont précieux, c'est surtout dans les maladies chroniques, où souvent on ne connaît bien ce qu'est une maladie que par la connaissance de ce qu'elle a été ; il m'a donc semblé devoir donner à mes descriptions un horizon moins limité, qui me permît de porter mes investigations sur toute la vie pathologique du sujet de mes observations.

Des problèmes fort importants dans l'étude des maladies chroniques attendent encore leur solution ; et, par exemple, la question des éléments, si intéressante en elle-même, si fondamentale pour la pratique, n'est que bien incomplétement jugée ; leur nombre, leur nature, leurs diverses manifestations, sont l'objet des théories les plus discordantes ; il n'y a point de doctrine à cet égard qui ne soit controversée.

Il est fort difficile, pour ne pas dire impossible, de parvenir à jeter quelques lumières sur de pareilles questions, si on n'envisage qu'une des phases, qu'une des époques d'une maladie, sans la rattacher aux phases et aux époques déjà accomplies ; le meilleur moyen d'acquérir des notions complètes, autant qu'elles puissent l'être, c'est d'étudier cette maladie dans le passé comme dans le présent, à toutes les époques de sa durée, depuis sa première origine jusqu'à ses dernières manifestations ; ce n'est qu'ainsi qu'on peut arriver à en déterminer le véritable caractère. Alors, les phénomènes, en apparence les plus hétérogènes, s'expliqueront par l'action d'une cause unique, soit innée, soit acquise, à laquelle l'âge, le sexe, le genre de vie, l'éveil ou la cessation de certaines fonctions, en un mot toutes les diverses circonstances de la vie intérieure ou extérieure, auront imprimé une direction sur tel organe ou sur tels appareils organiques ; et la lésion de ces organes divers se traduira par des manifestations qui ne peuvent qu'être diverses, quoique la cause de la lésion ne cesse pas d'être identique.

Sans donner outre mesure dans les idées de l'ontologie, on doit avouer cependant qu'il existe beaucoup de cas où il est nécessaire de faire intervenir une cause pathogénique préexistante à toute lésion, laquelle, selon qu'elle aura porté son action sur telle ou telle autre partie de l'économie, donnera lieu à une cystite, une hépatite, une gastralgie, un lombago ou une sciatique, etc. Il me parait tout aussi rationnel, si ce n'est plus, d'admettre cette cause unique, quoique pour des effets variés, que de tomber dans cette autre hypothèse que des causes non identiques auront, par une fatale prédilection, presque constamment affligé une existence, par hasard, et indépendamment les unes des autres.

L'étude des maladies chroniques dans leur ensemble, en les considérant comme un tout composé des affections partielles qui ont eu lieu à diverses époques, et que réunit un lien commun, la cause productrice, quelque nom qu'on donne à cette cause, disposition, vice, principe, dyathèse, tempérament, etc., cette étude, dis-je, ainsi dirigée, me paraît beaucoup plus philosophique que celle qui verrait dans chaque manifestation morbide une maladie complète, sans aucun rapport avec les manifestations antérieures. Cette méthode est adoptée sans contradiction pour certaines de ces maladies ; la courbure rachitique des membres, le carreau, l'ophthalmie, la tumeur blanche, sont des manifestations bien dissemblables ! et pourtant le médecin n'hésitera pas à les attribuer à un principe unique, quoiqu'elles ne se manifestent qu'à des intervalles quelquefois considérables. — Il en est de même pour les diverses manifestations syphilitiques.

Ce même système ne pourrait-il pas être appliqué aux diverses maladies qui se succèdent sur un même individu, toutes les fois qu'une cause venant du dehors ne rend pas raison de leur existence, soit qu'elles s'expriment par une simple lésion de vitalité, soit qu'elles aillent jusqu'à l'altération matérielle d'un organe? Au lieu d'individualiser ces maladies, n'y aurait-il pas lieu de grouper les diverses manifestations sous lesquelles elles ont apparu? Et de l'étude de leurs successions, de leurs modifications, de leurs transformations, de leur siége de prédilection, ne résulterait-il pas un corps de doctrine plus satisfaisant pour l'esprit, et des données plus fécondes en indications pratiques? Il m'a semblé qu'il pouvait en être ainsi, et c'est pour cela qu'aux détails de l'état présent que je n'ai pas négligés, j'ai ajouté tous les renseignements antérieurs qu'il m'a été possible d'obtenir, dans la rédaction des observations précédentes.

Peut-être est-il réservé aux recherches de l'hématologie et de la chimie organique, de donner la solution de ces problèmes. En raison, on est autorisé à penser qu'on trouvera dans le sang d'un individu, qui à diverses époques de sa vie a été affecté de maladies identiques par leur nature et variant seulement quant à leur siége et aux troubles fonctionnels qui en dérivent, une composition s'éloignant plus ou moins de l'état normal; en fait, M. Andral a déjà constaté que dans beaucoup de cas de névroses, le sang est remarquablement pauvre en globules, et que la terminaison de ces affections était heureusement influencée par les moyens propres à élever le chiffre de ce principe constituant. (Andral, *Essai d'hématologie.*)

# TABLE

DES MATIÈRES CONTENUES DANS CET OUVRAGE.

BESANÇON, IMPRIMÉRIE DE J. JACQUIN.

www.ingramcontent.com/pod-product-compliance
Lightning Source LLC
LaVergne TN
LVHW020152030726
842320LV00003D/694